普通高等教育土木工程学科"十四五"规划教材（专业核心课适用）

土木工程荷载与结构设计方法

LOAD AND METHOD OF STRUCTURE DESIGN FOR CIVIL ENGINEERING

主　编　张晋元

副主编　刘铭劼

天津大学出版社

TIANJIN UNIVERSITY PRESS

内 容 提 要

本书按照《高等学校土木工程本科指导性专业规范》知识体系的要求,结合最新修订的土木、水利、港口、能源电力等相关工程标准规范编写。全书分为11章,包括:绪论、重力荷载、移动荷载、风荷载、土压力、水压力、其他荷载与作用、荷载的统计分析、结构构件抗力的统计分析、结构可靠度的分析与计算、概率极限状态设计法。书中以二维码形式插入了一些典型荷载作用的演示视频以及与结构荷载设计相关的常用数据和与结构可靠度分析相关的常用概率知识。

本书可作为高等学校土木工程及相关专业的教学用书,也可作为继续教育的教材或工程设计和技术人员的参考用书。

图书在版编目(CIP)数据

土木工程荷载与结构设计方法 / 张晋元主编. --天津:天津大学出版社,2021.6(2023.1重印)
普通高等教育土木工程学科"十四五"规划教材.专业核心课适用
ISBN 978-7-5618-6941-3

Ⅰ.①土… Ⅱ.①张… Ⅲ.①土木工程—工程结构—载荷分析—高等学校—教材 ②土木工程—工程结构—结构设计—高等学校—教材 Ⅳ.①TU3

中国版本图书馆CIP数据核字(2021)第095452号

TUMU GONGCHENG HEZAI YU JIEGOU SHEJI FANGFA

出版发行	天津大学出版社
地　　址	天津市卫津路92号天津大学内(邮编:300072)
电　　话	发行部:022-27403647
网　　址	www.tjupress.com.cn
印　　刷	天津泰宇印务有限公司
经　　销	全国各地新华书店
开　　本	185 mm×260 mm
印　　张	16
字　　数	394千
版　　次	2021年6月第1版
印　　次	2023年1月第2次
定　　价	79.00元

普通高等教育土木工程学科"十四五"规划教材

编审委员会

普通高等教育土木工程学科"十四五"规划教材

编写委员会

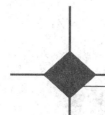

总序

随着我国高等教育的发展,全国土木工程教育有了很大的发展和变化,办学规模不断扩大,对培养适应社会的多样化人才的教学方式的需求越来越紧迫。因此,在新形势下,必须在教育思想、教学观念、教学内容、教学计划、教学方法及教学手段等方面进行一系列的改革,按照改革的要求编写新的教材。

高等学校土木工程学科专业指导委员会编制了《高等学校土木工程本科指导性专业规范》(以下简称《规范》)。《规范》对土木工程专业教材的规范性、多样性、深度与广度等提出了明确的要求。本丛书编写委员会根据当前土木工程教育的形势和《规范》的要求,结合天津大学土木工程学科的特色和已有的办学经验,对土木工程本科生教材建设进行了研讨,并组织编写了这套"普通高等教育土木工程学科'十四五'规划教材"。为保证教材的编写质量,本丛书编写委员会组织成立了教材编审委员会,聘请了一批学术造诣深的专家做教材主审,组织了系列教材编写团队,由长期给本科生授课、具有丰富教学经验和工程实践经验的教师完成教材的编写工作。在此基础上,统一编写思路,力求做到内容连续、完整、新颖,避免内容交叉和缺失。

我们相信,本套教材的出版将对我国土木工程学科本科生教育的发展和教学质量的提高以及对土木工程人才的培养产生积极的作用,为我国的教育事业和经济建设做出贡献。

丛书编写委员会

土木工程学科本科生教育课程体系

通识教育

↓

专业教育

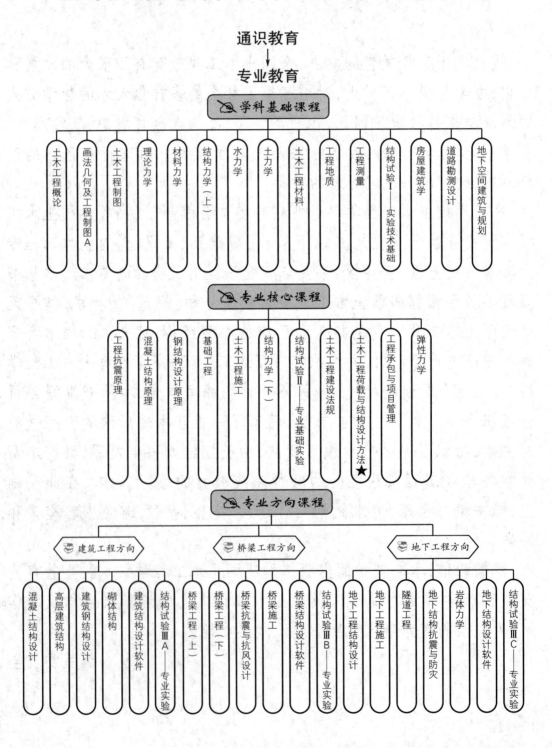

学科基础课程

土木工程概论 | 画法几何及工程制图A | 土木工程制图 | 理论力学 | 材料力学 | 结构力学（上） | 水力学 | 土力学 | 土木工程材料 | 工程地质 | 工程测量 | 结构试验I——实验技术基础 | 房屋建筑学 | 道路勘测设计 | 地下空间建筑与规划

专业核心课程

工程抗震原理 | 混凝土结构原理 | 钢结构设计原理 | 基础工程 | 土木工程施工 | 结构力学（下） | 结构试验II——专业基础实验 | 土木工程建设法规 | 土木工程荷载与结构设计方法 ★ | 工程承包与项目管理 | 弹性力学

专业方向课程

建筑工程方向

混凝土结构设计 | 高层建筑结构 | 建筑钢结构设计 | 砌体结构 | 建筑结构设计软件 | 结构试验IIIA——专业实验

桥梁工程方向

桥梁工程（上） | 桥梁工程（下） | 桥梁抗震与抗风设计 | 桥梁施工 | 桥梁结构设计软件 | 结构试验IIIB——专业实验

地下工程方向

地下工程结构设计 | 地下工程施工 | 隧道工程 | 地下结构抗震与防灾 | 岩体力学 | 地下结构设计软件 | 结构试验IIIC——专业实验

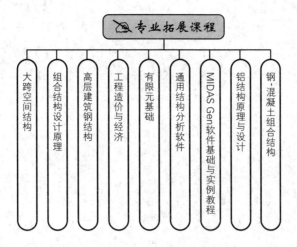

专业拓展课程

- 大跨空间结构
- 组合结构设计原理
- 高层建筑钢结构
- 工程造价与经济
- 有限元基础
- 通用结构分析软件
- MIDAS Gen软件基础与实例教程
- 铝结构原理与设计
- 钢-混凝土组合结构

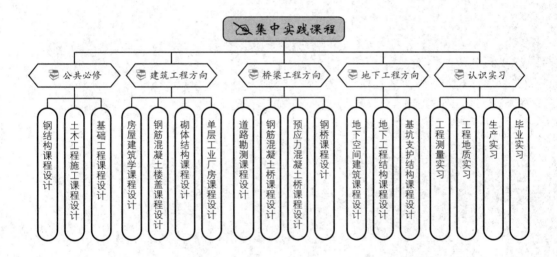

集中实践课程

公共必修
- 钢结构课程设计
- 土木工程施工课程设计
- 基础工程课程设计

建筑工程方向
- 房屋建筑学课程设计
- 钢筋混凝土楼盖课程设计
- 砌体结构课程设计
- 单层工业厂房课程设计

桥梁工程方向
- 道路勘测课程设计
- 钢筋混凝土桥课程设计
- 预应力混凝土桥课程设计
- 钢桥课程设计

地下工程方向
- 地下空间建筑课程设计
- 地下工程结构课程设计
- 基坑支护结构课程设计

认识实习
- 工程测量实习
- 工程地质实习
- 生产实习
- 毕业实习

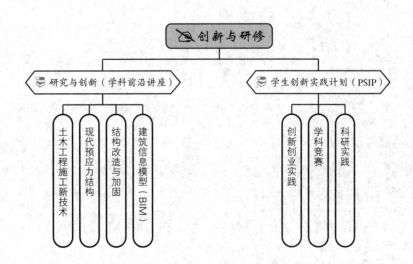

创新与研修

研究与创新（学科前沿讲座）
- 土木工程施工新技术
- 现代预应力结构
- 结构改造与加固
- 建筑信息模型（BIM）

学生创新实践计划（PSIP）
- 创新创业实践
- 学科竞赛
- 科研实践

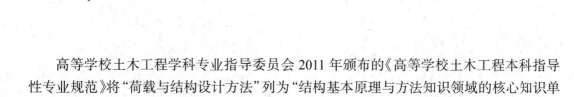

前言

　　高等学校土木工程学科专业指导委员会 2011 年颁布的《高等学校土木工程本科指导性专业规范》将"荷载与结构设计方法"列为"结构基本原理与方法知识领域的核心知识单元和知识点",作为土木工程专业本科学生必修的专业基础课程。

　　该课程的内容分为两部分:一部分介绍各类工程结构可能承受的各种作用与环境影响;另一部分介绍工程结构可靠度设计原理的背景、方法以及在相关标准规范中的应用。通过本课程的学习,学生可以掌握工程结构设计时需考虑的各种主要荷载,包括荷载产生的背景、荷载的计算方法、荷载代表值的确定;并掌握结构设计的主要概念、结构可靠度原理和体现可靠度原理的结构设计方法等。

　　本书按《高等学校土木工程本科指导性专业规范》知识体系的要求,在 2014 年编写的《荷载与结构设计方法》的基础上,结合最新修订的土木、水利、港口、能源电力等相关工程标准规范编写。编写内容尽量涵盖工业和民用建筑、水工建筑物、港口工程、公路铁路工程、桥梁涵洞工程以及能源电力工程等各类工程结构考虑的荷载,力求符合国家最新工程设计标准规范的要求,体现各种荷载的背景概念以及作用机制的一致性和不同工程设计考虑荷载的差异性,反映工程结构荷载取值和结构设计方法在理论和实践上的新进展。

　　本书由张晋元担任主编,刘铭劼担任副主编。其中第 1 章、第 5 章、第 8~11 章由张晋元编写,第 2~4 章、第 6 章、第 7 章由刘铭劼编写,张晋元统稿、修改、定稿。

　　由于编者水平有限,书中难免存在不妥和疏漏之处,敬请读者批评指正,不胜感谢。

　　作者联系方式:zjytdtm@tju.edu.cn 张晋元; liumingjie@tju.edu.cn 刘铭劼。

编　者

2021 年 1 月

目　　录

第1章 绪论

工程是指用各种建筑材料（如石材、砖、砂浆、水泥、混凝土、钢材、钢筋混凝土、木材等）建造的房屋、铁路、公路、桥梁、隧道、堤坝、港口、塔架等为人类生产和生活服务的设施。构成这些设施的骨架系统称为工程结构。工程结构是由不同功能的基本构件（梁、板、壳、柱、墙、支撑等）通过合理、可靠的连接方式组成的，能够在预定使用期内安全可靠地承受各种外界因素的作用，并完成预定功能的合理的受力系统。

外界因素包括在工程结构上可能出现的各种作用和环境影响。工程结构在从建造开始，直至其使用寿命结束的整个期间，将承受各种人为和自然的作用（如人员、设备、风、雪、波浪等）和环境影响（如温度、侵蚀性介质等），并可能遭受意外事件（火灾、爆炸、撞击）和极端自然灾害（如强烈地震、飓风、特大洪水等）的影响。这些作用、环境影响、意外事件和极端自然灾害不仅会使工程结构产生各种内力和变形，也会导致结构材料劣化和损伤，乃至造成结构严重破坏，甚至倒塌。虽然对于具体的工程对象，建造足够安全的结构总是可以做到的，但这可能需要很大的经济代价，并不具有普遍意义。

因此，要使所设计的工程结构既具有足够的安全可靠性，又使工程结构的造价控制在经济合理的范围内，并在工程结构安全可靠与经济之间取得合理的平衡，就必须有正确的设计方法，即研究各种作用、环境影响、意外事件和极端自然灾害的特征，使其产生的影响不超过工程结构的抵御能力，避免出现不适合正常使用的状态或不可接受的破坏状况，或将意外事件和极端自然灾害造成的损失控制在可接受的范围内。

1.1　作用与环境影响

作用是土木工程经常涉及的名词术语。在《工程结构可靠性设计统一标准》（GB 50153—2008）、《建筑结构可靠性设计统一标准》（GB 50068—2018）、《港口工程结构可靠性设计统一标准》（GB 50158—2010）、《水利水电工程结构可靠性设计统一标准》（GB 50199—2013）、《水工建筑物荷载标准》（GB/T 51394—2020）、《公路工程结构可靠性设计统一标准》（JTG 2120—2020）、《铁路工程结构可靠性设计统一标准》（GB 50216—2019）等标准中，将作用定义为：施加在结构上的集中力或分布力和引起结构外加变形或约束变形的原因。前者为直接作用，也称为荷载；后者为间接作用。

直接作用以外加力的形式直接施加在结构上，其大小与结构本身的性能无关。例如，结构自重、土压力、水压力、风压力/吸力、积雪重量，房屋建筑中楼面上的人群、家具和设备等的重量，路面和桥梁上的车辆重量等，桥梁、水工结构、港口和海洋工程中的流水压力、波浪荷载、水中漂浮物（如浮冰）对结构的撞击力等。

间接作用是引起结构外加变形或约束变形的原因，其大小与结构本身的性能有关。例如,地基变形、混凝土收缩和徐变、温度变化、焊接变形、地震作用等。

直接作用和间接作用对结构的作用方式虽然不同,但结果是一样的:引起结构或构件的反应(内力、位移、应力、应变、变形、开裂等)。这种反应称为作用效应,用 S 表示。因此,也可以将作用定义为:使结构或构件产生效应的各种原因。

当作用为直接作用(荷载)时,其效应被称为荷载效应。荷载 Q 与荷载效应 S 之间一般可近似按线性关系考虑:

$$S = CQ \tag{1-1}$$

式中　C——荷载效应系数,与荷载形式、构件约束条件、构件几何参数等有关。

例如,简支梁承受均布荷载 q 作用时,在 $l/2$ 处的最大弯矩为 $M = ql^2/8$,M 即是荷载效应,$l^2/8$ 称为荷载效应系数,l 为梁的计算跨度。

1.1.1　作用分类

结构上的作用种类很多,直接作用和间接作用是根据其产生的原因划分和命名的。在这些作用中,某些作用产生的原因可能不同,但其效应对结构的影响是相同的;而另一些作用虽然产生的原因可能相同,但其效应对结构的影响是不同的。

因此,在工程结构设计中,不仅要重视作用产生的原因及大小,更应关注作用的效应及其对结构的影响。根据作用的性质、设计计算和分析的需要,工程结构上的作用可按下列性质分类。

1. 按随时间的变异分类

1)永久作用

在设计基准期内,其量值不随时间变化,或其量值的变化与平均值相比可以忽略不计,或其变化是单调的并能趋于限值的作用,称为永久作用。永久作用包括:结构自重,随时间单调变化而能趋于限值的土压力,水位不变的水压力,预应力,地基变形(基础沉降或转动),在若干年内基本上完成的混凝土收缩和徐变,钢材焊接变形,引起结构外加变形或约束变形的各种施工因素等。

永久作用中的直接作用也称为永久荷载或恒荷载。

2)可变作用

在设计基准期内,其量值随时间变化,且其量值的变化与平均值相比不可忽略不计的作用,称为可变作用。可变作用包括:使用时的人员、物件等荷载,施工时结构的某些自重,安装荷载,车辆荷载,吊车荷载,风荷载,雪荷载,冰荷载,地震作用,撞击力,水位变化的水压力,扬压力,波浪荷载,温度作用等。

可变作用中的直接作用也称为可变荷载或活荷载(简称活载)。

3)偶然作用

在设计基准期内不一定出现,但一旦出现,其值很大且持续时间很短的作用,称为偶然作用。偶然作用包括:撞击力,爆炸力,地震作用,强风(台风、飓风、龙卷风),火灾,严重的侵蚀,洪灾(洪水、泥石流)等。

在上述分类中,地震作用和撞击力既可作为可变作用,也可作为偶然作用,这完全取决于对结构重要性的评估。对一般结构,这两种作用均可作为规定条件下的可变作用;对重要结构,可以通过偶然设计状况将作用按量值较大的偶然作用来考虑,其意图是要求一旦出现意外作用,结构不至于出现灾难性的后果。

按随时间的变异分类是作用的基本分类,应用非常广泛。在分析结构可靠度时,它直接关系到作用概率模型的选择;在按各类极限状态设计时,它关系到作用代表值及其效应组合形式的选择。如可变作用的变异性比永久作用的变异性大,可变作用的相对取值应比永久作用的相对取值大;偶然作用出现的概率小,结构抵抗偶然作用的可靠度可比抵抗永久作用的可靠度低。

2. 按随空间的变异分类

1)固定作用

在结构上具有固定空间分布的作用,称为固定作用。当固定作用在结构某一点上的大小和方向确定后,该作用在整个结构上的作用即得以确定。固定作用的量值可能具有随机性,例如固定设备荷载、屋顶水箱重量等。

2)自由作用

在结构上给定的范围内具有任意空间分布的作用,称为自由作用。自由作用出现的位置和量值都可能是随机的,例如车辆荷载、吊车荷载等。由于自由作用是任意分布的,进行结构设计时应考虑其位置变化在结构上引起的最不利效应分布。

3. 按结构的动力反应特点分类

作用按结构的动力反应特点可分为以下两类。

1)静态作用

不使结构或构件产生加速度,或使结构或构件产生的加速度很小可以忽略不计的作用,称为静态作用,例如结构自重、楼面上的人员荷载、雪荷载、土压力等。

2)动态作用

使结构或构件产生的加速度不可忽略不计的作用,称为动态作用,例如地震作用、吊车荷载、设备振动、作用在高耸结构上的风荷载、打桩冲击等。

在进行结构分析时,对于动态作用应当考虑其动力效应,用结构动力学方法进行分析;或采用乘以动力系数的简化方法,将动态作用转换为等效静态作用。

4. 按有无界限值分类

1)有界作用

具有不能被超越的且可以确切或近似掌握的界限值的作用,称为有界作用。该界限值是由于客观条件的限制或人为严格控制而不能被超越的量值。例如,起重运输机械荷载、静水压力及浮托力、汽车荷载、人群荷载等与人类活动有关的非自然作用,其荷载值是由材料自重、设备自重、载重量或限定的设计条件下的不均匀性决定的,因而其界限值是可以确定或近似可以确定的,属于有界作用。

2)无界作用

没有明确界限值的作用,称为无界作用。例如,风荷载、波浪荷载、冰荷载等均是自然因素产生的作用,由于其自身的复杂性和人类认知的局限性、阶段性,这些荷载的取值需不断调整,属于没有明确界限值的无界作用。在将无界作用作为随机变量选择概率模型时,很多典型的概率分布类型的取值往往是无界的。

5. 按作用的施加方向分类

1)竖向作用

当作用方向与重力加速度方向一致(与地面垂直)时,称为竖向作用。例如,结构自重、楼面活荷载、雪荷载等。

2)水平作用

当作用方向与重力加速度方向垂直(与地面平行)时,称为水平作用。例如,风荷载、水平地震作用等。根据水平作用与建(构)筑物轴线之间的平行或垂直关系,又可将水平作用分为横向水平作用和纵向水平作用。例如,吊车启动或刹车时的水平作用可以分为横向水平刹车力和纵向水平刹车力。

作用按不同性质进行分类,是出于结构设计规范化的需要。例如,工业厂房中的吊车荷载,按随时间的变异分类,属于可变荷载;按随空间的变异分类,属于自由荷载;按结构的动力反应特点分类,属于动态荷载。在结构分析时,将吊车荷载视为自由荷载,考虑其最不利位置;确定其最不利位置后,将其视为可变荷载,考虑它对结构可靠性的影响,计算荷载效应;同时,按其动态荷载的性质计算荷载效应时,应考虑动力系数。桥梁结构的车辆荷载具有与吊车荷载相同的性质。

除上述分类外,还可以根据不同的具体要求进行分类。例如,当进行结构疲劳验算时,可按作用随时间变化的低周性和高周性分类;当考虑结构徐变效应时,可按作用在结构上持续期的长短分类。

1.1.2　作用代表值

作用在结构上的各种作用都具有一定的变异性,不仅因时间而异,而且因空间而异,其量值具有明显的随机性。永久荷载的变异性较小(故又称为恒荷载);可变荷载的变异性较大(故又称为活荷载)。如果直接引入反映荷载变异性的各种统计参数,通过复杂的概率运算进行具体设计,会给设计带来许多困难。因此,为简化设计,除了采用便于设计者使用的设计表达式之外,对荷载取规定的量值(如混凝土自重取 25 kN/m³,办公室楼面活荷载取 2 kN/m²),这些确定的量值称为作用代表值。

根据不同的设计目的和要求,对不同的作用采用不同的代表值,以确切地反映其在设计中的特点。《工程结构可靠性设计统一标准》(GB 50153—2008)规定,作用代表值是指在设计中用以验证极限状态所采用的作用值,包括标准值、组合值、频遇值和准永久值。

《建筑结构荷载规范》(GB 50009—2012)第 3.1.2 条规定,对永久荷载应采用标准值作为代表值;对可变荷载应根据设计要求采用标准值、组合值、频遇值或准永久值作为代表值;对偶然荷载应按建筑结构使用的特点确定其代表值。

荷载标准值是结构在设计基准期内具有一定概率的最大荷载值,是荷载的基本代表值。它是由大量的实测数据经统计分析得出的设计基准期(一般按 50 年)内最大荷载统计分布的特征值,如均值、众值、中值或某个分位值。

可变荷载的组合值,是使组合后的荷载效应在设计基准期内的超越概率与该荷载单独出现时的相应概率趋于一致的荷载值;或使组合后的结构具有统一规定的可靠指标的荷载值。

可变荷载的频遇值,是指在设计基准期内超越的总时间为规定的较小比率或超越频率为规定频率的荷载值。

可变荷载的准永久值,是指在设计基准期内超越的总时间约为设计基准期一半的荷载值。

可变荷载的组合值、频遇值、准永久值可在荷载标准值的基础上乘以相应的系数得出。

1.1.3　环境影响

环境影响,是指环境对结构产生的各种机械的、物理的、化学的或生物的不利影响。其特点是,随时间发展因材料劣化而引起材料性能衰减,从而降低结构的安全性或适用性,影响结构的耐久性。材料劣化进一步发展还可能引起结构或构件的承载力降低,甚至破坏。

例如,室内潮湿环境、室外露天环境等干湿交替环境,由于水和氧的反复作用,容易引起钢筋锈蚀和混凝土材料性能劣化;严寒和寒冷地区的冻融循环现象,可能引起结构表面混凝土出现可见的耐久性损伤(酥裂、粉化等)。

环境影响可分为永久影响、可变影响和偶然影响。

对结构的环境影响应进行定量描述;当没有条件进行定量描述时,也可通过环境对结构影响程度的分级等进行定性描述,并在设计中采取相应的技术措施。

对工程中大量使用的混凝土结构,《混凝土结构耐久性设计标准》(GB/T 50476—2019)将结构所处的环境按其对钢筋和混凝土材料的腐蚀机理分为五类,并将环境对配筋混凝土结构的作用程度采用环境作用等级表达。《混凝土结构设计规范(2015 年版)》(GB 50010—2010)规定,混凝土结构应根据设计使用年限和环境类别进行耐久性设计。其方法是对混凝土结构所处的外界环境进行分级,在设计中采取相应的技术措施。

1.2　结构设计可靠度的概念

工程结构设计就是要保证结构具有足够的抵抗自然界各种作用的能力,在规定的使用年限内和正常的维护条件下,满足各种预定的功能要求,并在可靠与经济、适用与美观之间选择最佳的、合理的平衡。工程结构的功能要求是指工程结构的安全性、适用性和耐久性,三者统称为"可靠性"。当工程结构的可靠性用概率度量时,称为"可靠度"。

"经济"的概念不仅包括初期建设费用,还应包括后期运行、维修费用和受损后的修复费用,乃至可能对社会和经济造成的影响。

可靠度不足,将直接影响结构的正常使用,缩短结构的使用寿命,甚至危及结构的安全。而可靠度过高,虽然能保证结构的可靠性,但会造成材料浪费,使工程造价过高。

显然,可靠与经济的平衡受到多方面的影响,如国家经济实力、使用年限、维护和修复的难易程度等。要在工程结构的可靠与经济之间建立"最佳的、合理的平衡",就需要根据结构的类型、作用的大小和形式计算作用效应 S；还要根据结构的类型、材料、尺寸等计算结构抗力 R（结构或构件承受作用效应的能力，如承载能力、变形能力等）。结构抗力 R 与作用效应 S 的比值 R/S 越大，结构的可靠度就越高；反之，结构的可靠度就越低。

规范中规定的设计方法可以最低限度满足可靠与经济之间的平衡。设计人员可以根据具体工程的重要程度、使用环境和情况、业主的要求提高设计水准，增加结构的可靠度。

结构上的作用，除永久作用外，都是不确定的随机变量，与时间变量甚至空间参数有关，所以作用效应一般来说也是随机变量或随机过程，甚至是随机场，它的变化规律与结构可靠度分析的关系密切。

施加在结构上的各种作用，在一定的时间和空间内往往是随机相关的，为了简化计算，假定各种作用作为相互独立的单一作用处理，必须考虑某些作用间的相关性时，可作为特殊问题处理。

此外，一些间接作用，如温度作用、变形作用、地震作用等，还与工程结构自身的静力特性或动力特性相关。

结构或结构构件的抗力也是随机变量，与材料强度、截面尺寸、计算模式等因素相关。

为使工程结构在规定的使用年限内具有足够的可靠度，结构设计的第一步就是确定结构上的作用（类型和大小）。例如，一幢房屋或一座桥梁，首先要分析它在使用过程中可能出现哪些作用，这些作用的特点、产生的原因和相互之间的关联性等；然后确定和计算这些作用和相应的效应。没有正确的荷载取值和荷载计算，就不可能准确地计算荷载效应，工程结构也就不可能符合规定的可靠度要求。

本课程主要介绍可靠度的确定方法、各种作用的取值原则和计算方法。荷载效应一般用力学方法进行分析和计算，属于力学课程的内容。结构抗力的计算方法和计算公式在我国现行各种规范（规程）中均有详细规定，详见相关课程。

1.3 工程结构设计理论

1.3.1 工程结构设计理论的发展

在早期的工程结构中，保证结构安全主要依赖经验。19 世纪 20 年代，法国学者纳维（Claude Louis Marie Henri Navier）提出了容许应力设计法，即以结构构件的计算应力 s 不大于有关规范规定的材料容许应力 $[s]$ 的原则来进行设计的方法。

20 世纪 30 年代，苏联学者格沃兹捷夫（А. А. Гвоздев）提出了考虑材料塑性的破损阶段的设计方法，即以构件破坏时的承载力为基础，要求按材料平均强度计算得到的承载力必须大于外荷载效应（构件内力），同时采用了单一的经验安全系数。20 世纪 50 年代，在对荷载和材料强度的变异性进行系统研究的基础上，提出了极限状态设计法，将单一的经验安全系数改进为分项系数，即荷载系数、材料系数和工作条件系数，因而称之为多系数极限状态设计法。采用分项系数的形式，使不同的构件具有比较一致的安全可靠性，部分荷载系数和材料系数是根据统计资料用概率统计理论得到的，不能用统计方法确定的因素则根据经验在分项系数中加以考虑。因而,多系数极限状态设计法属于半概率半经验的方法。

自 20 世纪 70 年代以来,国际上趋向于采用以概率统计理论为基础的极限状态设计法,称为概率极限状态设计法。

至此,工程结构设计理论完成了从弹性理论到极限状态理论的转变,设计方法完成了从定值法到概率法的发展。目前,这些方法在实际工程中均有使用。

1. 容许应力设计法

容许应力设计法以线性弹性理论为基础,以构件危险截面的某一点或某一局部的计算应力小于或等于材料的容许应力为准则,即要求在规定的标准荷载作用下,用材料力学或弹性力学方法计算得到的构件截面任意点处的应力不大于结构设计规范规定的材料的容许应力。其表达式为

$$\sigma \leqslant [\sigma] = \frac{f}{k} \tag{1-2}$$

式中　　σ —— 构件在使用阶段(使用荷载作用下)截面上的最大应力(N/mm^2);

　　　　$[\sigma]$ —— 材料的容许应力(N/mm^2);

　　　　f —— 材料的极限强度(如混凝土)或屈服强度(如钢材)(N/mm^2);

　　　　k —— 经验安全系数。

容许应力设计法计算简单,但有如下问题。

(1)工程中常用的材料,如混凝土、钢材(钢筋)、木材等均为弹塑性材料,但容许应力设计法没有考虑材料的塑性性能。

(2)没有对作用阶段给出明确的定义,也就是使用荷载的取值原则规定得不明确。实际上,使用荷载是由传统经验或个人判断确定的,缺乏科学根据。

(3)把影响结构可靠性的各种因素(荷载的变异、施工的缺陷、计算公式的误差等)统统归结在反映材料性质的容许应力 $[\sigma]$ 中,显然不够合理。

(4)容许应力 $[\sigma]$ (或安全系数 k)的取值无科学根据,纯凭经验,历史上曾多次增大材料的容许应力值。

(5)按容许应力设计法设计的构件是否安全可靠,无法用试验来验证。

实践证明,这种设计方法与结构的实际情况有很大的出入,并不能如实反映构件截面的应力状态,也不能正确揭示结构或构件受力性能的内在规律,在应力分布不均匀的情况下,如受弯构件、受扭构件或静不定结构,用这种设计方法比较保守。

对于以正常使用阶段应力控制为主的工程结构,如铁路桥梁、核电站安全壳、空间薄壳结构等复杂结构,为保证其正常使用阶段的可靠性,仍采用弹性力学方法分析结构中的应力,然后按容许应力设计法进行设计。

2. 破损阶段设计法

破损阶段设计法假定材料已达到塑性状态,依据构件破坏时截面所能抵抗的破损内力建立计算公式。其表达式为

$$M \leqslant \frac{M_u}{K} \tag{1-3}$$

式中　M——构件所受内力；

　　　M_u——构件最终破坏时的承载能力；

　　　K——安全系数，用来考虑影响结构安全的所有因素。

破损阶段设计法的优点如下。

（1）反映了材料的塑性性质，结束了长期以来假定混凝土为弹性体的局面。

（2）采用安全系数，使构件有了总的安全度的概念。

（3）以承载能力值（M_u）为依据，其计算值是否正确可由实验检验。

前苏联曾把该理论用下式来表达：

$$KM\left(\sum q_i\right) \leqslant M_u\left(\mu_{f1}, \mu_{f2}, \cdots, a, \cdots\right) \tag{1-4}$$

式中　M——正常使用时，由各种荷载 q_i 所产生的截面内力；

　　　a——反映截面尺寸等的尺寸函数；

　　　μ_{f1}、μ_{f2}——材料强度的平均值。

破损阶段理论仍存在如下重大缺点。

（1）仅构件的承载力得以保证，无法了解构件正常使用时能否满足正常使用要求（如变形和裂缝等）。

（2）安全系数 K 的取值仍需根据经验确定，并无严格的科学依据。

（3）采用笼统的单一安全系数 K，无法就不同荷载、不同材料对结构构件安全的影响加以区别对待，不能正确地度量结构的安全度。

（4）荷载 q_i 的取值仍然是经验值。

（5）表达式中采用的材料强度是平均值，它不能正确反映材料强度的变异程度，显然是不够合理的。

3. 多系数极限状态设计法

结构或构件达到某种状态后就丧失其原有功能，这种状态被称为极限状态。20 世纪 50 年代，苏联设计规范首先采用了多系数极限状态设计法。60 年代以后，我国的一些结构设计规范开始采用极限状态设计法。这种方法将结构的极限状态分为两类：承载能力极限状态和正常使用极限状态，正常使用极限状态包括挠度极限状态和裂缝开展宽度极限状态。其表达式分别如下。

1）承载能力极限状态

$$M\left(\sum n_i q_{ik}\right) \leqslant M_u\left(m, k_c f_{ck}, k_s f_{sk}, a, \cdots\right) \tag{1-5}$$

式中　M——构件所受内力；

　　　n_i——荷载系数；

　　　q_{ik}——荷载标准值；

　　　M_u——构件最终破坏时的承载能力；

　　　m——结构工作条件系数；

　　　k_c、k_s——混凝土和钢筋的匀质系数；

　　　f_{ck}、f_{sk}——混凝土和钢筋的强度标准值；

　　　a——反映截面尺寸等的尺寸函数。

我国在 20 世纪 70 年代颁布的规范(74 规范)中采用多系数分析、单系数表达的方式，将上述 3 个系数(荷载系数、结构工作条件系数和匀质系数)统一为单一安全系数 K。因而，不同构件在不同受力状态下，安全系数 K 是不同的。

2)正常使用极限状态

进行挠度验算时，要求

$$f_{max} \leqslant [f_{max}] \tag{1-6}$$

式中　f_{max} —— 构件在荷载标准值作用下考虑长期荷载影响后的最大挠度(mm)；

　　　$[f_{max}]$ —— 规范允许的挠度最大值(mm)。

进行裂缝验算时，对使用阶段不允许出现裂缝的钢筋混凝土构件，应进行抗裂度验算；对使用阶段允许出现裂缝的钢筋混凝土构件，则进行裂缝开展宽度验算，要求

$$\omega_{max} \leqslant [\omega_{max}] \tag{1-7}$$

式中　ω_{max} —— 构件在荷载标准值作用下的最大裂缝宽度(mm)；

　　　$[\omega_{max}]$ —— 规范允许的裂缝宽度最大值(mm)。

极限状态设计法是结构设计的重大发展，这一方法明确提出了结构极限状态的概念，不仅考虑了构件的承载力问题，而且考虑了构件在正常使用阶段的变形和裂缝问题，因此比较全面地考虑了结构的不同工作状态。极限状态设计法在确定荷载和材料强度的取值时，引入了数理统计的方法，但保证率、系数等仍凭工程经验确定，因此属于半概率半经验方法。

上述方法均属于定值设计法，将各类设计参数看作固定值，用以经验为主的安全系数来度量结构的可靠性。

4. 概率极限状态设计法

概率极限状态设计法是以概率理论为基础，将作用效应和影响结构抗力的主要因素作为随机变量，通过与结构可靠度有直接关系的极限状态方程来描述结构的极限状态，根据统计分析确定结构失效概率或可靠指标来度量结构可靠性的结构设计方法。其特点是有明确的、用概率尺度表达的结构可靠度，通过预先规定可靠指标值，使结构各构件之间、由不同材料组成的结构之间有较为一致的可靠度水平。

可靠度的研究早在 20 世纪 30 年代就开始了，当时主要围绕飞机失效进行研究。可靠度在结构设计中的应用大概从 20 世纪 40 年代开始。

1946 年，美国学者弗罗伊詹特(A. M. Freudenthal)发表了题为《结构的安全度》的论文，首先提出了结构可靠性理论，将概率分析和概率设计的思想引入实际工程。1954 年，苏联的尔然尼钦提出了一次二阶矩理论的基本概念和计算结构失效概率的方法对应的可靠指标公式。1969 年，美国的科涅尔(C. A. Cornell)在尔然尼钦工作的基础上，提出了与结构失效概率相关的可靠指标 β 并将其作为衡量结构安全度的一种统一数量指标，还建立了结构安全度的二阶矩模型。1971 年，加拿大学者林德(N. C. Lind)对这种模式采用分离函数方式，将可靠指标 β 表达成设计人员习惯采用的分项系数形式。美国伊利诺伊大学的洪华生(A. H. S. Ang)对各种结构不定性做了分析，提出了广义可靠度概率法，并采用可靠度方法设计了波音飞机的起落架系统。20 世纪 70 年代后期，丹麦的迪特列夫森(Ditlevsen)提出

了一般可靠指标的定义,克服了简单可靠指标的局限性。

1976 年,国际结构安全度联合委员会(JCSS)采用了拉克维茨(Rackwize)和菲斯莱(Fiessler)等提出的用"当量正态"的方法考虑随机变量的实际分布的二阶矩模式。这对提高二阶矩模式的精度意义极大。进入 20 世纪 80 年代之后,丹麦的克伦克(Krenk)和美国的温(Wen)等建立了荷载概率模型。至此,二阶矩模式的结构可靠度表达式与设计方法开始进入实用阶段。

国际上将以概率理论为基础的极限状态设计法按发展阶段和精确程度不同分为 3 个水准。

1)水准Ⅰ —— 半概率法

对荷载效应和结构抗力的基本变量部分地进行数理统计分析,并与工程经验结合引入某些经验系数,所以尚不能定量地估计结构的可靠性。

2)水准Ⅱ —— 近似概率法

该法赋予结构的可靠性概率的定义,以结构的失效概率或可靠指标来度量结构的可靠性,并建立了结构可靠度与结构极限状态方程之间的数学关系,在计算可靠指标时考虑了基本变量的概率分布类型,并采用了线性化的近似手段,在设计截面时一般采用分项系数的实用设计表达式。

1990 年后,近似概率法逐渐成为许多国家制定标准规范的基础。国际结构安全度联合委员会(JCSS)提出的《结构统一标准规范国际体系》的第一卷 ——《对各类结构和材料的共同统一规则》、国际标准化组织(ISO)编制的《结构可靠性总原则》(ISO 2394:1998)等,都是以近似概率法为基础的。

我国《工程结构可靠性设计统一标准》(GB 50153—2008)和《建筑结构可靠性设计统一标准》(GB 50068—2018)都采用了近似概率法,并在此基础上颁布了各种结构设计的规范。

(3)水准Ⅲ —— 全概率法

这是完全基于概率论的结构整体优化设计方法,要求对整个结构进行精确的概率分析,求得结构最优失效概率作为可靠度的直接度量。但这种方法无论在基础数据的统计方面还是在可靠度的计算方面都不成熟,目前尚处于研究探索阶段。

1.3.2　我国工程结构设计理论的发展

20 世纪 50 年代初期,我国工程结构设计主要采用容许应力设计法;50 年代中期,开始采用苏联提出的极限状态设计法。至 70 年代,在广泛开展结构安全度研究的基础上,将半经验半概率的方法应用到有关结构设计的规范(74 规范)中。此后,经过大量科研人员对结构可靠度设计方法的研究,于 1984 年正式颁布《建筑结构设计统一标准》(GBJ 68—1984),该标准采用了国际上正在发展和推行的以概率统计理论为基础的极限状态设计法,统一了建筑结构设计的基本原则,规定了适用于各种材料结构的可靠度分析方法和设计表达式。此后颁布的建筑结构设计规范(89 规范)大部分以此为依据。

1992 年,《工程结构可靠度设计统一标准》(GB 50153—1992)正式颁布,该标准采用了以概率统计理论为基础的极限状态设计法,统一了各工程结构设计的基本原则,规定了适用于各种材料结构的可靠度分析方法和设计表达式,并对材料和构件的质量控制和验收提出了相应的要求,是各工程结构专业设计规范编制和修订应遵循的准则依据。

此后,各工程技术部门陆续颁布了相应的可靠度设计统一标准,分别是:《港口工程结构可靠度设计统一标准》(GB 50158—1992)、《铁路工程结构可靠度设计统一标准》(GB 50216—1994)、《水利水电工程结构可靠度设计统一标准》(GB 50199—1994)、《公路工程结构可靠度设计统一标准》(GB/T 50283—1999)。

进入 21 世纪后,又对上述标准进行了修订和完善。2018 年颁布了《建筑结构可靠性设计统一标准》(GB 50068—2018),并陆续颁布了相应的系列设计标准规范。

目前,已更新的还有:《港口工程结构可靠性设计统一标准》(GB 50158—2010)、《水利水电工程结构可靠性设计统一标准》(GB 50199—2013)、《水工建筑物荷载标准》(GB/T 51394—2020)、《公路工程结构可靠性设计统一标准》(JTG 2120—2020)、《铁路工程结构可靠性设计统一标准》(GB 50216—2019)。其余各工程技术部门的标准正在修订中。

新修订的《工程结构可靠性设计统一标准》(GB 50153—2008)借鉴了国际标准化组织(ISO)发布的国际标准《结构可靠性总原则》(ISO 2394:1998)和欧洲标准化委员会(CEN)批准通过的欧洲规范《结构设计基础》(EN 1990:2002),总结了我国近 30 年来大规模工程实践的经验,贯彻了可持续发展的原则,也是 2010 系列结构设计规范修订的依据。

该标准是工程结构设计的基本标准(其地位相当于国家法律体系中的宪法),对建筑工程、铁路工程、公路工程、港口工程、水利水电工程等土木工程领域工程设计的共性问题,即工程结构设计的基本原则、基本要求和基本方法做出了统一规定,使我国土木工程各领域之间在处理结构可靠性问题上具有统一性和协调性,并与国际接轨。

该标准规定,工程结构设计宜采用以概率理论为基础、以分项系数表达的极限状态设计法。当缺乏统计资料时,工程结构设计可根据可靠的工程经验或必要的试验研究进行,也可采用容许应力或单一安全系数等经验方法进行。

1.3.3　我国各类工程结构设计规范的设计方法

1.建筑结构设计规范

现行的建筑结构设计规范大部分采用近似概率极限状态设计法,并遵循《建筑结构可靠度设计统一标准》(GB 50068—2001)以及新版本《建筑结构可靠性设计统一标准》(GB 50068—2018)的基本设计原则。这些标准包括:《混凝土结构设计规范(2015 年版)》(GB 50010—2010)、《钢结构设计标准》(GB 50017—2017)、《砌体结构设计规范》(GB 50003—2011)、《木结构设计标准》(GB 50005—2017)、《建筑结构荷载规范》(GB 50009—2012)、《建筑地基基础设计规范》(GB 50007—2011)、《建筑抗震设计规范(2016 年版)》(GB 50011—2010)、《高耸结构设计标准》(GB 50135—2019)等。但钢结构的疲劳计算仍采用容许应力设计法,即按弹性状态进行计算。

2.公路桥涵结构设计规范

在现行的公路桥涵结构设计规范中,《公路桥涵设计通用规范》(JTG D60—2015)、《公路垮工桥涵设计规范》（JTG D61—2005）、《公路钢筋混凝土及预应力混凝土桥涵设计规范》（JTG 3362—2018）、《公路钢结构桥梁设计规范》（JTG D64—2015）均按照《公路工程结构可靠度设计统一标准》（GB/T 50283—1999）的规定，采用以概率理论为基础的极限状态设计法。目前新版本《公路工程结构可靠性设计统一标准》（JTG 2120—2020）已颁布。

3. 铁路工程结构设计规范

现行的铁路工程结构设计规范包括《铁路桥涵设计规范》（TB 10002—2017）、《铁路桥梁钢结构设计规范》（TB 10091—2017）、《铁路桥涵混凝土结构设计规范》（TB 10092—2017）、《铁路桥涵地基和基础设计规范》（TB 10093—2017）等，各规范所规定的设计方法很不一致。

在现行规范中，钢结构和混凝土、钢筋混凝土结构均采用容许应力设计法；预应力混凝土结构按弹性理论分析，采用破损阶段设计法进行截面验算；在隧道设计规范中，衬砌按破损阶段设计法设计截面，洞门则采用容许应力设计法；在路基设计规范中，路基（土工结构）、重力式支挡结构和这些工程结构的地基基础都采用容许应力设计法。因此，总的看来，容许应力设计法仍然是现行的铁路工程结构设计规范采用的主要方法。

4. 港口工程结构设计规范

现行的港口工程结构设计规范均以《港口工程结构可靠性设计统一标准》（GB 50158—2010）为依据修订和编制，采用以分项系数表达的近似概率极限状态设计法。

5. 水利水电工程结构设计规范

《水工混凝土结构设计规范》（SL 191—2008）规定，对水利水电工程中的素混凝土、钢筋混凝土、预应力钢筋混凝土结构采用概率极限状态设计原则和分项系数设计方法。

目前已颁布的《水利水电工程结构可靠性设计统一标准》（GB 50199—2013）和《水工建筑物荷载标准》（GB/T 51394—2020）规定，水工结构设计宜采用以概率理论为基础、以分项系数表达的极限状态设计法。当缺乏统计资料时，结构设计可根据可靠的工程经验或必要的试验研究进行，也可采用容许应力或单一安全系数等经验方法进行。

由此可见，目前各类土木工程结构的设计方法还没有完全统一，实际上做到完全统一是有难度的，也不一定必须这样。但在《工程结构可靠性设计统一标准》（GB 50153—2008）的规定下，新修订的各种结构设计规范应使土木工程中的各种结构构件具有统一或相近的可靠度水平。

【思考题】

1. 工程结构设计的目的是什么？

2. 荷载与作用的概念有什么不同？作用代表值有哪几种？

3. 在工程结构设计中，如何对结构上的作用进行分类？

4. 什么是概率极限状态设计法？为什么目前采用的方法称为近似概率极限状态设计法？

5. 各种结构设计方法有何特点？

第 2 章　重力荷载

【本章提要】

重力荷载是由建筑物、构筑物自身的质量,在其中生产、生活的人员和设施设备以及覆盖在建筑物上的其他物质的质量引起的荷载。本章主要对作用位置不发生变化的重力荷载进行阐述,如恒荷载、屋面活荷载、楼面活荷载、雪荷载等。这些荷载在作用过程中通常是不移动的。经常移动的设施设备受重力作用引起的移动荷载将在第 3 章中进行介绍。

2.1　恒荷载

房屋建筑恒荷载包括结构构件、围护构件(如填充墙)、面层及装饰、固定设备、长期储物的自重。桥涵建筑物恒荷载除结构自重外,还包括桥面铺装自重、附属设备自重等。港口水工建筑物恒荷载还要考虑位于建筑物上或建筑物中的填料与固定设备的重力。根据计算荷载效应的需要,竖向恒荷载可表示为面荷载(单位为 kN/m²)、分布荷载(单位为 kN/m)、集中力或荷载总值(单位为 kN)。

2.1.1　恒荷载确定方法

恒荷载标准值一般可根据构件截面尺寸、建筑面层尺寸及相应的材料容重计算确定;固定设备的恒荷载一般依据设备的实际参数确定。

计算楼(屋)盖板的荷载效应时,一般可将楼(屋)盖板的自重和楼面建筑面层的重量合并计算,并表示为面荷载,单位为 kN/m²,参见【例 2-1】。

计算楼(屋)面荷载对梁或墙体的作用效应时,一般根据楼(屋)面荷载的传递路径及楼(屋)面板两个方向的尺寸关系,将荷载折算为作用在支承构件上的分布荷载(均布荷载、梯形分布荷载或三角形分布荷载),单位为 kN/m。

梁的自重(包括装修层重量)一般表示为线荷载,也可根据计算要求简化为多点集中力,以便与楼面传来的集中恒荷载叠加。

柱的自重(包括装修层重量)一般表示为集中力。

对于承重墙体,当计算其荷载效应时,一般也将其自重表示为线荷载,即墙体竖向截面面积与材料容重的乘积,以便与楼面传来的荷载叠加。

对于位置固定的非承重墙体(填充墙),由于不需要计算其荷载效应,故仅将其自重表示为作用在梁上的线荷载。

对于灵活布置的轻质隔墙,其自重可按等效均布活荷载考虑,详见 2.2 节。

计算直接承受固定设备重量的构件时,应考虑可能存在的设备运动产生的动力作用,采用动力系数对恒荷载进行放大。

验算施工阶段(如吊装、运输、悬臂施工等)构件的强度和稳定性时,构件自重应乘以适当的动力系数。

2.1.2　材料自重

扫一扫:附录 A　常用材料和构件的自重表

材料自重为体积和容重的乘积。容重即单位体积材料所受的重力,单位为 kN/m^3。常用材料的容重扫描左侧的二维码即可获取。对于容重变化较小的材料,可直接查表确定;对于容重变异性较大的材料,尤其是用于屋面保温、防水的轻质材料,为保证结构的可靠性,在设计中应根据该荷载对结构有利或不利,分别取其自重的下限值或上限值。例如,膨胀珍珠岩砂浆容重为 $7.5 \sim 15\ kN/m^3$,低值和高值相差 1 倍,应特别注意这类保温材料容重取值的合理性。土坝、土石坝防渗土体材料的容重,应根据设计计算内容、土体部位以及水位条件,分别采用湿容重、饱和容重和浮容重。

当采用计算软件分析剪力墙结构、砌体结构时,一般采用考虑主要承重构件装修层重量的折算容重。例如,在剪力墙结构中,将混凝土容重 $25\ kN/m^3$ 放大约 1.1 倍,取 $26 \sim 28\ kN/m^3$;在砌体结构中,将砌体容重 $19\ kN/m^3$ 放大约 1.15 倍,取 $22\ kN/m^3$。详见【例 2-2】和【例 2-3】。

填充墙自重在建筑结构自重中所占比例较大,必须准确计算其容重,一般应按组砌后的砌体容重来计算其自重并考虑装修层重量,详见【例 2-4】。

2.1.3　例题

【例 2-1】某钢筋混凝土楼板厚 $h = 120\ mm$,建筑构造做法如图 2-1 所示,试计算其自重荷载。

【解】查附录 A,水泥砂浆、钢筋混凝土、水泥混合砂浆的容重分别为 $20\ kN/m^3$、$25\ kN/m^3$、$17\ kN/m^3$,则楼板的自重荷载标准值为

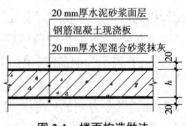

图 2-1　楼面构造做法

$$0.02 \times 20 + 0.12 \times 25 + 0.02 \times 17 = 3.74\ kN/m^2$$

【例 2-2】某钢筋混凝土剪力墙结构,外墙厚 250 mm,外侧有 60 mm 厚聚苯保温板、20 mm 厚水泥砂浆抹灰,内侧有 20 mm 厚水泥混合砂浆抹灰;内墙厚 200 mm,两侧有 20 mm 厚水泥混合砂浆抹灰。试计算墙体的折算容重。

【解】查附录 A,水泥砂浆、钢筋混凝土、水泥混合砂浆的容重分别为 $20\ kN/m^3$、$25\ kN/m^3$、$17\ kN/m^3$,聚苯保温板容重较小,可忽略,则墙体的折算容重为

内墙:　　$g_{in} = (0.20 \times 25 + 0.02 \times 17 \times 2)/0.20 = 28.4\ kN/m^3$

外墙:　　$g_{out} = (0.25 \times 25 + 0.02 \times 20 + 0.02 \times 17)/0.25 = 28.0\ kN/m^3$

近似取 $\gamma = 28.0\ kN/m^3$ 作为混凝土墙体的折算容重。

【**例 2-3**】某砌体结构,墙体采用机制普通烧结页岩砖砌筑,外墙厚 360 mm,外侧有 20 mm 厚水泥砂浆抹灰,内侧有 20 mm 厚水泥混合砂浆抹灰;内墙厚 240 mm,两侧有 20 mm 厚水泥混合砂浆抹灰。试计算墙体的折算容重。

【**解**】查附录 A,烧结页岩砖的容重为 19 kN/m³,墙体的折算容重为

内墙:　　　$g_{in} = (0.24 \times 19 + 0.02 \times 17 \times 2)/0.24 = 21.83 \text{ kN/m}^3$

外墙:　　　$g_{out} = (0.36 \times 19 + 0.02 \times 20 + 0.02 \times 17)/0.36 = 21.10 \text{ kN/m}^3$

在砌体结构中,一般内墙数量多于外墙,因此近似取 22.0 kN/m³ 作为墙体的折算容重。

【**例 2-4**】某框架结构,填充墙采用加气混凝土砌块墙体,外墙厚 300 mm,内墙厚 200 mm,外墙外侧有 20 mm 厚水泥砂浆抹灰,外墙内侧和内墙两侧均有 20 mm 厚水泥混合砂浆抹灰,标准层外墙净高 2.9 m、内墙净高 3.1 m。试计算作用于标准层梁上的墙体荷载标准值。

【**解**】考虑到墙体砌筑时,在门窗洞口处、墙体底部和顶部必须混砌部分黏土砖,加气混凝土砌块的容重取 8.5 kN/m³,黏土砖的容重取 19 kN/m³,混砌比例取 8:2,则砌体的折算容重为

$$g = 8.5 \times 0.8 + 19 \times 0.2 = 10.6 \text{ kN/m}^3$$

再考虑双面抹灰的荷载,则砌体自重荷载折算为

内墙:　　　$g_{in} = 0.2 \times 10.6 + 0.02 \times 17 \times 2 = 2.80 \text{ kN/m}^2$

外墙:　　　$g_{out} = 0.3 \times 10.6 + 0.02 \times 20 + 0.02 \times 17 = 3.92 \text{ kN/m}^2$

作用于梁上的墙体荷载标准值

内墙:　　　$q_{in} = 2.80 \times 3.1 = 8.68 \text{ kN/m}$

外墙:　　　$q_{out} = 3.92 \times 2.9 = 11.37 \text{ kN/m}$

2.2　屋面活荷载

2.2.1　屋面均布活荷载

屋面均布活荷载是屋面水平投影面上的荷载。房屋建筑的屋面可分为上人屋面和不上人屋面。当屋面为平屋面并设有楼梯、电梯直达屋面时,有可能出现人群的聚集,屋面均布活荷载应按上人屋面考虑;当屋面为斜屋面或仅设有上人孔的平屋面时,可仅考虑施工或检修荷载,屋面均布活荷载按不上人屋面考虑。

工业与民用建筑屋面均布活荷载标准值、组合值系数、频遇值系数及准永久值系数按表 2-1 采用。

表 2-1　屋面均布活荷载

项次	类别	标准值(kN/m²)	组合值系数 ψ_c	频遇值系数 ψ_f	准永久值系数 ψ_q
1	不上人屋面	0.5	0.7	0.5	0
2	上人屋面	2.0	0.7	0.5	0.4

项次	类别	标准值（kN/m²）	组合值系数 ψ_c	频遇值系数 ψ_f	准永久值系数 ψ_q
3	屋顶花园	3.0	0.7	0.6	0.5
4	屋顶运动场	3.0	0.7	0.6	0.4

注：①当不上人屋面的施工或检修荷载较大时,应按实际情况采用;不同结构应按照有关设计规范的规定采用,但不得低于 0.3 kN/m²。
②当上人屋面兼有其他用途时,应按相应的楼面活荷载采用。
③对于因屋面排水不畅、堵塞等引起的积水荷载,应采取构造措施加以防止;必要时,应按积水的可能深度确定屋面活荷载。
④屋顶花园活荷载不包括花池砌筑材料、卵石滤水层、花圃土壤等的自重。

屋面均布活荷载不应与雪荷载同时考虑,应取两者之较大值。我国大多数地区的雪荷载标准值小于屋面均布活荷载标准值,因此在设计屋面结构和构件时,往往是屋面均布活荷载起控制作用。

设有直升机停机坪（高档宾馆、大型医院、应急救灾指挥中心等建筑）的屋面,由直升机总重引起的局部荷载可按直升机的实际最大起飞质量并考虑动力系数确定,同时其等效均布荷载不得低于 5.0 kN/m²。当没有机型技术资料时,一般可依据轻、中、重 3 种类型的不同要求,按表 2-2 选用局部荷载标准值和作用面积。

表 2-2　直升机的局部荷载标准值和作用面积

类型	最大起飞质量（t）	局部荷载标准值（kN）	作用面积（m²）
轻型	2.0	20	0.20 × 0.20
中型	4.0	40	0.25 × 0.25
重型	6.0	60	0.30 × 0.30

注：荷载的组合值系数应取 0.7,频遇值系数应取 0.6,准永久值系数应取 0。

进行石油化工建筑物设计时,钢筋混凝土自防水屋面宜预留活荷载 0.3 kN/m²。屋面布置有石油化工生产用设备或管道时,屋面均布活荷载应按楼面取值。

2.2.2　屋面积灰荷载

机械、冶金、水泥等行业在生产过程中有大量灰尘、粉尘产生,并易在厂房及其邻近建筑屋面堆积,形成厚度不等的积灰。轻则造成屋面构件压曲扭变、丧失稳定性;重则造成屋盖倒塌、人员伤亡。因此,在设计时必须慎重考虑屋面积灰情况,保证屋盖结构有一定的安全度,使生产能正常进行。

根据调查与实测结果,屋面积灰量（积灰厚度）主要与灰源产生的灰量和堆积速度有关,同时与除尘设备的使用与维修状况、当地风向和风速、烟囱高度、屋面形状与坡度、屋面挡风板布置情况、清灰制度的执行情况等因素有关。

考虑到各类厂房都设有除尘装置,并有一定的清灰制度,在确定积灰荷载时,根据各类厂房积灰速度的差别、日积灰量与积灰湿容重,分为不同的荷载级别。机械、冶金、水泥等行业厂房屋面水平投影面上的积灰荷载标准值应按表 2-3 采用。

进行厂房结构整体分析,设计屋架、柱、基础等间接承受积灰荷载的构件时,可直接取用表 2-3 中的积灰荷载标准值。

表 2-3(a) 屋面积灰荷载标准值 单位:kN/m²

项次	类别	屋面无挡风板	屋面有挡风板	
			挡风板内	挡风板外
1	机械厂铸造车间(冲天炉)	0.50	0.75	0.30
2	炼钢车间(氧气转炉)	—	0.75	0.30
3	锰、铬铁合金车间	0.75	1.00	0.30
4	硅、钨铁合金车间	0.30	0.50	0.30
5	烧结室、一次混合室	0.50	1.00	0.20
6	烧结厂通廊及其他车间	0.30	—	—
7	水泥厂有灰源车间(窑房、磨坊、联合贮库、烘干房、破碎房)	1.00	—	—
8	水泥厂无灰源车间(空气压缩机站、机修间、材料库、配电站)	0.50	—	—

表 2-3(b) 高炉邻近建筑屋面积灰荷载标准值 单位:kN/m²

屋面与高炉的距离(m)		≤50	100	200
高炉容积(m³)	<255	0.50	—	—
	255~620	0.75	0.30	—
	>620	1.00	0.50	0.30

注:①表中的均布积灰荷载标准值仅适用于屋面坡度 $\alpha \leq 25°$ 时;当 $\alpha \geq 45°$ 时,可不考虑积灰荷载;当 $25° < \alpha < 45°$ 时,可按插值法取值。
②清灰设施的荷载另行考虑。
③第 1~4 项的均布积灰荷载标准值仅适用于距烟囱中心 20 m 半径范围内的屋面,当邻近建筑在该范围内时,其积灰荷载标准值对第 1、3、4 项应按车间屋面无挡风板采用,对第 2 项应按车间屋面挡风板外采用。
④当邻近建筑屋面与高炉的距离为表内中间数值时,可按线性插值法确定。

积灰厚度在整个屋面上是不均匀分布的。一般距离灰源较近且处于不利风向下的屋面天沟、凹角、高低跨处以及挡风板内外,容易产生严重的堆积现象。因此,当设计屋面板、檩条等直接承受积灰荷载的结构构件时,积灰荷载标准值应乘以下列增大系数:

(1)在高低跨处 2 倍于屋面高差但不大于 6.0 m 的分布宽度内(图 2-2),取 2.0;
(2)在天沟处不大于 3.0 m 的分布宽度内(图 2-3),取 1.4。

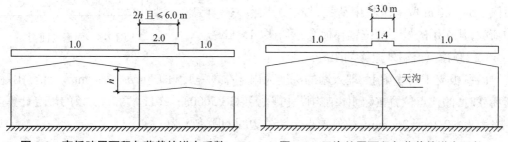

图 2-2 高低跨屋面积灰荷载的增大系数 **图 2-3 天沟处屋面积灰荷载的增大系数**

在表 2-3 中,对第 1~8 项,屋面积灰荷载的组合值系数、频遇值系数、准永久值系数应分别取 0.9、0.9、0.8;对第 9 项,屋面积灰荷载的组合值系数、频遇值系数、准永久值系数均应取 1.0。

屋面积灰荷载是一种随生产进行而不断积聚起来的荷载,其危险性大于雪荷载。在有雪地区,积雪可能使积灰含水量接近饱和,从而增大屋面积灰荷载,故屋面积灰荷载应与雪荷载同时考虑。在雨季积灰吸水后重度也会增大,其增大部分可通过不上人屋面的活荷载来补偿。

因此,屋面活荷载的最不利情况是取雪荷载与不上人屋面均布活荷载两者中的较大值与屋面积灰荷载同时考虑。

随着技术的进步和环境保护要求的提高,屋面积灰荷载呈减小的趋势。

2.2.3　屋面构件施工、检修荷载

屋面构件施工、检修荷载应按下列规定采用。

(1)设计屋面板、檩条、钢筋混凝土挑檐、悬挑雨篷和预制小梁时,施工、检修集中荷载标准值不应小于 1.0 kN,并应在最不利位置进行验算。

(2)对于轻型构件或较宽构件,当施工荷载超过上述荷载时,应按实际情况验算,或应加垫板、支撑等临时设施。

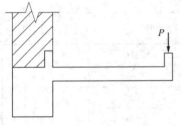

图 2-4　挑梁、雨篷集中荷载

(3)计算挑檐、悬挑雨篷的承载力时,应沿板宽每隔 1.0 m 取一个集中荷载;验算挑檐、悬挑雨篷的抗倾覆能力时,应沿板宽每隔 2.5～3.0 m 取一个集中荷载。集中荷载作用于挑檐、悬挑雨篷端部,如图 2-4 所示。

屋面构件施工、检修荷载的组合值系数取 0.7,频遇值系数取 0.5,准永久值系数取 0。

2.2.4　例题

【例 2-5】如图 2-5 所示的现浇钢筋混凝土雨篷,宽度 $B = 2\,580$ mm,挑出长度 $l = 1\,000$ mm,板厚 $h_b = 120$ mm,雨篷梁尺寸 $b \times h = 360$ mm × 360 mm。试计算由于施工、检修集中荷载产生的倾覆弯矩标准值。

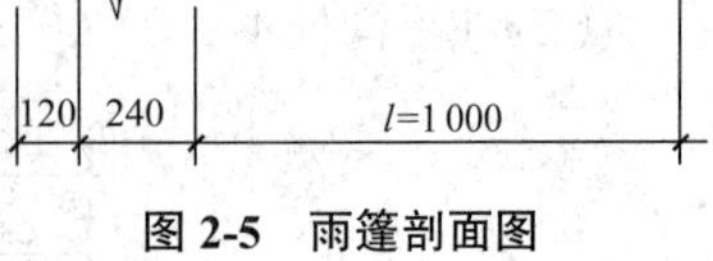

【解】

(1)倾覆荷载。

雨篷总宽度为 2.58 m。按规定,验算倾覆时,沿板宽每隔 2.5～3.0 m 取一个集中荷载,故本例只考虑一个集中荷载,其作用的最不利位置在板端,其值取 1.0 kN。

(2)倾覆点至墙外边缘的距离 x。

图 2-5　雨篷剖面图

雨篷板支于雨篷梁上,埋入墙的深度为雨篷梁的宽度,即 $l_1 = b = 360$ mm。计算雨篷倾覆荷载时,倾覆点位置按《砌体结构设计规范》(GB 50003—2011)第 7.4.2 条的规定计算。

因 $l_1 > 2.2h_b = 264$ mm,故倾覆点至墙外边缘的距离 x 为

$$x = \min(0.3h_b, 0.13l_1) = 0.3h_b = 0.3 \times 120 = 36 \text{ mm} = 0.036 \text{ m}$$

(3)倾覆弯矩标准值 M_k。

$$M_k = 1.0 \times (1.0 + 0.036) = 1.036 \text{ kN·m}$$

2.3　楼面活荷载

楼面活荷载是由建筑物中的人群、家具、生活生产设备等所受的重力作用产生的荷载，这些荷载的量值随时间发生变化，位置也是可移动的。根据楼面的使用功能，楼面活荷载可分为民用建筑楼面活荷载和工业建筑楼面活荷载。为方便起见，工程设计时一般将楼面活荷载处理为等效均布荷载。均布活荷载的取值与房屋的使用功能有关。

2.3.1　民用建筑楼面活荷载

1. 民用建筑楼面活荷载取值

根据楼面上的人员活动状态和设备分布情况，民用建筑楼面活荷载的取值大致可分为7 个档次。

（1）活动的人较少，如住宅、旅馆、医院、办公室等，活荷载标准值可取 2.0 kN/m²。

（2）活动的人较多且有设备，如教室、食堂、餐厅在某一时段有较多人员聚集，办公楼内的档案室、资料室可能堆积较多文件资料，活荷载标准值可取 2.5 kN/m²。

（3）活动的人很多且有较重的设备，如礼堂、剧场、影院人员可能十分拥挤，公共洗衣房常常搁置较多洗衣设备，活荷载标准值可取 3.0 kN/m²。

（4）活动的人很集中，有时很拥挤或有较重的设备，如商店、展览厅既有拥挤的人群，又有较重的物品，活荷载标准值可取 3.5 kN/m²。

（5）人员活动的性质比较剧烈，如健身房、舞厅由于人的跳跃、翻滚会引起楼面瞬间振动，通常把楼面静力荷载适当放大来考虑这种动力效应，活荷载标准值可取 4.0 kN/m²。

（6）储存物品的仓库，如书库、档案库、储藏室等，柜架上往往堆满图书、档案和物品，活荷载标准值可取 5.0 kN/m²。

（7）有大型的机械设备，如建筑物内的通风机房、电梯机房因运行需要设有重型设备，活荷载标准值可取 6.0 ~ 7.5 kN/m²。

《建筑结构荷载规范》(GB 50009—2012)在调查统计的基础上给出了民用建筑楼面均布活荷载标准值及其组合值、频遇值和准永久值系数(表 2-4)。表 2-4 中所列的各项均布活荷载不包括隔墙自重和二次装修荷载。当隔墙位置固定时，其自重应按恒荷载考虑；当隔墙可灵活自由布置时，其自重应取不小于 1/3 的每延米长墙重(kN/m)作为楼面活荷载的附加值(kN/m²)计入，且附加值不小于 1.0 kN/m²。在一般使用条件下，楼面活荷载取值应不低于表 2-4 中的规定值；当使用荷载较大、情况特殊或有专门要求时，应按实际情况采用。

表 2-4　民用建筑楼面均布活荷载标准值及其组合值、频遇值和准永久值系数

项次		类别	标准值 (kN/m²)	组合值 系数 ψ_c	频遇值 系数 ψ_f	准永久 值系数 ψ_q
1	①	住宅、宿舍、旅馆、办公楼、医院病房、托儿所、幼儿园	2.0	0.7	0.5	0.4
	②	试验室、阅览室、会议室、医院门诊室	2.0	0.7	0.6	0.5

续表

项次	类别			标准值（kN/m²）	组合值系数 ψ_c	频遇值系数 ψ_f	准永久值系数 ψ_q
2	教室、食堂、餐厅、一般资料档案室			2.5	0.7	0.6	0.5
3	①礼堂、剧场、影院、有固定座位的看台			3.0	0.7	0.5	0.3
	②公共洗衣房			3.0	0.7	0.6	0.5
4	①商店、展览厅、车站、港口、机场大厅及其旅客等候室			3.5	0.7	0.6	0.5
	②无固定座位的看台			3.5	0.7	0.5	0.3
5	①健身房、演出舞台			4.0	0.7	0.6	0.5
	②运动场、舞厅			4.0	0.7	0.6	0.3
6	①书库、档案库、储藏室			5.0	0.9	0.9	0.8
	②密集柜书库			12.0			
7	通风机房、电梯机房			7.0	0.9	0.9	0.8
8	汽车通道及客车停车库	①单向板楼盖（板跨不小于2 m）和双向板楼盖（板跨不小于3 m×3 m）	客车	4.0	0.7	0.7	0.6
			消防车	35.0	0.7	0.5	0
		②双向板楼盖（板跨不小于6 m×6 m）和无梁楼盖（柱网尺寸不小于6 m×6 m）	客车	2.5	0.7	0.7	0.6
			消防车	20.0	0.7	0.5	0
9	厨房	①餐厅		4.0	0.7	0.7	0.7
		②其他		2.0	0.7	0.6	0.5
10	浴室、卫生间、盥洗室			2.5	0.7	0.6	0.5
11	走廊及门厅	①宿舍、旅馆、医院病房、托儿所、幼儿园、住宅		2.0	0.7	0.5	0.4
		②办公楼、餐厅、医院门诊部		2.5	0.7	0.6	0.5
		③教学楼及其他可能出现人员密集的情况		3.5	0.7	0.5	0.3
12	楼梯	①多层住宅		2.0	0.7	0.5	0.4
		②其他		3.5	0.7	0.5	0.3
13	阳台	①可能出现人员密集的情况		3.5	0.7	0.6	0.5
		②其他		2.5			

注：①第6项书库活荷载，当书架高度大于2 m时，应按每米书架高度不小于2.5 kN/m²确定。
②第8项中的客车活荷载只适用于载人少于9人的客车；消防车荷载适用于满载总重为300 kN的大型车辆；当不符合本表的要求时，应将车轮的局部荷载按结构效应的等效原则换算为等效均布荷载。
③第8项消防车活荷载，当双向板楼盖板跨尺寸在3 m×3 m～6 m×6 m时，应按跨度通过线性插值确定。
④第12项楼梯活荷载，对预制楼梯踏步平板，尚应按1.5 kN的集中荷载验算。

扫一扫:几种最不利的布置方式

2.民用建筑楼面活荷载折减

作用在楼面上的活荷载不可能同时以标准值的大小满布在所有楼面上,因此在设计梁、墙、柱和基础时,还要考虑实际荷载沿楼面分布的变异情况,即在确定梁、墙、柱和基础的荷载标准值时,应将楼面荷载标准值乘以折减系数。折减系数的确定是一个比较复杂的问题,按照概率统计方法来考虑实际荷载沿楼面分布的变异情况尚不成熟,目前大多数国家采用半经验的传统方法,根据荷载从属面积的大小来考虑折减系数。

从属面积是在计算梁、柱、墙和基础等构件时,所计算构件负担的楼面荷载面积,理论上应按楼板在楼面荷载作用下的剪力零线划分,在实际应用中一般简化为相邻构件间距的 1/2 范围内的楼面面积,如图 2-6 所示。

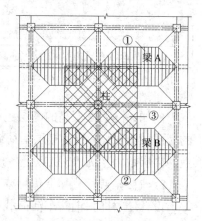

图 2-6　构件的从属面积示意
①、②—梁的从属面积;③—柱的从属面积

1)国际标准《住宅和公共建筑物的居住和使用荷载标准》(ISO 2103:1986)的规定

在国际标准《住宅和公共建筑物的居住和使用荷载标准》(ISO 2103:1986)中,建议按房屋功能的不同情况对楼面均布荷载乘以折减系数 λ_b。

Ⅰ.计算梁的楼面活荷载效应时

对住宅、办公楼

$$\lambda_b = 0.3 + 3/\sqrt{A} \ (A > 18 \ m^2) \tag{2-1a}$$

对公共建筑

$$\lambda_b = 0.5 + 3/\sqrt{A} \ (A > 36 \ m^2) \tag{2-1b}$$

式中　A —— 所计算梁的从属面积(m^2),即向梁两侧各延伸 1/2 梁间距范围内的实际楼面面积(参见图 2-6)。

Ⅱ.计算多层房屋的柱、墙或基础的楼面活荷载效应时

对住宅、办公楼

$$\lambda_b = 0.3 + 0.6/\sqrt{n} \tag{2-2a}$$

对公共建筑

$$\lambda_b = 0.5 + 0.6/\sqrt{n} \tag{2-2b}$$

式中　n —— 所计算截面以上的楼层数,$n \geq 2$。

2)《建筑结构荷载规范》(GB 50009—2012)的规定

《建筑结构荷载规范》(GB 50009—2012)在借鉴国际标准的同时,结合我国设计经验做了合理的简化与修正,给出了设计楼面梁、墙、柱及基础时,不同情况下楼面活荷载的折减系数,设计时可根据不同情况直接取用。

Ⅰ.设计楼面梁时的折减系数

(1)表 2-4 中第 1①项,当楼面梁从属面积超过 25 m^2 时,应取 0.90。

(2)表 2-4 中第 1②～7 项,当楼面梁从属面积超过 50 m^2 时,应取 0.90。

(3)表 2-4 中第 8 项,对单向板楼盖的次梁和槽形板的纵肋应取 0.80,对单向板楼盖的主梁应取 0.60;对双向板楼盖的梁应取 0.80。

(4)表 2-4 中第 9～13 项,应采用与所属房屋类别相同的折减系数。

Ⅱ.设计墙、柱和基础时的折减系数

(1)表 2-4 中第 1①项,应按表 2-5 的规定采用。

(2)表 2-4 中第 1②～7 项,应采用与其楼面梁相同的折减系数。

（3）表2-4中第8项，对单向板楼盖应取0.50；对双向板楼盖和无梁楼盖应取0.80。

（4）表2-4中第9～13项，应采用与所属房屋类别相同的折减系数。

表2-5　活荷载按楼层的折减系数

墙、柱、基础计算截面以上的楼层数	1	2～3	4～5	6～8	9～20	>20
计算截面以上各楼层活荷载总和的折减系数	1.00(0.90)	0.85	0.70	0.65	0.60	0.55

注：当楼面梁从属面积超过25 m² 时，应采用括号内的系数。

例如，一幢22层高的高层建筑，地下室2层，计算基础及首层墙、柱时，其计算截面以上的楼层数大于20，故各楼层活荷载的折减系数取0.55；计算第14层墙、柱时，其计算截面以上的楼层数为7，故15层以上各楼层是第14层的荷载，取折减系数为0.65。

3. 消防车活荷载标准值折减

设计墙、柱时，消防车活荷载可按实际情况考虑，设计基础时可不考虑消防车活荷载。

设计地下室顶板楼盖结构时，可考虑地下室顶板上的覆土与建筑做法对楼面消防车活荷载的影响。由于轮压在土中的扩散作用，随着覆土厚度的增大，消防车活荷载逐渐减小。可根据折算覆土厚度 s' 对楼面消防车活荷载标准值进行折减，折减系数可按表2-6确定。折算覆土厚度 s' 可按下式计算：

$$s' = 1.43s\tan\theta \tag{2-3}$$

式中　s——覆土厚度（m）；

　　　θ——覆土应力扩散角，不大于35°。

表2-6　楼面消防车活荷载折减系数

折算覆土厚度 s'（m）	单向板楼盖楼板跨度（m）			双向板楼盖楼板跨度（m）			
	2	3	4	3×3	4×4	5×5	6×6
0	1.00	1.00	1.00	1.00	1.00	1.00	1.00
0.5	0.94	0.94	0.94	0.95	0.96	0.99	1.00
1.0	0.88	0.88	0.88	0.88	0.93	0.98	1.00
1.5	0.80	0.80	0.81	0.79	0.83	0.93	1.00
2.0	0.70	0.70	0.71	0.67	0.72	0.81	0.92
2.5	0.56	0.60	0.62	0.57	0.62	0.70	0.81
3.0	0.46	0.51	0.54	0.48	0.54	0.61	0.71

4. 地下室顶板的施工活荷载

对带地下室的结构，地下室顶板在施工和维修时往往需要运输、堆放大量建筑材料与施工机具，容易引起楼盖施工超载。因此，在进行地下室顶板楼面结构设计时，应考虑不小于4.0 kN/m² 的施工活荷载，但可以根据情况扣除尚未施工的地面面层与隔墙的自重，并在设计文件中给出相应的详细规定。必要时，应采取设置临时支撑等措施。

2.3.2　工业建筑楼面活荷载

工业建筑楼面在生产使用或安装检修时,由设备、管道、运输工具及可能拆移的隔墙产生的局部荷载均应按实际情况考虑,也可采用等效均布活荷载代替。工业建筑楼面活荷载的组合值系数、频遇值系数和准永久值系数,除明确给定者外,应按实际情况采用,但在任何情况下,组合值和频遇值系数都不应小于 0.7,准永久值系数不应小于 0.6。

1. 工业建筑楼面等效均布活荷载

《建筑结构荷载规范》(GB 50009—2012)附录 D 中列出了金工车间、仪器仪表生产车间、半导体器件车间、棉纺织造车间、轮胎厂准备车间和粮食加工车间等工业建筑楼面活荷载标准值,供设计人员设计时参照。

2. 操作荷载

工业建筑楼面(包括工作台)上无设备区域的操作荷载包括操作人员、一般工具、零星原料和成品的自重,可按均布活荷载考虑,其标准值一般采用 2.0 kN/m²,但堆积料较多的车间可取 2.5 kN/m²,水电站生产副厂房可采用 3.0~4.0 kN/m²。有的车间由于生产的不均衡性,在某个时期成品或半成品堆放特别多,则操作荷载的标准值可根据实际情况确定,操作荷载在设备所占的楼面面积内不予考虑。生产车间的楼梯活荷载标准值可按实际情况采用,但不宜小于 3.5 kN/m²。

车间楼面上荷载的分布形式不同,生产设备的动力性质也不尽相同,安装在楼面上的生产设备以局部荷载的形式作用于楼面,而操作人员、加工原料、成品部件多均匀分布;另外,不同用途的厂房工艺设备动力性能各异,对楼面产生的动力效应也存在差别。为方便起见,常将局部荷载折算成等效均布荷载,并乘以动力系数,将静力荷载适当放大,来考虑机器设备上楼引起的动力作用。

3. 等效均布活荷载的确定方法

工业建筑在生产、使用过程中和安装检修设备时,会由设备、管道、运输工具及可能拆移的隔墙在楼面上产生局部荷载,可采用以下方法确定其楼面等效均布活荷载。

扫一扫:局部荷载和等效值的扩散演示

(1)楼面(板、次梁、主梁)的等效均布活荷载应在其设计控制部位上,根据需要按照内力(弯矩、剪力等)、变形及裂缝的等值要求来确定等效均布活荷载。在一般情况下,可仅按控制截面内力的等值原则确定。

(2)由于实际工程中生产、检修、安装工艺以及结构布置的不同,楼面活荷载差别可能较大,应划分区域,分别确定各区域的等效均布活荷载。

(3)连续梁、板的等效均布荷载可简化为单跨简支梁、板,按弹性阶段分析内力确定。但在计算梁、板的实际内力时仍按连续结构进行分析,且可考虑塑性内力重分布。

(4)板面等效均布荷载按板内分布弯矩等效的原则确定,即简支板在实际的局部荷载作用下引起的绝对最大弯矩应等于该简支板在等效均布荷载作用下引起的绝对最大弯矩。单向板上局部荷载的等效均布活荷载 q_e 可按下式计算:

$$q_e = \frac{8M_{max}}{bl^2} \tag{2-4}$$

式中　l —— 板的跨度（m）;

　　　b —— 板上局部荷载的有效分布宽度（m）;

　　　M_{max} —— 简支单向板的绝对最大弯矩（kN·m），即沿板宽方向按设备的最不利布置确定的总弯矩。计算时设备荷载应乘以动力系数，并扣去设备在该板跨度内所占面积上由操作荷载引起的弯矩。动力系数应根据实际情况考虑。

（5）计算板面等效均布荷载时，还必须明确搁置于楼面上的工艺设备局部荷载的实际作用面尺寸，作用面一般按矩形考虑，并假定荷载沿 45° 扩散线传递，这样可以方便地确定荷载扩散到板中性层处的计算宽度，从而确定简支单向板上局部荷载的有效分布宽度。简支单向板上局部荷载的有效分布宽度 b（图 2-7）可按下列规定计算。

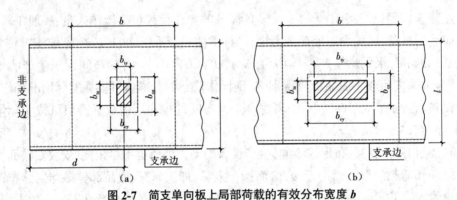

图 2-7　简支单向板上局部荷载的有效分布宽度 b

（a）局部荷载作用面的长边平行于板跨　（b）局部荷载作用面的长边垂直于板跨

①当局部荷载作用面的长边平行于板跨时，简支单向板上局部荷载的有效分布宽度 b 按以下两种情况取值（图 2-7（a））。

当 $b_{cx} \geqslant b_{cy}, b_{cy} \leqslant 0.6l, b_{cx} \leqslant l$ 时：

$$b = b_{cy} + 0.70l \tag{2-5a}$$

当 $b_{cx} \geqslant b_{cy}, 0.6l < b_{cy} \leqslant l, b_{cx} \leqslant l$ 时：

$$b = 0.60b_{cy} + 0.94l \tag{2-5b}$$

②当局部荷载作用面的短边平行于板跨时，简支单向板上局部荷载的有效分布宽度 b 按以下两种情况取值（图 2-7（b））。

当 $b_{cx} < b_{cy}, b_{cy} \leqslant 2.2l, b_{cx} \leqslant l$ 时：

$$b = \frac{2}{3}b_{cy} + 0.73l \tag{2-5c}$$

当 $b_{cx} < b_{cy}, b_{cy} > 2.2l, b_{cx} \leqslant l$ 时：

$$b = b_{cy} \tag{2-5d}$$

式中　l —— 板的跨度（m）;

　　　b_{cx} —— 局部荷载作用面平行于板跨的计算宽度（m），$b_{cx} = b_{tx} + 2s + h$;

　　　b_{cy} —— 局部荷载作用面垂直于板跨的计算宽度（m），$b_{cy} = b_{ty} + 2s + h$;

b_{tx} —— 局部荷载作用面平行于板跨的宽度（m）；

b_{ty} —— 局部荷载作用面垂直于板跨的宽度（m）；

s —— 垫层的厚度（m）；

h —— 板的厚度（m）。

③当局部荷载作用在板的非支承边附近，即 $d < b/2$ 时（图 2-7（a）），荷载的有效分布宽度应予折减，可按下式计算：

$$b' = b/2 + d \tag{2-6}$$

式中　b' —— 折减后的有效分布宽度；

　　　d —— 荷载作用面中心至非支承边的距离。

对于不同用途的工业厂房，板、次梁和主梁的等效均布荷载的比值没有共同的规律，难以给出统一的折减系数。因此，《建筑结构荷载规范》（GB 50009—2012）对板、次梁和主梁分别列出了等效均布荷载的标准值，多层厂房的柱、墙和基础不考虑按楼层数的折减。

2.3.3　楼面活荷载的动力系数

楼面在荷载作用下的动力响应来源于荷载的活动状态，大致可分为两大类：一类是在正常活动下发生的楼面稳态振动，如机械设备运行，车辆行驶，竞技运动场上的观众持续欢腾、跳舞和走步等；另一类是偶尔发生的楼面瞬态振动，如重物坠落、人自高处跳下等。前一类作用可以是周期性的，也可以是非周期性的；后一类作用是冲击荷载，引起的振动将因结构阻尼而消逝。

进行楼面设计时，对一般结构的荷载效应，可不经过结构的动力分析而直接将楼面上的静力荷载乘以动力系数作为楼面活荷载，按静力分析确定结构的荷载效应。在很多情况下，由于荷载效应中的动力部分占比不大，在设计中往往可以忽略，或直接包含在标准值的取值中。对冲击荷载，由于影响比较明显，在设计中应予以考虑。

《建筑结构荷载规范》（GB 50009—2012）规定，搬运和装卸重物以及车辆启动和刹车时动力系数可取 1.1 ～ 1.3；屋面上直升机的活荷载也应考虑动力系数，具有液压轮胎起落架的直升机可取 1.4。当楼面置有特别重的设备、无过道的密集书柜、大型车辆等时，应另行考虑。

不同用途的工业建筑，其工艺设备的动力性质不尽相同，对一般情况，《建筑结构荷载规范》（GB 50009—2012）所给的各类车间楼面活荷载的取值已进行考虑，取动力系数为 1.05 ～ 1.10，对特殊的专用设备和机器可将动力系数增大到 1.20 ～ 1.30。

此外，动力荷载只传至直接承受该荷载的楼板和梁。

2.3.4　例题

【例 2-6】某砌体结构教学楼（图 2-8），采用现浇钢筋混凝土肋梁楼板。试求楼面均布活荷载在梁上产生的均布线荷载标准值。

【解】根据表 2-4 中的第 1 ①项，查得教学楼的楼面均布活荷载标准值为 2.0 kN/m²。

楼面梁的从属面积为

$$A = 3.9 \times 8.4 = 32.76 \ \text{m}^2 > 25 \ \text{m}^2$$

楼面均布活荷载标准值的折减系数可取 0.9。因此,楼面均布活荷载在梁上产生的均布线荷载标准值为

$$q_k = 2.0 \times 0.9 \times 3.9 = 7.02 \ \text{kN/m}$$

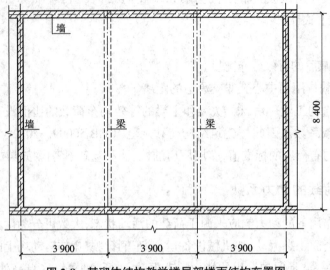

图 2-8　某砌体结构教学楼局部楼面结构布置图

【**例 2-7**】某五层商场,采用现浇钢筋混凝土无梁楼盖板柱体系。柱网尺寸为 9 m × 9 m,如图 2-9 所示。各层楼面隔墙均采用 C 型轻钢龙骨双面石膏板(双层 12 mm 纸面石膏板)墙,隔墙净高为 4.6 m,并可灵活布置。试求中柱(柱 A)在基础顶部截面处由楼面活荷载产生的轴力标准值。

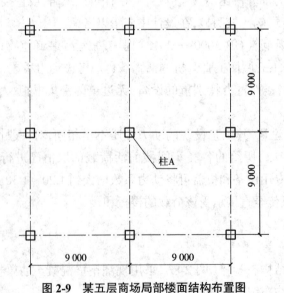

图 2-9　某五层商场局部楼面结构布置图

【**解**】

(1)隔墙产生的附加楼面活荷载标准值。

由于隔墙可灵活布置,其自重应作为楼面活荷载的附加值计入。查本书附录 A 第 11 项,得隔墙自重为 0.27 kN/m²,隔墙净高为 4.6 m。因此,可取每延米长墙重的 1/3 作为隔墙产生的附加楼面活荷载标准值。

$$q_{ak} = 4.6 \times 0.27/3 = 0.414 \text{ kN/m}^2$$

但其值小于 1.0 kN/m²,故取 $q_{ak} = 1.0$ kN/m²。

（2）楼面均布活荷载标准值。

根据表 2-4 中的第 4①项,商场楼面均布活荷载标准值为 3.5 kN/m²。因此每层楼面活荷载标准值为

$$p = 3.5 + 1.0 = 4.5 \text{ kN/m}^2$$

（3）楼面活荷载产生的轴向力标准值。

对商场,设计基础时,楼面活荷载标准值的折减系数应采用与其楼面梁相同的折减系数。楼面梁（板带）的从属面积为

$$A = 4.5 \times 9.0 = 40.5 \text{ m}^2 < 50 \text{ m}^2$$

楼面均布活荷载标准值的折减系数取 1.0。故中柱在基础顶部截面处由楼面活荷载产生的轴力标准值（忽略楼板不平衡弯矩产生的轴向力）为

$$N_k = 9.0 \times 9.0 \times 4.5 \times 5 \times 1.0 = 1822.5 \text{ kN}$$

【例 2-8】某工业建筑的楼面板,在使用过程中最不利情况的设备位置如图 2-10（a）所示,设备重 10 kN,设备平面尺寸为 0.5 m × 1.0 m,设备下有厚 0.1 m 的混凝土垫层,使用过程中设备产生的动力系数为 1.1,楼面板为现浇钢筋混凝土单向连续板,其厚度为 0.1 m,无设备区域的操作荷载为 2.5 kN/m²。求此情况下的等效楼面均布活荷载标准值。

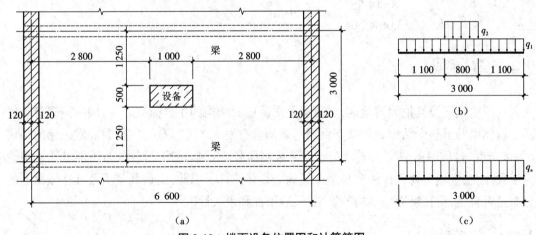

图 2-10　楼面设备位置图和计算简图

（a）楼面设备位置图　（b）计算简图　（c）等效楼面均布活荷载

【解】

（1）楼面荷载的有效分布宽度。

板的计算跨度 $l_0 = l_c = 3.0$ m。

设备荷载作用面平行于板跨的计算宽度 b_{cx} 和垂直于板跨的计算宽度 b_{cy} 分别为

$$b_{cx} = b_{tx} + 2s + h = 0.5 + 2 \times 0.1 + 0.1 = 0.8 \text{ m}$$

$$b_{cy} = b_{ty} + 2s + h = 1.0 + 2 \times 0.1 + 0.1 = 1.3 \text{ m}$$

符合式(2-5c)的计算条件,即

$$b_{cx} < b_{cy}$$

$$b_{cy} < 2.2l_0 = 2.2 \times 3.0 = 6.6 \text{ m}$$

$$b_{cx} < l_0 = 3.0 \text{ m}$$

故设备荷载在板上的有效分布宽度为

$$b = \frac{2}{3}b_{cy} + 0.73l_0 = \frac{2}{3} \times 1.3 + 0.73 \times 3.0 = 3.06 \text{ m}$$

(2)等效楼面均布活荷载标准值。

按简支单跨板计算,板的计算简图如图2-10(b)所示,作用在板上的荷载如下。

①无设备区域的操作荷载在板的有效分布宽度内产生的沿板跨均布线荷载为

$$q_1 = 2.5 \times 3.06 = 7.65 \text{ kN/m}$$

②设备荷载乘以动力系数,并扣除设备在板跨内所占面积上的操作荷载后,产生的沿板跨均布线荷载为

$$q_2 = (10 \times 1.1 - 2.5 \times 0.5 \times 1.0)/0.8 = 12.19 \text{ kN/m}$$

板的绝对最大弯矩为

$$M_{\max} = \frac{1}{8} \times 7.65 \times 3.0^2 + \frac{1}{8} \times 12.19 \times 0.8 \times 3.0 \times \left(2 - \frac{0.8}{3}\right) = 14.95 \text{ kN·m}$$

等效楼面均布活荷载标准值(图2-10(c))为

$$q_e = \frac{8M_{\max}}{bl^2} = \frac{8 \times 14.95}{3.06 \times 3.0^2} = 4.34 \text{ kN/m}^2$$

2.4　雪荷载

在寒冷地区及其他大雪地区,雪荷载是房屋屋面结构的主要荷载之一,因雪荷载导致屋面结构倒塌乃至整个结构破坏甚至倒塌的事例常有发生。尤其是对雪荷载非常敏感的结构(如大跨度、轻质屋盖结构),雪荷载经常是控制荷载,不均匀的雪荷载分布可能导致结构受力形式改变,极端雪荷载作用容易造成结构的整体破坏。因此,雪荷载量值及其在屋面上的分布是否合理,将直接影响结构的安全性、适用性和耐久性。

2.4.1　基本雪压

1. 雪压

雪压是指单位水平面积上积雪的自重,其大小取决于积雪深度和积雪密度。年最大雪压 $s(\text{kN/m}^2)$ 可按下式确定:

$$s = \rho_s hg \tag{2-7}$$

式中　　ρ_s ——积雪密度(t/m³);

　　　　h —— 年最大积雪深度,指从积雪表面到地面的垂直深度(m),以每年 7 月份至次
　　　　　年 6 月份间的最大积雪深度确定;

　　　　g —— 重力加速度,取 9.80 m/s²。

　　积雪密度是随时间、空间变化而变的,与积雪深度、积雪时间和当地的地理气候条件
有关。新鲜降雪的密度一般为 50 ~ 100 kg/m³,当积雪达到一定厚度时,积存在下层的雪
被上层的雪压缩而密度增大,越靠近地面,积雪密度越大;积雪深度越大,其下层积雪密度
越大。

　　在寒冷地区,积雪时间一般较长,甚至存留整个冬季。随着时间的延续,积雪融化、蒸发
及受到压缩、人为扰动等,密度不断增大,从冬初至冬末,积雪密度可能相差 2 倍。

　　年最大积雪深度也是随机变量,可以根据气象台(站)记录的资料统计得到。

　　在确定雪压时,观察并收集雪压数据的场地应具有代表性,即应符合下列要求:

　　(1)观察场地周围的地形应空旷平坦;

　　(2)积雪的分布保持均匀;

　　(3)设计项目在观察场地的范围内,或与观察场地具有相同的地形特征;

　　(4)对积雪局部变异特别大的地区、高原地形的山区,应予以专门调查和特殊处理。

　　最大积雪深度和最大积雪密度两者并不一定同时出现,而且由于我国大部分气象台
(站)收集的资料是年最大积雪深度的数据,缺乏同时、同地平行观测到的积雪密度,因此在
确定雪压时,均取当地的平均积雪密度。

　　考虑到我国幅员辽阔,气候条件差异较大,对不同的地区取用不同的平均积雪密度:东
北、新疆北部地区取 150 kg/m³;华北、西北地区取 130 kg/m³,其中青海取 120 kg/m³;淮河、秦
岭以南地区一般取 150 kg/m³,其中江西、浙江取 200 kg/m³。

2. 我国雪压的分布特点

　　(1)新疆北部是我国突出的雪压高值区。该地区由于冬季受到北冰洋南侵冷湿气流影
响,雪量丰富,且阿尔泰山、天山等山脉对气流有阻滞作用,更有利于降雪。加上温度低,积
雪可以保持整个冬季不融化,新雪覆盖老雪,形成了特大雪压。在阿尔泰山区域雪压可达
1.0 kN/m²。

　　(2)东北地区由于气旋活动频繁,并有山脉对气流起抬升作用,冬季多降雪天气,同时
气温低,有利于积雪。因此大兴安岭和长白山地区是我国另一个雪压高值区。黑龙江北部
和吉林东部地区,雪压可达 0.7 kN/m² 以上。而吉林西部和辽宁北部地区地处大兴安岭的东
南背风坡,对气流有下沉作用,不易降雪,雪压为 0.2 kN/m² 左右。

　　(3)长江中下游和淮河流域是我国稍南地区的雪压高值区。该地区冬季积雪情况很不
稳定,有些年份整个冬季无积雪,而有些年份遇到寒潮南下,冷暖气流僵持,即降大雪,积雪
很深,常造成雪灾。

　　1955 年元旦,江淮一带普降大雪,合肥积雪深度达 400 mm,南京积雪深度达 510 mm。
1961 年元旦,浙江中部遭遇大雪,东阳积雪深度达 550 mm,金华积雪深度达 450 mm。江西
北部、湖南一些地区也曾出现过深度 500 mm 以上的积雪。因此,这些地区不少地点的雪压
为 0.40 ~ 0.50 kN/m²,但积雪期较短,短则一两天,长则十来天。

2008年1月,南方雪灾持续将近一个月,影响范围达20个省市,安徽大别山地区积雪深度达250 mm以上,岳西、霍山部分乡镇最深达500 mm。

(4)川西、滇北山区也属于雪压高值区。该地区海拔高,气温低,湿度大,降雪较多而不易融化。但该地区的河谷由于落差大,高度相对较低,气温相对较高,积雪不多。

(5)华北、西北大部地区冬季温度虽低,但空气干燥,水汽不足,降雪量较少,雪压一般为0.2～0.3 kN/m²。西北干旱地区雪压在0.2 kN/m²以下。该地区内的燕山、太行山、祁连山等山脉因受地形影响,降雪稍多,雪压可达0.3 kN/m²以上。

(6)南岭、武夷山脉以南,冬季气温高,很少降雪,基本无积雪。

3. 基本雪压的确定

根据当地气象台(站)观察并收集的年最大雪压,经统计得出的50年一遇的最大雪压(即重现期为50年),即为当地的基本雪压。《建筑结构荷载规范》(GB 50009—2012)中给

扫一扫:附录B　全国各城市的雪压、风压和基本气温

出了全国基本雪压分布图及部分城市重现期为10年、50年和100年的雪压数据,扫描左侧的二维码即可获取。连续两次超过某一特定荷载值的平均间隔时间,称为该荷载值的重现期。

当城市或建设地点的基本雪压在《建筑结构荷载规范》(GB 50009—2012)中没有明确的数值时,可通过对资料的统计分析按下列方法确定其基本雪压。

(1)当地的年最大雪压资料不少于10年时,可通过对资料的统计分析确定其基本雪压。

(2)当地的年最大雪压资料不足10年时,可通过与有长期资料或有规定的基本雪压的附近地区进行比较分析确定其基本雪压。

(3)当地没有雪压资料时,可通过对气象和地形条件的分析,并参照《建筑结构荷载规范》(GB 50009—2012)中全国基本雪压分布图上的等压线用插入法确定其基本雪压。

山区的积雪通常比附近平原地区的积雪多,并且随地形变化,随海拔高度增大而增大。其主要原因是高海拔地区的气温较低,使降雪的机会增多,且积雪融化缓慢。我国对山区雪压的研究较少,因此《建筑结构荷载规范》(GB 50009—2012)规定,山区的基本雪压应通过实际调查确定,无实测资料时,可以附近地区空旷平坦地面的基本雪压乘以系数1.2采用;对于积雪局部变异特别大的地区和高原地形的山区,应予以专门调查和特殊处理。

此外,对雪荷载敏感的结构(如大跨度、轻质屋盖结构),基本雪压应适当提高,采用重现期为100年的最大雪压,并应按相关结构设计规范的规定处理。

2.4.2　屋面积雪分布系数

基本雪压是针对平坦的地面上的积雪荷载定义的。但对屋面而言,由于受屋面形式、屋面朝向(太阳辐射)、屋面散热、周围环境、地形地势及风力(风速、风向)等多种因素的影响,屋面雪荷载往往与地面雪荷载不同,而且积雪在屋面上的分布也是不均匀的,从而导致在结构(或构件)上的最不利积雪分布。

1. 风对屋面积雪的影响

在降雪过程中,将要飘落或者已经飘积在屋面上的雪被风吹积到附近地面或邻近较低处,这种影响称为风对雪的飘积作用。当风速较大或房屋处于暴风位置时,部分已经沉积在屋面上的雪会被风吹走,从而导致平屋面或小坡度(坡度小于 10°)屋面上的雪压一般比邻近地面上的雪压小。如果用平屋面上的雪压值与地面上的雪压值之比 e 来衡量风对雪的飘积作用的大小,则 e 值的大小与房屋的暴风情况及风速的大小有关,风速越大, e 越小(小于 1)。加拿大学者的研究表明:避风较好的房屋取 $e = 0.9$;周围无挡风障碍物的房屋取 $e = 0.6$;完全暴风的房屋取 $e = 0.3$ 。

对于高低跨屋面或带天窗屋面,由于风对雪的飘积作用,较高屋面上的雪被风吹落在较低屋面上,在较低屋面处形成局部较大的飘积雪荷载,其大小及分布情况与高低屋面间的高差有关。有时这种积雪非常严重,最大可出现 3 倍于地面积雪的情况。由于高低跨屋面交界处存在风涡作用,积雪多按曲线分布堆积(图 2-11)。

对于多跨屋面,屋谷附近区域的积雪比屋脊大,其原因之一是风作用下的雪飘积,屋脊处的部分积雪被风吹落到屋谷附近,飘积雪在天沟处堆积较厚(图 2-12)。

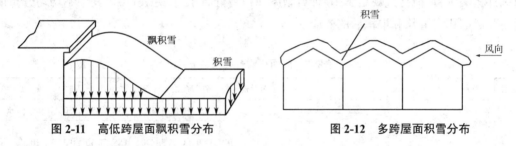

图 2-11　高低跨屋面飘积雪分布　　　　　　图 2-12　多跨屋面积雪分布

2. 屋面坡度对积雪的影响

屋面雪荷载分布与屋面坡度密切相关,一般随坡度的增大而减小,主要原因是风的作用和雪滑移。

当风吹过双坡屋面时,迎风面因"爬坡风"效应风速增大,吹走部分积雪,坡度越大这种效应越明显。而背风面风速减小,从迎风面吹来的雪往往在背风一侧的屋面上飘积。因而,风的作用除了使总的屋面积雪减少外,还会导致屋面雪荷载分布不均匀。

当屋面坡度达到某一角度时,积雪就会在屋面上滑移或滑落,坡度越大,滑移的雪越多。屋面表面的光滑程度对雪滑移的影响也较大,对于铁皮、石板屋面这样的光滑表面,滑移更易发生,往往是屋面积雪全部滑落。双坡屋面向阳一侧受太阳照射,加之屋内散发的热量,易于使紧贴屋面的积雪融化形成润滑层,导致摩擦力减小,从而使该侧积雪滑落,出现阳坡无雪而阴坡有雪的不平衡雪荷载情况。

雪滑移若发生在高低跨屋面或带天窗屋面,滑落的雪堆积在与高屋面邻接的低屋面上,可能出现很大的局部堆积雪荷载,在结构设计时应加以考虑。

3. 屋面散热对积雪的影响

冬季采暖房屋的积雪一般比非采暖房屋少,这是因为屋面散发的热量使部分积雪融化,同时使积雪更容易滑移。

　　屋面非连续受热时,在受热期间融化的积雪可能在不受热期间重新冻结,并且冻结的冰碴可能堵塞屋面排水设施,以致在屋面低凹处结成较厚的冰层,产生附加荷载,同时降低屋面积雪的滑移能力。

　　屋面悬挑檐口部位通常不受室内采暖的影响。因此,积雪融化后可能在檐口处再冻结为冰凌和冰坝,堵塞屋面排水设施,导致渗漏,同时对结构产生不利的荷载效应。

　　在上述因素的影响下,屋面积雪将出现飘积、滑移、融化、结冰等多种效应,导致屋面积雪情况复杂多变。因而,不同的屋面形式有不同的积雪分布;即使同一屋面,不同区域的积雪分布情况也不相同。

扫一扫:积雪演示

　　这些因素的影响用屋面积雪分布系数 μ_r 来考虑,《建筑结构荷载规范》(GB 50009—2012)将屋面积雪分布系数 μ_r 定义为屋面雪荷载与地面雪荷载之比,以反映不同形式的屋面所造成的不同积雪分布状态,并根据设计经验,参考国际标准《结构设计基础——屋面雪荷载的确定》(ISO 4355:2013)及国外相关资料,概括地规定了 10 种典型屋面积雪分布系数,见表 2-7。其中不均匀分布情况主要考虑积雪滑移和堆积后的效应。

表 2-7　屋面积雪分布系数 μ_r

项次	类别	屋面形式及积雪分布系数 μ_r								
1	单跨单坡屋面	（单坡屋面示意图，坡度 α）	α：≤25° / 30° / 35° / 40° / 45° / 50° / 55° / ≥60°　　μ_r：1.00 / 0.85 / 0.70 / 0.55 / 0.40 / 0.25 / 0.10 / 0							
2	单跨双坡屋面	均匀分布的情况　μ_r；不均匀分布的情况　$0.75\mu_r$　$1.25\mu_r$（双坡屋面示意图，坡度 α）	①μ_r 按第 1 项的规定采用;②仅当 $20° \leqslant \alpha \leqslant 30°$ 时,可采用不均匀分布情况							
3	拱形屋面	均匀分布的情况　μ_r；不均匀分布的情况　$0.5\mu_{r,m}$　$\mu_{r,m}$（拱形屋面示意图：$l/4$、$l/4$、$l/4$、$l/4$；$l/2$、$l/2$；60°，f，l）	$\mu_r = \dfrac{l}{8f}$,且 $0.4 \leqslant \mu_r \leqslant 1.0$　　$\mu_{r,m} = 0.2 + 10 \times \dfrac{f}{l}$,且 $\mu_{r,m} \leqslant 2.0$							
4	带天窗的坡屋面	均匀分的情况　1.0；不均匀分布的情况　1.1　0.8　1.1（带天窗坡屋面示意图，坡度 α）	只适用于坡度 $\alpha \leqslant 25°$ 的一般工业厂房屋面							

项次	类别	屋面形式及积雪分布系数 μ_r	
5	带天窗有挡风板的坡屋面	均匀分布的情况　1.0 不均匀分布的情况　1.0　1.4　0.8　1.4　1.0 	只适用于坡度 $\alpha \leqslant 25°$ 的一般工业厂房屋面
6	多跨单坡屋面（锯齿形屋面）	均匀分布的情况　1.0 不均匀分布的情况1　0.6　1.4　0.6　1.4　0.6　1.4 不均匀分布的情况2　μ_r　2.0　μ_r　2.0　μ_r　2.0 $l/2$　$l/2$ l　l	μ_r 按第 1 项的规定采用
7	双跨双坡屋面或拱形屋面	均匀分布的情况　1.0 不均匀分布的情况1　μ_r　1.4　μ_r 不均匀分布的情况2　μ_r　2.0　μ_r l　l	① μ_r 按第 1 项或第 3 项的规定采用； ② 当 $\alpha \leqslant 25°$ 或 $f/l \leqslant 0.1$ 时，只采用均匀分布情况
8	高低屋面	情况1：1.0　$\mu_{r,m}$　1.0　　　1.0　$\mu_{r,m}$　1.0 情况2：1.0　2.0　1.0　　　1.0　2.0 a　　　　a h　　　　h b_1　b_2　　　b_1　$b_2 < a$	$4\text{ m} \leqslant a = 2h \leqslant 8\text{ m}$ $\mu_{r,m} = \dfrac{b_1 + b_2}{2h}$，且 $2.0 \leqslant \mu_{r,m} \leqslant 4.0$
9	有女儿墙或其他突起物的屋面	$\mu_{r,m}$　μ_r　$\mu_{r,m}$ a　　　　a h 	$a = 2h$ $\mu_{r,m} = 1.5 \times \dfrac{h}{s_0}$，且 $1.0 \leqslant \mu_{r,m} \leqslant 2.0$
10	大跨度屋面（$l > 100$ m）	$0.8\mu_r$　$1.2\mu_r$　$0.8\mu_r$ $l/4$　$l/2$　$l/4$ l	① μ_r 按第 1 项或第 3 项的规定采用； ② 还应同时考虑第 2 项、第 3 项的积雪分布

注：多跨屋面的积雪分布系数可参照第 7 项的规定采用。

2.4.3　雪荷载代表值

1. 考虑积雪分布的原则

设计建筑结构及屋面的承重构件时,可按下列规定采用积雪的分布情况:

（1）屋面板和檩条按积雪不均匀分布的最不利情况采用;

（2）屋架、拱和壳应分别按全跨积雪均匀分布、不均匀分布和半跨积雪均匀分布的最不利情况采用;

（3）框架和柱可按全跨积雪均匀分布的情况采用。

2. 雪荷载标准值

房屋、水电站厂房、泵站厂房、渡槽等建筑物顶面水平投影面上的雪荷载标准值 s_k 应按下式计算:

$$s_k = \mu_r s_0 \tag{2-8}$$

式中　μ_r —— 屋面积雪分布系数,按表 2-7 确定;

　　　s_0 —— 基本雪压(kN/m²),按附录 B 确定。

3. 雪荷载组合值、频遇值及准永久值

这三种代表值均由标准值乘以相应的系数得到。其中,组合值系数取 0.7;频遇值系数取 0.6;准永久值系数应按附录 B 中的基本雪压准永久值系数分区确定,对Ⅰ区、Ⅱ区和Ⅲ区,分别取 0.5、0.2、0。

2.4.4　特殊的雪荷载

除风力的影响外,屋面雪荷载还可能在一定的气象条件(如降雨、温度、湿度等)下产生对结构安全及使用影响较大的综合效应,如雪加雨荷载、积水荷载和结冰荷载等。

1. 雪加雨荷载

寒冷地区的积雪通常从冬季延续到次年初春,在这期间可能遇上降雨,积雪会像海绵一样吸收雨水,给结构施加雪加雨荷载。大雨产生的屋面附加荷载在短时间内有可能很大,其大小取决于降雨强度、降雨持续时间、当时的气温、积雪厚度以及屋面排水性能等。当气温较低时,雨水有可能长时间积聚在屋面积雪中。

2. 积水荷载和结冰荷载

对平屋面或坡度很小(小于 10°)的自然排水屋面,融化后的雪水可能在一些低洼区域积聚,形成局部的积水荷载,使该区域的屋面产生变形。随着雪水不断流向这些低洼区域,该区域的屋面变形不断增大,从而形成较深的积水。若屋面结构刚度较小,积水荷载和屋面变形将交替增大,最终可能导致结构或构件破坏。

在寒冷地区,融化的雪水可能再次冻结,堵塞屋面排水设施,从而形成局部的屋面冰层,尤其在檐口和天沟处可能形成较大的结冰荷载。在设计中应保证足够的屋面结构刚度,以减小屋面积水的可能性,同时应尽可能选择合理的排水形式、排水坡度和屋面排水设施。

《建筑结构荷载规范》(GB 50009—2012)中没有规定这些特殊的雪荷载如何考虑,设计人员应根据工程的实际情况考虑这些因素。美国荷载规范 *Minimum Design Loads for*

Buildings and Other Structures（ ASCE 7-05 ）中对这两类特殊的雪荷载的规定如下。

（ 1 ）在积雪期间可能出现雨水的地区,屋面雪荷载应考虑适当增加雪加雨荷载。对地面雪荷载小于 0.96 kN/m² 的地区,当屋面坡度小于 1/15.2 时,屋面雪荷载应考虑附加荷载 0.24 kN/m²。

（ 2 ）对传热系数小于 5.3 ℃·m²/W 的不通风屋面和传热系数小于 3.5 ℃·m²/W 的通风屋面,计算排水天沟时,其雪荷载应加倍。

2.4.5　例题

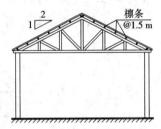

图 2-13　某仓库屋盖木屋架

【例 2-9 】某仓库屋盖为木屋架结构体系,剖面图如图 2-13 所示,屋面坡度为 1:2, $\alpha = 26.57°$,木檩条沿屋面方向间距为 1.5 m,计算跨度为 3 m,该地区基本雪压 $s_0 = 0.65$ kN/m²。求作用在檩条上的由屋面积雪产生的均布线荷载标准值。

【解】檩条的积雪荷载应按不均匀分布的最不利情况考虑,屋面类别为单跨双坡屋面,查表 2-7 第 2 项,其不均匀分布的最不利屋面积雪分布系数为 $1.25\mu_r$,屋面坡度 $\alpha = 26.57°$,则得

$$\mu_r = 1 - \frac{26.57 - 25}{30 - 25} \times (1 - 0.8) = 0.938$$

计算檩条时,屋面水平投影面上的雪荷载标准值

$$s_k = 1.25\mu_r s_0 = 1.25 \times 0.938 \times 0.65 = 0.762 \ \text{kN/m}^2$$

由屋面积雪产生的檩条均布线荷载标准值

$$q_s = s_k \times 1.5 \times \cos\alpha = 0.762 \times 1.5 \times \cos 26.57° = 1.022 \ \text{kN/m}$$

【思考题】

1. 利用计算软件分析结构内力时,楼面荷载、梁上荷载如何计算?

2. 影响屋面积雪分布系数的因素有哪些?

3. 设计工业厂房屋面构件时,活荷载如何取值?

4. 设计楼面梁、墙、柱及基础时,如何考虑楼面活荷载的折减系数?

5. 民用建筑楼面活荷载如何取值? 应注意哪些问题?

6. 工业建筑楼面等效均布活荷载如何计算?

【习题】

1. 某建筑物为拱形屋面,如图 2-14 所示,矢高 $f = 5$ m,跨度 $l = 24$ m。已知当地基本雪压 $s_0 = 0.55$ kN/m²,试求该屋面的雪压标准值。

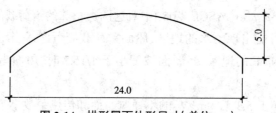

图 2-14 拱形屋面外形尺寸(单位:m)

2.跨度为 24 m 的钢屋架,如图 2-15 所示,屋架间距为 6 m,上弦铺设 1.5 m×6 m 的钢筋混凝土大型屋面板并支承在屋架节点上,屋面坡度为 1:10。已知当地基本雪压为 0.60 kN/m²,求雪荷载作用下腹杆①的内力标准值。

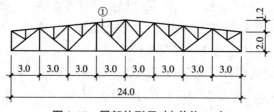

图 2-15 屋架外形尺寸(单位:m)

(注:设计屋架时应分别按积雪全跨均匀分布、不均匀分布和半跨均匀分布 3 种情况考虑。)

第3章　移动荷载

【本章提要】

移动荷载通常指一组大小、方向、间距都不变,但作用位置随时间变化的荷载。常见的移动荷载包括吊车荷载、车辆荷载和人群荷载等。此外,港口工程中的起重运输机械荷载、载货缆车荷载也属于移动荷载。本章主要介绍吊车荷载,公路、铁路、港口工程中的车辆荷载和人群荷载。

3.1　吊车荷载

工业厂房因工艺上的要求常设有桥式吊车。结构设计考虑吊车荷载时,有关吊车的技术资料都应由工艺设计提供,并应以制造厂家的产品规格作为设计依据。选购吊车(起重机)产品时,要特别注意选择起重机整机的工作级别。

3.1.1　吊车的工作级别

吊车按其工作的繁重程度进行分级,称为吊车的工作级别。这不仅对吊车本身的设计有直接的意义,也与厂房结构的设计有关。吊车的工作级别是吊车生产和订货、项目的工艺设计以及结构设计的依据。

我国《起重机设计规范》(GB/T 3811—2008)中规定,吊车的工作级别由使用等级和载荷状态级别两个因素确定。

吊车的使用等级表征该设备的使用频繁程度,按在使用期内要求的总工作循环次数,吊车的使用等级分成 10 个等级,见表 3-1。吊车的一个工作循环是从起吊一个物品起,到能开始起吊下一个物品止,包括运行和正常的停歇在内的一个完整的过程。

表 3-1　吊车的使用等级

使用等级	U_0	U_1	U_2	U_3	U_4
工作循环数 C_T($\times 10^5$)	$C_T \leqslant 0.16$	$0.16 < C_T \leqslant 0.32$	$0.32 < C_T \leqslant 0.63$	$0.63 < C_T \leqslant 1.25$	$1.25 < C_T \leqslant 2.50$
使用频繁程度	很少使用				不频繁使用
使用等级	U_5	U_6	U_7	U_8	U_9
工作循环数 C_T($\times 10^5$)	$2.50 < C_T \leqslant 5.00$	$5.00 < C_T \leqslant 10.0$	$10.0 < C_T \leqslant 20.0$	$20.0 < C_T \leqslant 40.0$	$40.0 < C_T$
使用频繁程度	中等频繁使用	较频繁使用	频繁使用	特别频繁使用	

吊车的载荷状态级别表明了该设备起吊载荷的轻重程度(即吊车荷载达到额定值的频繁程度),分为 4 级,根据载荷谱系数按表 3-2 确定。

表 3-2　吊车的载荷级别状态与载荷谱系数

载荷级别状态	载荷谱系数 K_p	说明
Q1	$K_p \leqslant 0.125$	很少吊运额定载荷,经常吊运较轻载荷
Q2	$0.125 < K_p \leqslant 0.250$	较少吊运额定载荷,经常吊运中等载荷
Q3	$0.250 < K_p \leqslant 0.500$	有时吊运额定载荷,较多吊运较重载荷
Q4	$0.500 < K_p \leqslant 1.000$	经常吊运额定载荷

根据《起重机设计规范》(GB/T 3811—2008)第 3.2.2 条的规定,吊车的载荷谱系数 K_p 可按下式计算:

$$K_p = \sum_{i=1}^{n} \left[\frac{C_i}{C_T} \left(\frac{P_{Qi}}{P_{Q\max}} \right)^m \right] \qquad (3-1)$$

式中　P_{Qi} —— 能表征吊车在预期寿命(总工作循环数 C_T)内的工作任务的各个有代表性的起升载荷(t),$i = 1, 2, \cdots, n$;

C_i —— 与起升载荷 P_{Qi} 相应的工作循环数,$i = 1, 2, \cdots, n$;

$P_{Q\max}$ —— 吊车的额定起升载荷(t);

C_T —— 吊车的总工作循环数,$C_T = \sum_{i=1}^{n} C_i$;

m —— 幂指数,为便于划分等级,约定取 $m = 3$。

根据吊车的使用等级和载荷状态级别,将吊车的工作级别划分为 A1 ~ A8 共 8 个级别,见表 3-3。在工程应用中一般由工艺专业根据吊车的使用情况提出吊车的工作级别,某些特殊工程可依据相关规范选定吊车的工作级别。

表 3-3　吊车的工作级别

载荷状态级别	载荷谱系数 K_p	吊车的使用等级									
		U_0	U_1	U_2	U_3	U_4	U_5	U_6	U_7	U_8	U_9
Q1	$K_p \leqslant 0.125$	A1	A1	A1	A2	A3	A4	A5	A6	A7	A8
Q2	$0.125 < K_p \leqslant 0.250$	A1	A1	A2	A3	A4	A5	A6	A7	A8	A8
Q3	$0.250 < K_p \leqslant 0.500$	A1	A2	A3	A4	A5	A6	A7	A8	A8	A8
Q4	$0.500 < K_p \leqslant 1.000$	A2	A3	A4	A5	A6	A7	A8	A8	A8	A8

习惯上,A1 ~ A3 称为轻级工作制,A4 和 A5 称为中级工作制,A6 和 A7 称为重级工作制,A8 称为特重级工作制。

3.1.2　吊车荷载的作用形式和特点

吊车荷载是厂房结构设计中的主要荷载,可分为竖向荷载和水平荷载两种形式。吊车荷载由吊车两端行驶的轮子以集中力的形式作用于两边的吊车梁上,如图 3-1 所示。吊车荷载具有以下特点。

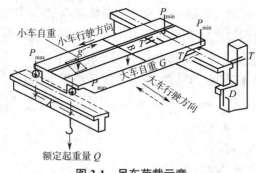

图 3-1　吊车荷载示意

1. 吊车荷载是可移动的荷载

吊车荷载除了吊车自重外,还包括两组移动的集中荷载:一组是移动的竖向荷载 P(吊物重量);另一组是移动的横向水平荷载 Z(在行驶过程中由于启动或刹车产生的水平惯性力)。这两组荷载作用于吊车梁上并通过吊车梁传至主结构。

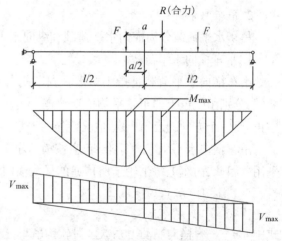

移动荷载要用影响线法求出各计算截面上的最大内力。如图 3-2 所示,设一个两轮吊车梁上的合力为 R,当 R 和与其相邻的一个集中荷载的间距为 a 时,此集中荷载所在截面将产生最大弯矩,而非在跨中处,从该截面至支座的弯矩包络图可近似地取为二次抛物线,支座和跨中截面间的剪力包络图可近似按直线取用。

2. 吊车荷载是重复荷载

由表 3-1 可以看出,在 50 年的使用期内,使用等级较高的吊车总工作循环

图 3-2　吊车梁弯矩和剪力包络图

数可达 1.0×10^6 次以上,直接承受这种重复荷载,吊车梁会因疲劳而产生裂缝,直至破坏。所以工作级别为 A6 及更高的吊车梁除进行静力计算外,还要进行疲劳强度验算。

3. 吊车荷载具有动力特性

桥式吊车特别是速度较快的重级工作制桥式吊车,对吊车梁的作用带有明显的动力特性,因此,在计算吊车梁及其连接部分的承载力和吊车梁的抗裂性能时,都必须对吊车的竖向荷载乘以动力系数。

3.1.3　吊车竖向荷载和水平荷载

1. 吊车竖向荷载

吊车竖向荷载是指吊车(大车和小车)重量与所吊重量经吊车梁传给柱的竖向压力。

桥式吊车由大车(桥架)和小车组成,大车在吊车梁的轨道上沿厂房纵向行驶,小车在大车的轨道上沿厂房横向运行,带有吊钩的起重卷扬机安装在小车上。当吊车起重量达到

额定最大值,同时小车行驶到大车桥一端的极限位置时,该侧每个大车的轮压即为吊车的最大轮压标准值 P_{max},另一侧每个大车的轮压即为吊车的最小轮压标准值 P_{min}。设计中采用的吊车竖向荷载标准值包括吊车的最大轮压和最小轮压。

根据吊车的规格(吊车类型、起重量、跨度和工作级别),可从厂家产品样本中查出吊车的最大轮压 P_{max},最小轮压 P_{min} 则往往需由设计者自行计算,P_{max} 与 P_{min} 的关系如下:

$$n(P_{max} + P_{min}) = G + g + Q \tag{3-2}$$

式中　　G——吊车总重量(kN);

　　　　g——横行小车重量(kN);

　　　　Q——吊车额定起重量(kN),双钩吊车取大钩的最大吊重;

　　　　n——吊车一端的轮数,一般吊车 $n = 2$,当 $Q \geqslant 750$ kN 时,$n = 4$。

吊车荷载是移动荷载,因此 P_{max} 与 P_{min} 确定后,需根据厂房的结构尺寸,利用结构力学中影响线的概念,按吊车梁的支座反力影响线和吊车轮压的最不利位置,求出通过吊车梁作用于排架柱牛腿处的最大竖向荷载标准值和最小竖向荷载标准值,参见【例 3-1】。

2. 吊车水平荷载

吊车水平荷载分为横向水平荷载和纵向水平荷载两种。

1)吊车横向水平荷载

吊车横向水平荷载是指小车水平刹车或启动时产生的惯性力,该荷载应等分于桥架的两端,分别由轨道上的车轮平均传至轨道,位置与其吊车轮压相同,方向与轨道垂直,并应考虑正、反两个方向的启(制)动情况。

吊车横向水平刹车力标准值,应按横行小车重量 g 与吊车额定起重量 Q 之和的百分数采用。因此,吊车上每个轮子所传递的最大横向水平刹车力标准值 Z_{max}(kN)为

$$Z_{max} = \frac{\eta_D(Q+g)}{2n} \tag{3-3}$$

式中　　η_D——横向制动力系数。对软钩吊车,当 $Q \leqslant 100$ kN 时,取 12%;当 $Q = 160 \sim 500$ kN 时,取 10%;当 $Q \geqslant 750$ kN 时,取 8%。对硬钩吊车,取 20%。

确定横向水平刹车力标准值 Z_{max} 后,按计算吊车竖向荷载的方法计算出作用于排架柱上吊车梁顶面处的吊车横向水平荷载。

2)吊车纵向水平荷载

吊车纵向水平荷载是指大车刹车或启动时产生的惯性力,其作用点位于刹车轮与轨道的接触点,方向与轨道方向一致。

吊车纵向水平荷载标准值不区分软钩吊车和硬钩吊车,均应按作用在一边轨道上所有刹车轮的最大轮压之和的 10% 计算,即

$$H = 0.1mP_{max} \tag{3-4}$$

式中　　m——每边轨道上的刹车轮数。

在非地震区,吊车纵向水平荷载常用来计算柱间支撑;在地震区,由于厂房的纵向地震作用较大,吊车纵向水平荷载可不考虑。

悬挂吊车的水平荷载应由支撑系统承受,电动葫芦、手动吊车可不考虑水平荷载。

3. 多台吊车组合

设计厂房的吊车梁和排架时,常常考虑多台吊车共同作用。根据能同时在所计算的结构上产生效应的吊车台数确定参与组合的吊车台数。它主要取决于厂房的纵向柱距和横向跨数,其次是各吊车聚集在同一柱距范围内的可能性。

对于单跨厂房,在同一跨度内 2 台吊车以邻近距离运行是常见的,3 台吊车相邻运行十分罕见,即使偶然发生,由于柱距所限,能对一榀排架产生的影响也只限于 2 台。

对于多跨厂房,在同一柱距内同时出现超过 2 台吊车的机会增加,但考虑到隔跨吊车对结构的影响减弱,为了计算上的方便,容许在计算吊车竖向荷载时最多只考虑 4 台吊车。

在计算吊车水平荷载时,由于各吊车聚集在同一柱距范围内,且同时启动或制动的可能性很小,容许最多只考虑 2 台吊车。

因此,《建筑结构荷载规范》(GB 50009—2012)第 6.2.1 条规定,计算排架考虑多台吊车时,吊车荷载应按下列原则确定。

1)考虑多台吊车的竖向荷载时

对单层吊车的单跨厂房的每个排架,参与组合的吊车不宜多于 2 台;对单层吊车的多跨厂房的每个排架,不宜多于 4 台。

对双层吊车的单跨厂房,宜按上层和下层吊车分别不多于 2 台进行组合;对双层吊车的多跨厂房,宜按上层和下层吊车分别不多于 4 台进行组合,且当下层吊车满载时,上层吊车应按空载计算,当上层吊车满载时,下层吊车不应计入。

2)考虑多台吊车的水平荷载时

对单跨或多跨厂房的每个排架,参与组合的吊车不应多于 2 台。

3)当有特殊情况时

参与组合的吊车台数也应按实际情况考虑,对于不同的验算内容,尚应根据相关工程的设计规范选取适当的吊车台数进行验算。

按照以上组合方法,吊车荷载不论是由 2 台还是由 4 台吊车引起的,都按照各台吊车同时处于最不利位置,且同时满载的极端情况考虑,实际上这种最不利情况出现的概率是极小的。从概率的观点来看,可将多台吊车共同作用时的吊车荷载效应组合予以折减。在实测调查和统计分析的基础上,得到多台吊车荷载效应组合的折减系数,见表 3-4。

表 3-4 多台吊车的荷载折减系数,吊车荷载的动力、组合值、频遇值及准永久值系数

吊车种类及吊车工作级别		多台吊车的荷载折减系数			动力系数	组合值系数 ψ_c	频遇值系数 ψ_f	准永久值系数 ψ_q
		2 台	3 台	4 台				
软钩吊车	A1～A3	0.90	0.85	0.80	1.05	0.70	0.60	0.50
	A4、A5					0.70	0.70	0.60
	A6、A7	0.95	0.90	0.85	1.10	0.70	0.70	0.70
	A8					0.95	0.95	0.95
硬钩和其他特种吊车		—	—	—	1.10	0.95	0.95	0.95

注:对于多于双层吊车的单跨、多跨厂房或其他特殊情况,计算排架时,参与组合的吊车台数和荷载折减系数应按实际情况考虑。

4. 吊车荷载的动力系数

吊车荷载的动力系数与吊车的起重量、工作级别、运行速度、运行时冲击作用的影响以及轨道顶面的高差、吊车的轮数、吊车梁的刚度与跨度等因素有关。当计算吊车梁及其连接的强度时,吊车竖向荷载的动力系数可按表 3-4 所列数值采用。

5. 吊车荷载的组合值、频遇值及准永久值系数

吊车荷载的组合值系数、频遇值系数及准永久值系数可按表 3-4 中的规定采用。

3.1.4　例题

【例 3-1】 某单层单跨工业厂房,跨度为 18 m,柱距为 6 m。作用有两台 20t-A5 级电动吊钩桥式吊车,吊车的主要技术参数为:桥架宽度 $B = 5.944$ m,轮距 $K = 4.10$ m,小车自重 $g_k = 6.886$ t,吊车最大轮压 $P_{max k} = 199$ kN,吊车总重 $G_k = 30.304$ t。试求作用在排架柱牛腿处的吊车竖向荷载和横向水平荷载标准值。

【解】

(1) 按式(3-2)求吊车最小轮压 $P_{min,k}$。

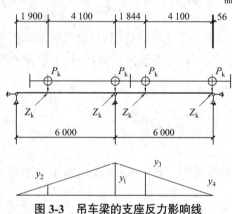

图 3-3　吊车梁的支座反力影响线

$$P_{min,k} = \frac{G_k + g_k + Q_k}{2} - P_{max,k}$$
$$= \frac{30.304 + 6.886 + 20}{2} \times 9.8 - 199$$
$$= 81.23 \text{ kN}$$

(2) 求吊车竖向荷载时,按每跨两台吊车同时工作且达到最大起重量考虑。

吊车轮压在柱列上的最不利位置如图 3-3 所示,由此求得支座反力影响线为

$$y_1 = 1,\ y_2 = 1.9/6,\ y_3 = 4.156/6,\ y_4 = 0.056/6$$
$$\sum_{i=1}^{4} y_i = 1 + \frac{1.9}{6} + \frac{4.156}{6} + \frac{0.056}{6} = 2.019$$

(3) 作用在排架柱牛腿处的吊车竖向荷载标准值。

$$D_{max,k} = 0.9 P_{max,k} \sum_{i=1}^{4} y_i = 0.9 \times 199 \times 2.019 = 361.60 \text{ kN}$$

$$D_{min,k} = 0.9 P_{min,k} \sum_{i=1}^{4} y_i = 0.9 \times 81.23 \times 2.019 = 147.60 \text{ kN}$$

(4) 按式(3-3)求吊车横向水平刹车力标准值。

$$Z_{max,k} = \frac{\eta_D (Q_k + g_k)}{2n} = \frac{0.1 \times (20 + 6.886) \times 9.8}{2 \times 2} = 6.59 \text{ kN}$$

(5) 吊车横向水平荷载标准值。

吊车横向水平刹车力的作用位置与吊车轮压的作用位置相同,根据图 3-3,作用于排架柱上吊车梁顶面处的吊车横向水平荷载为

$$T_{max,k} = 0.9 Z_{max,k} \sum_{i=1}^{4} y_i = 0.9 \times 6.59 \times 2.019 = 11.97 \text{ kN}$$

3.2　汽车荷载

公路桥梁上行驶的车辆种类繁多,有汽车、平板挂车、履带车等,同一类车辆又有许多不同的型号和载重等级。随着交通运输事业和高速公路的发展,车辆的载重量还将不断增大。因此需要有一个既能反映目前车辆情况又兼顾未来发展,同时便于桥梁结构设计运用的车辆荷载标准。下面分别介绍目前公路桥梁、城市桥梁的车辆荷载标准。

3.2.1　汽车荷载的等级

《公路桥涵设计通用规范》(JTG D60—2015)将各级公路设计中的汽车荷载分为公路—Ⅰ级和公路—Ⅱ级两个等级,公路等级和汽车荷载等级的对应关系见表 3-5。

表 3-5　各级公路的汽车荷载等级

公路等级	高速公路	一级公路	二级公路	三级公路	四级公路
汽车荷载等级	公路—Ⅰ级	公路—Ⅰ级	公路—Ⅰ级	公路—Ⅱ级	公路—Ⅱ级

注:①二级公路作为集散公路且交通量小、重型车辆少时,其桥涵的设计可采用公路—Ⅱ级汽车荷载。
　　②对交通组成中重载交通比重较大的公路桥涵,宜采用与该交通组成相适应的汽车荷载进行结构整体和局部验算。

《城市桥梁设计规范(2019 年版)》(CJJ 11—2011)根据城市道路等级将汽车荷载分为城—A 级和城—B 级两个等级,应根据道路的功能、等级和发展要求等具体情况按表 3-6选用。

表 3-6　城市桥梁的汽车荷载等级

城市道路等级	快速路	主干路	次干路	支路
汽车荷载等级	城—A 级或城—B 级	城—A 级	城—A 级或城—B 级	城—B 级

注:①快速路、次干路上如重型车辆行驶频繁,设计汽车荷载应选用城—A 级汽车荷载。
　　②小城市中的支路上如重型车辆较少,设计汽车荷载采用城—B 级车道荷载的效应乘以 0.80 的折减系数,车辆荷载的效应乘以 0.70 的折减系数。
　　③小型车专用道路,设计汽车荷载可采用城—B 级车道荷载的效应乘以 0.60 的折减系数,车辆荷载的效应乘以 0.50 的折减系数。

3.2.2　汽车荷载的取值

汽车荷载由车道荷载和车辆荷载组成。桥梁结构的整体计算应采用车道荷载;桥梁结构局部加载,涵洞、桥台和挡土墙土压力等的计算采用车辆荷载。车道荷载与车辆荷载的作用不得叠加。

1. 车道荷载

公路—Ⅰ级和城—A 级汽车荷载的车道荷载取值相同,包括均布荷载标准值 q_k 和集中荷载标准值 P_k 两部分,计算图示如图 3-4 所示。均布荷载标准值 q_k 应满布于使结构产生最

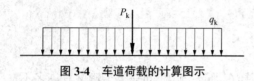

图3-4　车道荷载的计算图示

不利效应的同号影响线上；集中荷载标准值 P_k 只作用于最大影响线的峰值处。

（1）公路—Ⅰ级（城—A级）车道荷载的均布荷载标准值 $q_k = 10.5 \text{ kN/m}$，集中荷载标准值按以下规定选取：

①桥梁计算跨径小于或等于5 m时，$P_k = 270 \text{ kN}$；

②桥梁计算跨径等于或大于50 m时，$P_k = 360 \text{ kN}$；

③桥梁计算跨径在5~50 m时，P_k 通过直线内插求得；

④计算剪力效应时，上述集中荷载标准值 P_k 应乘以1.2的系数。

（2）公路—Ⅱ级和城—B级汽车荷载的车道荷载取值相同，车道荷载的均布荷载标准值 q_k 和集中荷载标准值 P_k 按公路—Ⅰ级（城—A级）车道荷载的75%采用。

2. 车辆荷载

公路—Ⅰ级、公路—Ⅱ级和城—B级汽车荷载的车辆荷载采用相同的立面布置、平面布置和标准值。车辆荷载的立面布置、平面布置如图3-5所示，主要技术指标见表3-7。

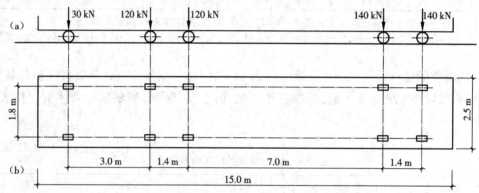

图3-5　公路—Ⅰ级、公路—Ⅱ级和城—B级车辆荷载的立面布置、平面布置
（a）立面布置　（b）平面布置

表3-7　公路—Ⅰ级、公路—Ⅱ级和城—B级车辆荷载的主要技术指标

项目	单位	技术指标	项目	单位	技术指标
车辆重力标准值	kN	550	轮距	m	1.8
前轴重力标准值	kN	30	前轮着地宽度 × 长度	m × m	0.3 × 0.2
中轴重力标准值	kN	2 × 120	中轮着地宽度 × 长度	m × m	0.6 × 0.2
后轴重力标准值	kN	2 × 140	后轮着地宽度 × 长度	m × m	0.6 × 0.2
轴距	m	3 + 1.4 + 7 + 1.4	车辆外形尺寸（长 × 宽）	m × m	15 × 2.5

城—A级汽车荷载的车辆荷载的立面布置、平面布置如图3-6所示，主要技术指标见表3-8。

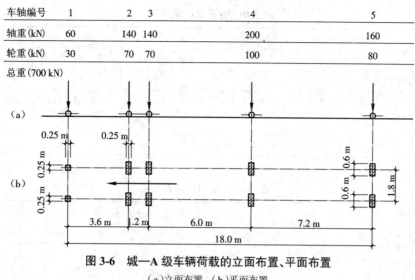

图 3-6　城—A 级车辆荷载的立面布置、平面布置
（a）立面布置　（b）平面布置

表 3-8　城—A 级车辆荷载的主要技术指标

车轴编号	1	2	3	4	5
轴重标准值（kN）	60	140	140	200	160
轮重标准值（kN）	30	70	70	100	80
纵向轴距（m）		3.60	1.20	6.00	7.20	
每组车轮的横向中距（m）	1.80	1.80	1.80	1.80	1.80
车轮着地宽度 × 长度（m×m）	0.25×0.25	0.60×0.25	0.60×0.25	0.60×0.25	0.60×0.25

3. 车道荷载横向分布系数

公路桥涵和城市桥梁的车道荷载横向分布系数应根据设计车道数按图 3-7 布置车辆荷载进行计算。

桥涵设计车道数应符合表 3-9 的规定。随着桥梁横向布置车辆的增加，各车道内同时出现最大荷载的概率减小。因此，多车道桥梁上的汽车荷载应考虑多车道折减。当桥涵设计车道数大于或等于 2 时，由汽车荷载产生的效应按表 3-10 规定的横向折减系数进行折减，但折减后的效应不得小于两条设计车道的荷载效应。

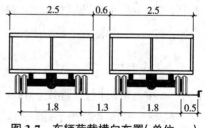

图 3-7　车辆荷载横向布置（单位：m）

加载车道应选在结构能产生最不利荷载效应处。

可靠性理论分析表明，当桥梁跨径大于 150 m 时，应按表 3-11 规定的纵向折减系数进行折减，当为多跨连续结构时，整个结构应按最大的计算跨径考虑汽车荷载效应的纵向折减。

重型车辆较少时，桥涵设计所采用的公路—Ⅱ级（城—B 级）车道荷载的效应可以乘以折减系数 0.8，车辆荷载的效应可以乘以折减系数 0.7。

表 3-9　桥涵设计车道数

桥面宽度 W(m)	车辆单向行驶时	$W < 7.0$	$7.0 \leqslant W < 10.5$	$10.5 \leqslant W < 14.0$	$14.0 \leqslant W < 17.5$
	车辆双向行驶时		$6.0 \leqslant W < 14.0$		$14.0 \leqslant W < 21.0$
桥涵设计车道数 n(条)		1	2	3	4
桥面宽度 W(m)	车辆单向行驶时	$17.5 \leqslant W < 21.0$	$21.0 \leqslant W < 24.5$	$24.5 \leqslant W < 28.0$	$28.0 \leqslant W < 31.5$
	车辆双向行驶时		$21.0 \leqslant W < 28.0$		$28.0 \leqslant W < 35.0$
桥涵设计车道数 n(条)		5	6	7	8

表 3-10　横向折减系数

横向布置设计车道数(条)	1	2	3	4	5	6	7	8
横向折减系数	1.20	1.00	0.78	0.67	0.60	0.55	0.52	0.50

表 3-11　纵向折减系数

计算跨径 L_0(m)	$150 < L_0 < 400$	$400 \leqslant L_0 < 600$	$600 \leqslant L_0 < 800$	$800 \leqslant L_0 < 1\,000$	$L_0 \geqslant 1\,000$
纵向折减系数	0.97	0.96	0.95	0.94	0.93

3.2.3　汽车荷载的离心力

1. 公路桥梁和城市桥梁

汽车荷载的离心力是车辆在弯道行驶时产生的惯性力,以水平力的形式作用于桥梁结构,其大小与弯道曲线半径成反比,是曲线桥横向受力与抗扭设计计算所考虑的主要因素。

曲线桥应计算汽车荷载的离心力。汽车荷载离心力标准值 F 按下式计算:

$$F = WC \tag{3-5}$$

式中　W——车辆荷载标准值(kN),按表 3-6、表 3-7 确定,不考虑冲击力;

　　　C——离心力系数,按下式计算。

$$C = \frac{v^2}{127R} \tag{3-6}$$

式中　v——设计行车速度(km/h),应按桥梁所在路线的设计速度采用;

　　　R——弯道曲线半径(m)。

离心力应作用在汽车的重心上,一般离桥面 1.2 m,为了计算简便,也可移到桥面上,但不计由此引起的力矩。离心力对墩台的影响多按均布荷载考虑,即把离心力均匀分布在桥跨上,由两个墩台平均分担。

计算多车道桥梁的汽车荷载的离心力时,车辆荷载标准值应乘以表 3-10 中规定的横向折减系数。

2. 铁路桥梁

列车运行对铁路桥梁产生的离心力计算方式与汽车荷载的离心力计算方式相似,在此处一并介绍。铁路桥梁列车荷载的离心力 F 应按下式计算:

$$F = fCW = f \frac{v^2}{127R} W \tag{3-7}$$

式中 f —— 列车竖向活荷载折减系数,按下式计算。当 $L \leqslant 2.88$ m 或 $v \leqslant 120$ km/h(v 为设计行车速度)时, f 值取 1.0;当计算 f 值大于 1.0 时取 1.0;当 $L > 150$ m 时,取 L = 150 m 计算 f 值;城际铁路、重载铁路 f 值取 1.0。

$$f = 1.00 - \frac{v-120}{1000} \times \left(\frac{814}{v} + 1.75 \right) \left(1 - \sqrt{\frac{2.88}{L}} \right) \tag{3-8}$$

式中 L —— 桥上曲线部分荷载的长度(m)。

当设计行车速度大于 120 km/h 时,离心力和列车竖向活荷载组合时应考虑以下 3 种情况:①不折减的列车竖向活荷载和按 120 km/h 的速度计算的离心力(f = 1.0);②折减的列车竖向活荷载和按设计行车速度计算的离心力($f < 1.0$);③曲线上的桥梁还应考虑没有离心力时列车竖向活荷载作用的情况。

客货共线铁路离心力作用高度应按水平向外作用于轨顶以上 2.0 m 处计算;高速铁路、城际铁路离心力作用高度应按水平向外作用于轨顶以上 1.8 m 处计算;重载铁路离心力作用高度应按水平向外作用于轨顶 2.4 m 处计算。

3.2.4 汽车荷载的冲击作用

车辆在桥面上高速行驶时,桥面不平整、车轮不圆或发动机抖动等多种原因都会引起车体上下振动,使得桥跨结构受到影响。车辆在动载作用下产生的应力和变形要大于在静载作用下产生的应力和变形,这种由于动力作用而使桥梁发生振动,造成应力和变形增大的现象称为冲击作用。

冲击作用包括车体的振动和桥跨结构的变形与振动。当车辆的振动频率与桥跨结构的自振频率一致时,即发生共振,其振幅(即挠度)比一般振动大许多。振幅的大小与桥梁阻尼的大小和共振时间的长短有关。桥梁的阻尼主要与材料和连接方式有关,且随跨径的增大而减小。所以,增大桥梁的纵、横向连接刚度,对减小共振的影响有一定的作用。

1. 公路桥梁和城市桥梁

行驶在公路桥梁和城市桥梁上的汽车,其汽车荷载的冲击作用均应按《公路桥涵设计通用规范》(JTG D60—2015)的规定计算。

(1)钢桥、钢筋混凝土桥及预应力混凝土桥、圬工拱桥等上部结构和钢支座、板式橡胶支座、盆式橡胶支座、钢筋混凝土柱式墩台,应计算汽车荷载的冲击作用。

(2)填料厚度(包括路面厚度)等于或大于 0.5 m 的拱桥、涵洞及重力式墩台不计冲击作用。

(3)支座的冲击作用按相应的桥梁取用。

(4)汽车荷载的冲击作用标准值为汽车荷载标准值乘以冲击系数 μ。

(5)冲击系数 μ 可按表 3-12 的规定计算。

(6)汽车荷载的局部加载及在 T 梁、箱梁悬臂板上的冲击系数采用 0.3。

表 3-12　汽车荷载的冲击系数

桥梁结构的基频 f（Hz）	$f < 1.5$	$1.5 \leqslant f \leqslant 14$	$f > 14$
冲击系数 μ	0.05	$0.176\,7\ln f - 0.015\,7$	0.45

桥梁结构的基频反映了结构尺寸、结构类型、建筑材料等动力特性内容。表 3-12 中冲击系数与桥梁结构基频的关系体现了冲击系数与桥梁结构刚度之间的关系。不管桥梁的建筑材料、结构类型是否有差别，也不管结构尺寸、跨径是否有差别，只要桥梁结构的基频相同，在同样的汽车荷载下就能得到基本相同的冲击系数。

2. 铁路桥梁

列车运行对铁路桥梁产生的冲击力计算方式与汽车荷载的冲击力计算方式相似，在此处一并介绍。《铁路桥涵设计规范》（TB 10002—2017）中规定，列车在桥上通过时，考虑列车竖向动力作用的列车竖向活载为

$$P_{\text{dy}} = (1 + \mu) P_{\text{st}} \tag{3-9}$$

式中　P_{dy}——考虑列车竖向动力作用的列车竖向活载（kN）；

　　　　P_{st}——列车竖向静活载（kN）；

　　　　$1 + \mu$——考虑列车竖向动力作用的动力系数，根据在已建成的实桥上所做的振动试验的结果分析整理而确定，在设计中可按结构类型和跨度选用相应的动力系数。

实体墩台、基础的计算可不考虑动力作用。

3.2.5　汽车荷载的制动力

1. 公路桥梁和城市桥梁

汽车荷载的制动力是汽车在桥上刹车时为克服汽车的惯性力在车轮与路面之间产生的滑动摩擦力。按同向行驶的汽车荷载（不计冲击作用）计算，并应按表 3-11 的规定，以使桥梁墩台产生最不利纵向力的加载长度进行纵向折减。

一条设计车道上由汽车荷载产生的制动力标准值按车道荷载标准值在加载长度上计算的总重力的 10% 计算。但公路—Ⅰ级汽车荷载的制动力标准值不得小于 165 kN；公路—Ⅱ级汽车荷载的制动力标准值不得小于 90 kN。

同向行驶双车道的汽车荷载的制动力标准值取一条设计车道制动力标准值的 2 倍。

同向行驶三车道的汽车荷载的制动力标准值取一条设计车道制动力标准值的 2.34 倍。

同向行驶四车道的汽车荷载的制动力标准值取一条设计车道制动力标准值的 2.68 倍。

制动力的方向为汽车行驶的方向，其作用点在车辆的竖向重心线与桥面以上 1.2 m 高处水平线的交点。在计算墩台时，可移至支座中心处（铰或滚轴中心）或滑动、橡胶、摆动支座的底板面上，在计算刚架桥、拱桥时，可移至桥面上，但不计由此产生的竖向力和力矩。

2. 铁路桥梁

列车运行对铁路桥梁产生的制动力计算方式与汽车荷载的制动力计算方式相似，在此处一并介绍。列车荷载的制动力或牵引力应按计算长度内列车竖向静活载的 10% 计算；但

当与离心力或列车竖向动力作用同时计算时,制动力或牵引力应按计算长度内列车竖向静活载的 7% 计算。

双线桥梁按一线的制动力或牵引力计算;三线或三线以上的桥梁按双线的制动力或牵引力计算。

车站内的桥梁应根据其结构形式考虑制动和启动同时发生的可能进行设计。

桥头填方破坏棱体范围内的列车竖向活载所产生的制动力或牵引力可不计算。

采用铁路列车荷载图示中的特种活载时,不计算制动力或牵引力。

重载铁路制动力或牵引力作用在轨顶以上 2.4 m 处,其他标准铁路制动力或牵引力均作用在轨顶以上 2 m 处。计算桥梁墩台时作用点移至支座中心处,计算台顶以及刚构桥、拱桥时作用点移至轨底,均不计移动作用点所产生的竖向力或力矩。

3.3　铁路桥梁的列车荷载

铁路上的列车由机车和车辆组成,机车和车辆的种类很多,轴重、轴距各异。《铁路桥涵设计规范》(TB 10002—2017)规定,铁路桥涵结构设计采用的列车荷载应符合铁路列车荷载图示的规定。

铁路列车荷载图示根据线路类型按表 3-13 选用。当选用的图示与线路类型不一致时,应研究确定图示配套的参数体系。其他类型的铁路可另行规定。

表 3-13　铁路列车荷载图示

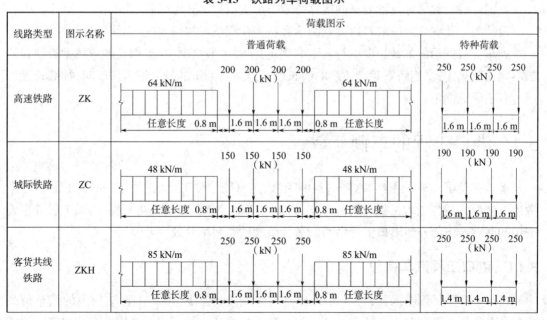

线路类型	图示名称	荷载图示	
		普通荷载	特种荷载
高速铁路	ZK	64 kN/m　200 200 200 200 (kN)　64 kN/m　任意长度 0.8 m　1.6 m 1.6 m 1.6 m　0.8 m 任意长度	250 250 250 250 (kN)　1.6 m 1.6 m 1.6 m
城际铁路	ZC	48 kN/m　150 150 150 150 (kN)　48 kN/m　任意长度 0.8 m　1.6 m 1.6 m 1.6 m　0.8 m 任意长度	190 190 190 190 (kN)　1.6 m 1.6 m 1.6 m
客货共线铁路	ZKH	85 kN/m　250 250 250 250 (kN)　85 kN/m　任意长度 0.8 m　1.6 m 1.6 m 1.6 m　0.8 m 任意长度	250 250 250 250 (kN)　1.4 m 1.4 m 1.4 m

续表

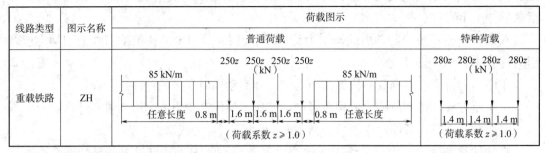

线路类型	图示名称	荷载图示		
		普通荷载		特种荷载
重载铁路	ZH			

客货共线铁路的货运特征达到重载铁路的标准时,应选用 ZH 荷载图示。

设计轴重 $30 \sim 35$ t(不含)、货车载重 100 t 级的重载铁路,荷载系数 z 取 1.30;其他重载铁路的荷载系数宜根据列车荷载发展系数平均值不低于 1.20、最小值不低于 1.10 的原则确定。

在设计中采用空车检算桥梁时,可按 10 kN/m 的均布荷载加载。

有通行长大货物车需求的线路应采用长大货物车检算图示进行验算,如图 3-8 所示。

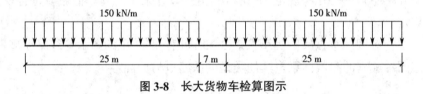

图 3-8　长大货物车检算图示

施工、维修、救援等特种列车的检算荷载图示应根据实际工况确定。

设计列车荷载效应应取普通荷载图示和特种荷载图示加载效应的上限包络值。

列车荷载图示的加载长度应符合下列规定:①在一般情况下,加载长度应按检算项目的最不利工况确定;②当桥梁跨度或影响线长度超过运营列车的最大编组长度时,加载长度可通过专项研究确定。

3.4　港口工程的车辆荷载

港口是交通运输的枢纽、水陆联运的咽喉,是水陆运输工具的衔接点和货物、旅客的集散地。港口工程与土木工程的其他分支,如水利工程、道路工程、铁路工程、桥梁工程等有着密切的联系。下面介绍港口工程中的汽车荷载和铁路列车荷载。

3.4.1　港口工程汽车荷载

《港口工程荷载规范》(JTS 144-1—2010)中规定,作用在港口工程结构上的汽车荷载应包括各级汽车荷载和平板挂车荷载。汽车荷载标准值应根据实际选用的车型确定。缺乏实际资料时,国产汽车荷载标准值和平面尺寸可根据单辆汽车的总重量按表 3-14 和图 3-9 采用。总重量小于 10 t 的汽车荷载,可按《港口工程荷载规范》(JTS 144-1—2010)附录 D 表 D.0.1 选用。

平板挂车荷载标准值应根据实际选用的车型确定。缺乏实际资料时,国产平板挂车荷载标准值可按《港口工程荷载规范》(JTS 144-1—2010)附录 D 表 D.0.2 和表 D.0.3 选用。

车辆在码头上,应按其可能出现的情况进行排列。码头正常营运使用的车辆可按两辆排列布置,偶尔使用的特殊大型车辆可按单辆布置。相邻两车厢横向净距不应小于 0.4 m;纵向前后两车轴距不应小于 4.0 m。

汽车荷载的冲击系数,透空式码头结构可取 1.1～1.3,当装载钢铁、重件或用抓斗装载散货时,冲击系数可取大值;实体式码头结构可不计冲击系数。

对引桥或栈桥结构,汽车引起的制动力或离心力可参照公路桥涵的相关规定,结合港口的具体情况适当降低后采用。

表 3-14　汽车荷载标准值及平面尺寸

主要指标	单位	10 t 汽车	15 t 汽车	20 t 汽车	30 t 汽车	55 t 汽车
总重力	kN	100	150	200	300	550
前轴重力标准值	kN	30	50	70	60	30
中轴重力标准值	kN	—	—	—	—	2×120
后轴重力标准值	kN	70	100	130	2×120	2×140
轴距	m	4.0	4.0	4.0	4.0+1.4	3.0+1.4+7.0+1.4
轮距	m	1.8	1.8	1.8	1.8	1.8
前轮着地宽度 × 长度	m×m	0.25×0.20	0.25×0.20	0.30×0.20	0.30×0.20	0.30×0.20
中、后轮着地宽度 × 长度	m×m	0.50×0.20	0.50×0.20	0.60×0.20	0.60×0.20	0.60×0.20
车辆外形尺寸（长 × 宽）	m×m	7.0×2.5	7.0×2.5	7.0×2.5	8.0×2.5	15.0×2.5

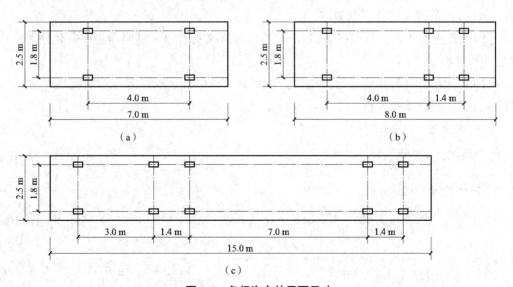

图 3-9　各级汽车的平面尺寸

（a）10 t、15 t、20 t 汽车　（b）30 t 汽车　（c）55 t 汽车

3.4.2　港口工程铁路列车荷载

港口工程中的铁路列车竖向荷载标准值可参照《铁路桥涵设计规范》（TB 10002—2017）中的规定，其计算图示也可按表 3-13 选用。

港口码头上的铁路竖向荷载应根据各港实际使用的机车、车辆类型和码头结构形式等确定，并应符合《港口工程荷载规范》（JTS 144-1—2010）的相关规定。

码头处由于列车速度较低，可不考虑由铁路竖向荷载产生的冲击力以及由列车产生的离心力、制动力和牵引力。

3.5　人群荷载

当桥梁上设有人行道时，应同时计入人群荷载。

1. 公路桥梁人群荷载

设有人行道的公路桥梁采用汽车荷载进行计算时，应同时计入人行道上的人群荷载。《公路桥涵设计通用规范》（JTG D60—2015）规定，人群荷载标准值应按下列规定采用。

（1）当桥梁计算跨径小于或等于 50 m 时，人群荷载标准值为 3.0 kN/m²；当桥梁计算跨径等于或大于 150 m 时，人群荷载标准值为 2.5 kN/m²；当桥梁计算跨径在 50～150 m 时，人群荷载标准值可由直线内插法求得。跨径不等的连续结构以最大计算跨径为准。

（2）非机动车、行人密集的公路桥梁，人群荷载标准值取上述规定值的 1.15 倍。

（3）专用人行桥梁，人群荷载标准值取 3.5 kN/m²。

（4）人行道板（局部构件）可以一块板为单元，按标准值 4.0 kN/m² 的均布荷载计算。

2. 城市桥梁人群荷载

我国城市人口密集，人行交通繁忙，与公路桥梁相比，城市桥梁人群荷载的取值要大一些。设计人群荷载应符合下列规定。

（1）人行道板的人群荷载按 5.0 kN/m² 的均布荷载或 1.5 kN 的竖向集中荷载分别计算，取受力不利者。

（2）梁、桁架、拱及其他大跨结构的人群荷载需根据加载长度及人行道宽度确定，且人群荷载在任何情况下都不得小于 2.4 kN/m²。

当加载长度 $l < 20$ m 时：

$$W = 4.5 \times \frac{20 - w_p}{20} \tag{3-10a}$$

当加载长度 $l \geqslant 20$ m 时：

$$W = \left(4.5 - 2 \times \frac{l - 20}{80}\right) \times \frac{20 - w_p}{20} \tag{3-10b}$$

式中　W——单位面积上的人群荷载（kN/m²）；

　　　l——加载长度（m）；

　　　w_p——单边人行道宽度（m），在专用非机动车桥上时取 1/2 桥宽，当 1/2 桥宽大于

4 m 时,应按 4 m 计。

（3）检修道上的人群荷载应按 2.0 kN/m² 的均布荷载或 1.2 kN 的竖向集中荷载计算,作用在短跨小构件上,分别计算,取不利者。计算与检修道相连的构件,当计入车辆荷载或人群荷载时,可不计入检修道上的人群荷载。

（4）专用人行桥和人行地道的人群荷载应按现行行业标准《城市人行天桥与人行地道技术规范》(CJJ 69—1995)的有关规定执行。

3. 铁路桥梁人群荷载

道砟桥面和明桥面的人行道,人群荷载取 4.0 kN/m²,人工养护的道砟桥面应考虑养护时人行道上的堆砟荷载。

人行道板还应按竖向集中荷载 1.5 kN 验算。

4. 港口工程人群荷载

作用于港口工程结构上的人群荷载标准值应按表 3-15 采用。设计人行引桥、浮桥时,尚应以集中荷载 1.6 kN 为标准值对人行道板的构件进行验算。

表 3-15　人群荷载标准值

建筑物类别	人群荷载标准值 q(kPa)	说明
客班轮码头及引桥	4~5	—
人行引桥或浮桥	2~3	人行通道宽度大于或等于 1.2 m
	2	人行通道宽度小于 1.2 m

注:①大中型客码头 q 值取列表中的上限值。
　　②设计钢引桥主桁时,人群荷载标准值不得折减。

【思考题】

1. 作用在厂房排架上的吊车荷载是如何产生的? 其取值如何确定?

2. 简述桥梁汽车荷载的等级划分和组成。

3. 简述汽车荷载的车道荷载的计算图示和取值原则。

4. 车道荷载为什么要进行纵向和横向折减?

5. 简述车道荷载和车辆荷载的区别。

6. 设计桥梁时,如何考虑人行道上的人群荷载?

【习题】

单层单跨工业厂房,跨度为 18 m,柱距为 6 m。作用有两台 10 t-A5 级电动吊钩桥式吊车,吊车的主要技术参数为:桥架宽度 $B = 5.70$ m,轮距 $K = 4.05$ m,小车自重 $g_k = 34.3$ kN,吊车最大轮压 $P_{max,k} = 118$ kN,吊车总重 $G_k = 188.81$ kN。采用简支钢筋混凝土吊车梁,其自重、轨道及连接件的标准值为 8.2 kN/m,计算跨度为 5.80 m。试求验算吊车梁的挠度时,荷载效应的标准组合值及准永久组合值。

第4章 风荷载

【本章提要】

风荷载是空气流动对工程结构产生的作用力,是工程结构承受的主要荷载之一。本章介绍了风的形成、分类、分级等相关基础知识,阐述了风速与风压的关系、基本风压的概念和取值原则,分析了风压的各种影响因素(系数)和确定方法,讨论了结构抗风计算的几个重要概念,给出了整体风效应和局部风效应的计算方法。

4.1 风的有关知识

风是地球表面的大气运动产生的一种自然现象,常指空气相对于地面的水平运动分量,包括方向和大小,即风向和风速。形成风的直接原因是水平气压梯度力,由于太阳对地球各处辐射程度和大气升温的不均衡性,地球上的不同地区产生大气压力差,空气从气压大的地方向气压小的地方流动就形成了风。

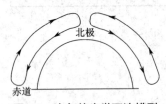

图 4-1　大气热力学环流模型

由于地球的自转和公转,地球表面接受太阳辐射能量是不均匀的,随纬度不同而有差异。热带和低纬度地区多,两极和高纬度地区少。在接受热量较多的赤道附近地区,气温高,空气密度小,则气压小,大气因加热膨胀由地表向高空上升。在接受热量较少的极地附近地区,气温低,空气密度大,则气压大,大气因冷却收缩由高空向地表下沉。因此,在低空,受指向低纬度的气压梯度力的作用,空气从高纬度地区流向低纬度地区;在高空,气压梯度力指向高纬度,空气从低纬度地区流向高纬度地区,于是就形成了全球性的南北向大气环流,如图4-1 所示。

风受大气环流、地形、水域等不同因素的综合影响,表现形式多种多样,如季风、台风、地方性的海(湖)陆风、山谷风(坡风)、焚风、城市风等。

4.1.1 两类性质的风

1. 台风和飓风

台风和飓风都是指风速达到 32.6 m/s 以上的强烈热带气旋,因发生的地域不同,故名称不同。出现在西北太平洋和我国南海的热带气旋称为"台风";发生在大西洋、加勒比海、印度洋和北太平洋东部的强烈热带气旋称为"飓风"。但两者的形成机理是相同的。

在洋面温度超过 26 ℃的热带或副热带海洋上,由于近洋面气温高,大量空气膨胀上升,使近洋面气压降低,外围空气源源不断地补充流入并上升;受地转偏向力的影响,流入的空气旋转起来,形成弱的热带气旋性系统。

在合适的环境下,因摩擦作用,气流产生向弱旋涡内部流动的分量,上升的空气膨胀变冷,其中的水汽冷却凝结成水滴释放出热量,又促使低层空气不断上升,并把高温洋面上蒸发进入大气的大量水汽带到旋涡内部,把高温高湿空气辐合到弱旋涡中心,产生上升和对流运动,释放潜热以加热旋涡中心上空的气柱,形成暖心。由于旋涡中心变暖,空气变轻,中心气压下降,低涡变强。低涡变强反过来又使低空的暖湿空气向内辐合更强,更多水汽向中心集中,对流更旺盛,中心变得更暖,中心气压更低,如此循环,直至增强为台风(飓风)。

2. 季风

季风是由地球表面性质(海陆分布、大地形)、大气环流等因素造成的,以一年为周期的大范围的冬夏季节盛行风向相反的现象。冬季,陆地辐射冷却强烈,温度低,空气密度大,就形成高压,与它相邻的海洋由于水的热容量大,辐射冷却不如陆地强烈,相对而言,其温度高,气压低;夏季则情况相反。由此便形成了冬季风从陆地吹向海洋、夏季风从海洋吹向陆地、一年内周期性转变的季风环流。在季风盛行的地区,常形成特殊的季风天气和季风气候,在受夏季风控制时,空气来自暖湿的海洋,易形成多云多雨的天气;在受冬季风影响时,则形成晴朗干冷的天气。

4.1.2 我国风气候总况

我国大陆是季风显著的地区,因此具有夏季多云多雨、冬季晴朗干冷的季风气候,南海北部、台湾海峡、台湾地区及其东部沿海、东海西部和黄海均为台风通过的高频区。我国总体风气候情况如下。

(1)台湾岛、海南岛和南海诸岛地处海洋,常年受台风的直接影响,是我国的最大风区。

(2)东南沿海地区受台风影响较大,是我国大陆的大风区,风速梯度由沿海指向内陆。台风登陆后,受地面摩擦的影响,风速削减很快。统计表明,在离海岸 100 km 处,风速约减小一半。

(3)东北、华北和西北地区是我国的次大风区,风速梯度由北向南,与寒潮入侵路线一致。华北地区夏季受季风影响,风速有可能超过寒潮风速。黑龙江西北部是我国纬度最高的地区,它不在蒙古高压的正前方,因此风速不大。

(4)青藏高原地势高,平均海拔在 4~5 km,属较大风区。

(5)长江中下游、黄河中下游地区是小风区,一般台风到此已大为减弱,寒潮风到此也是强弩之末。

(6)云贵高原处于东亚大气环流的死角,空气经常处于静止状态,加之地形闭塞,形成了我国的最小风区。

我国除了受季风、台风的影响之外,还有在特殊条件下形成的龙卷风。龙卷风的出现具有偶然性,其持续时间虽短,但破坏力大。

此外,在天然的峡谷、高楼耸立的街道或具有山口的地形上,当气流遇到地面阻碍物时,大部分气流沿水平方向绕过阻碍物,形成峡谷风。

4.1.3　风力等级

1. 蒲福风力等级

蒲福风力等级是英国人蒲福于 1805 年拟定的,是根据风对地面(或海面)的物体的影响程度定出的等级,有 0～12 级共 13 个等级,等级越高表示风速越大。自 1946 年以来,风力等级又做了扩充,增加到 18 个等级(0～17 级),见表 4-1。

表 4-1　蒲福风力等级表

风力等级	名称	海浪高(m)		海岸渔船征象	陆地地面物征象	距地 10 m 高处的相当风速(m/s)
		一般	最高			
0	静风	—	—	静	静,烟直上	0～0.2
1	软风	0.1	0.1	普通渔船略觉摇动	烟能表示风向,但风向标不转动	0.3～1.5
2	轻风	0.2	0.3	渔船张帆时可随风移	人面感觉有风,树叶微响,风向标转动	1.6～3.3
3	微风	0.6	1.0	渔船渐觉簸动,随风移行每小时 5～6 km	树叶及微枝摇动不息,旌旗展开	3.4～5.4
4	和风	1.0	1.5	渔船满帆时船身倾向一侧	能吹起地面的灰尘和纸张,树的小枝摇动	5.5～7.9
5	清劲风	2.0	2.5	渔船缩帆(即收去帆的一部分)	有叶的小树摇摆,内陆的水面有小波	8.0～10.7
6	强风	3.0	4.0	渔船加倍缩帆,捕鱼须注意风险	大树枝摇动,电线呼呼有声,举伞困难	10.8～13.8
7	疾风	4.0	5.5	渔船停息港中,在海上下锚	大树摇动,迎风步行感觉不便	13.9～17.1
8	大风	5.5	7.5	近港渔船皆停留不出	微枝折毁,迎风前行感觉阻力甚大	17.2～20.7
9	烈风	7.0	10.0	汽船航行困难	烟囱及平房屋顶损坏(烟囱顶部及平房屋顶摇动)	20.8～24.4
10	狂风	9.0	12.5	汽船航行颇危险	陆上少见,有则可拔树毁屋	24.5～28.4
11	暴风	11.5	16.0	汽船遇之极危险	陆上很少,有则必有重大损毁	28.5～32.6
12	飓风	14.0		海浪滔天	陆上绝少,摧毁力极大	32.7～36.9
13						37.0～41.4
14						41.5～46.1
15						46.2～50.9
16						51.0～56.0
17						56.1～61.2

参照蒲福风力等级表,2006 年我国颁布了国家标准《热带气旋等级》(GB/T 19201—2006),按底层中心附近地面最大平均风速将热带气旋划分为 6 个等级,见表 4-2。

表 4-2　热带气旋等级表(GB/T 19201—2006)

热带气旋等级	底层中心附近地面最大平均风速(m/s)	底层中心附近地面最大风力(级)
热带低压(TD)	10.8 ~ 17.1	6 ~ 7
热带风暴(TS)	17.2 ~ 24.4	8 ~ 9
强热带风暴(STS)	24.5 ~ 32.6	10 ~ 11
台风(TY)	32.7 ~ 41.4	12 ~ 13
强台风(STY)	41.5 ~ 50.9	14 ~ 15
超强台风(Super TY)	≥ 51.0	16 及以上

2. 国际电工委员会(IEC)风力等级

国际电工委员会为衡量各地区的风力资源,将一段时间内的风力平均,给出折算后的风速(m/s),并分为 4 个风力等级,称为 IEC 风力等级,见表 4-3。它表述了一个地区风力资源的潜能,级别越高,风力越弱。

表 4-3　IEC 风力等级(按风能分类)

IEC 风力等级	平均风速(m/s)	年最大风速(m/s)	最大阵风速(m/s)	50 年最大风速(m/s)	50 年最大阵风速(m/s)
Ⅰ	10	37.5	52.5	50	70
Ⅱ	8.5	31.9	44.625	42.5	59.5
Ⅲ	7.5	28.1	39.375	37.5	52.5
Ⅳ	6	22.5	31.5	30	42

4.2　风压

风的强度常用风速表示。当风以一定的速度向前运动遇到建筑物、构筑物、桥梁等阻碍物时,将对这些阻碍物产生压力,即风压。

4.2.1　风压(风荷载)的产生

土木工程中的结构物多为带有棱角的钝体,当风作用在钝体上时,钝体周围的气流通常呈分离型,并形成多处涡流(图 4-2 至图 4-4)。

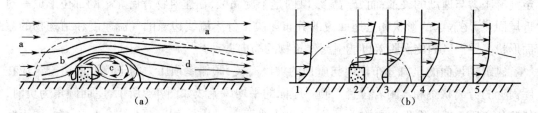

(a)　　　　　　　　　　　　　　　(b)

图 4-2　单体建筑物气流场立面分布图

(a)流线和各个气流区的侧视图　(b)风速剖面轮廓线

a—未受干扰区;b—变形区;c—背风涡旋区;d—尾流区

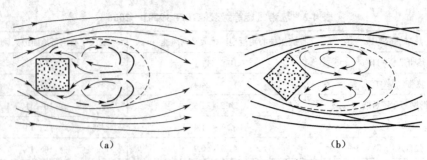

（a）　　　　　　　　　　　　　　　（b）

图 4-3　单体建筑物气流场平面分布图
（a）迎风面垂直于气流时　（b）迎风面与气流斜交时

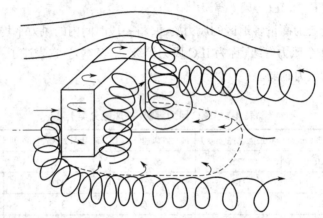

图 4-4　单体建筑物迎风面垂直于气流时的气流场空间分布图

图 4-2 至图 4-4 为单体建筑物气流场分布图。由图 4-2 和图 4-3 可见,建筑物受到风的作用后,在其迎风面约 2/3 高度处,气流有一个正面停滞点,气流从该停滞点向四周分散扩流。一部分气流向停滞点以上流动并越过建筑物顶面;另一部分气流向停滞点以下流至地面,在紧靠地面处水平滚动,形成驻涡区;还有一部分气流绕过建筑物两侧流向建筑物背面。在建筑物背后,由于屋面上部的剪切层产生环流,形成背风旋涡区,旋涡气流的风向与来流相反,因而在背风面产生吸力;背风旋涡区以外是尾流区,建筑物的阻碍作用在此区域逐渐消失。

由图 4-3 可见,气流受到建筑物的阻碍后,在迎风面的两个角隅处产生分离流线,分离流线将气流分离成两部分,外区气流不受流体黏性的影响,可按理想气体的伯努利方程来确定气流压力与速度的关系;而分离流线以内是个旋涡区,在建筑物背后靠下的部位形成一对近尾回流,尾涡区的形状和近尾回流的分布取决于分离流线边缘的气流速度和结构物的截面形状。尾涡区的旋涡脱落可能引起建筑物的横向振动。

建筑物顶面的压力分布规律与屋顶的坡度有关,倾斜屋顶压力的正负号取决于气流在屋面上的分离状态和再附着位置。倾斜屋面的平均风流线如图 4-5 所示,屋面倾角为负时,气流分离后一般不会发生再附着现象,分离流线下产生涡流,引起吸力(图 4-5(a));屋面倾角较小时,再附着现象的发生会推迟,屋面仍受负风压(吸力)(图 4-5(b));屋面正、负风压的分界线(风压等于零)大致在屋面倾角为 30°(图 4-5(c));屋面倾角超过 45° 后,屋面气流不再分离,屋面受到压力作用(图 4-5(d))。

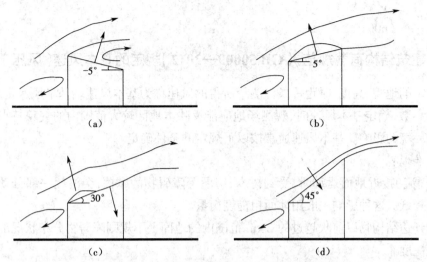

(a)

(b)

(c)

(d)

图 4-5　气流绕过倾斜屋面的气流线分布图

(a)涡流引起吸力　(b)屋面倾角较小,受负风压　(c)屋面正、负风压的分界线　(d)屋面倾角超过 45°后

4.2.2　风速与风压的关系

风速随离地面高度不同而变化,也与地貌环境等多种因素有关。为了设计上方便,可按规定的量测高度、地貌环境等标准条件确定风速,该风速称为基本风速。基本风速用于确定基本风压,进而确定作用于工程结构上的风荷载,是结构抗风设计必需的基本数据。

风速与风压之间的关系可由流体力学中的伯努利方程得到。自由气流产生的单位面积上的风压力可按下式计算:

$$w_0 = \frac{1}{2}\rho v_0^2 \tag{4-1}$$

式中　w_0——单位面积上的风压力(kN/m²);

ρ——空气密度(t/m³);

v_0——风速(m/s)。

在不同的地理位置,大气条件是不同的,因而空气密度也不相同。空气密度是气压、气温和湿度的函数,可按下式确定:

$$\rho = \frac{0.001\,276}{1+0.003\,66t}\,\frac{p-0.378p_{\text{vap}}}{100\,000} \tag{4-2a}$$

式中　ρ——空气密度(t/m³);

t——空气温度(℃);

p——气压(Pa);

p_{vap}——水汽压(Pa)。

空气密度 ρ(t/m³)也可以根据所在地区的海拔高度 z(m)按下式近似估算:

$$\rho = 0.001\,25\mathrm{e}^{-0.000\,1z} \tag{4-2b}$$

海拔高度为 0 m 时,空气密度 $\rho = 1.25$ kg/m³,则由式(4-1)可得基本风压

$$w_0 = \frac{v_0^2}{1\,600} \tag{4-3}$$

4.2.3 《建筑结构荷载规范》(GB 50009—2012)规定的基本风速(风压)

按规定的地貌、高度、时距等条件测量所得的风速称为基本风速。基本风速是风荷载计算的基本参数,确定基本风速时,观测场地应能反映本地区较大范围内的气象特点,避免局部地形和环境的影响。基本风速通常按以下规定的条件确定。

1. 标准地貌

风(气流)接近地面运动时,受到树木、房屋等障碍物的摩擦,会消耗一部分动能,从而风速逐渐降低。这种影响一般用地面粗糙度衡量。

风在到达结构物以前吹越过的 2 km 范围内的地面上不规则障碍物分布状况的等级,称为地面粗糙度。

一般来说,地面粗糙度可由低而高分为水面、沙漠、空旷平原、灌木、村、镇、丘陵、森林、大城市、大城市中心地区等几类。地面越粗糙,对风的阻碍及摩擦越大,同一高度处的风速减小就越显著。

测定风速的观测场地及周围应为空旷平坦的地形,一般应远离城市。此即《建筑结构荷载规范》(GB 50009—2012)规定的标准地貌。

2. 标准离地高度

风速是随着高度变化的。由于地表摩擦的影响,离地表越近,摩擦耗能越大,平均风速就越小;离地高度越大,风速就越大,直至达到不受地表影响的梯度风高度,风速即稳定在梯度速度。《建筑结构荷载规范》(GB 50009—2012)规定,测定风速的标准高度为距地面 10 m。

3. 公称风速的时距

公称风速即一定时间间隔(称为时距)内的平均风速。风速是随时间不断变化的,最大平均风速与时距有很大的关系。时距太短,易突出风的脉动峰值作用,所得的最大平均风速较大;时距太长,势必把较多的小风平均进去,致使最大平均风速偏大。

根据我国的风特性和风速记录,大风约在 1 min 内重复一次,风的卓越周期约为 1 min。如取 10 min 的时距,可覆盖 10 个周期的平均值,10 min 内的平均风速亦趋于稳定。在一定时间和一定次数的往复作用下,有可能导致结构破坏。因此,《建筑结构荷载规范》(GB 50009—2012)规定的基本风速的时距为 10 min。

4. 基本风速的样本

最大风速有周期性,每年季节性地重复。因此,年最大风速有代表性。《建筑结构荷载规范》(GB 50009—2012)取年最大风速记录值为基本风速的统计样本。

5. 基本风速的重现期

取年最大风速为样本,但每年的最大风速是不同的,在工程设计时,一般考虑结构在使用过程的几十年内可能遭遇的最大风速。《建筑结构荷载规范》(GB 50009—2012)规定:对

于一般结构,基本风速的重现期为 50 年;对于高耸结构及对风荷载比较敏感的高层结构,重现期为 100 年。

设基本风速的重现期为 T_0,则 $1/T_0$ 为超过设计最大风速的概率,因此不超过设计最大风速的概率为

$$p_0 = 1 - 1/T_0 \tag{4-4}$$

由此可见,重现期越长,保证率越高,结构安全度越高。

综上所述,基本风速是根据当地空旷平坦地面上 10 m 高度处 10 min 内的平均风速观测数据,经概率统计得出的 50 年一遇的年最大风速 v_0。根据基本风速,并考虑相应的空气密度,按式(4-1)确定的风压即为基本风压。

《建筑结构荷载规范》(GB 50009—2012)中给出了全国基本风压分布图及部分城市重现期为 10 年、50 年和 100 年的风压数据,见 2.4.1 节二维码资源——附录 B。

4.2.4　不同标准下基本风速(风压)的换算

利用不同的设计规范进行风荷载计算时,必须注意基本风速(风压)的规定条件。例如,《公路桥梁抗风设计规范》(JTG/T 3360-01—2018)规定,基本风速的重现期为 100 年;《铁路桥涵设计规范》(TB 10002—2017)规定,基本风速的频率为 1/100(即重现期为 100 年),基本风速的标准离地高度为 20 m。

此外,不同国家(或地区)的地理条件、风气候情况不同,因而各国的规范在确定基本风速时,上述各"规定条件"也不完全相同,见表 4-4。

表 4-4　各国规范中基本风速的规定条件对比

国家及规范版本	中国 GB 50009—2012	美国 ASCE/SEI7-05	澳大利亚 / 新西兰 AS/NZ1170.2-2011	英国 BS6399-2:1987	日本 AIJ-RLB-2004
平均风速的时距	10 min	3 s	3 s	60 min	10 min
标准离地高度(m)	10	10	10	10	10
标准地貌	空旷平坦	开阔平坦	开阔平坦	海平面	海平面
重现期(年)	10、50、100	50	20、50、100	50	100
空气密度(kg/m³)	$1.25e^{-0.001z}$	1.226	1.2	1.226	1.22

由此可知,不同标准下基本风速(风压)的换算主要涉及标准离地高度、平均风速的时距和重现期这三个规定条件。

1. 不同高度换算

当实测风速高度不是 10 m 的标准高度时,应由气象台(站)根据不同高度风速的对比观测资料,并考虑风速大小的影响,给出非标准高度风速与 10 m 标准高度风速的换算系数。缺乏观测资料时,可近似按下式进行换算:

$$v_{10} = \varphi_H v_z \tag{4-5}$$

式中　v_{10} ——标准条件 10 m 高度处、时距为 10 min 的平均风速(m/s);

　　　v_z ——非标准条件 z(m)高度处、时距为 10 min 的平均风速(m/s);

φ_H——高度换算系数,可按表 4-5 取值。

表 4-5　不同高度平均风速换算系数 φ_H

实测风速高度(m)	4	6	8	10	12	14	16	18	20
高度换算系数 φ_H	1.158	1.085	1.036	1.000	0.971	0.948	0.928	0.910	0.895

2. 不同时距换算

观测风速的时距不同,所求得的平均风速也就不同。因此,在某些情况下需要进行不同时距之间的平均风速换算。实测结果表明,不同时距间平均风速的比值受到多种因素影响,具有很大的变异性。根据国内外学者的比较统计,不同时距平均风速与 10 min 时距平均风速可近似按下式进行换算:

$$v_{10} = v_t / \varphi_t \qquad (4\text{-}6)$$

式中　v_{10}——时距为 10 min 的平均风速(m/s);

v_t——时距为 t 的平均风速(m/s);

φ_t——时距换算系数,可按表 4-6 取值。

表 4-6　不同时距平均风速换算系数 φ_t

实测风速时距	60 min	10 min	5 min	2 min	1 min	30 s	20 s	10 s	5 s	瞬时
时距换算系数 φ_t	0.94	1.00	1.07	1.16	1.20	1.26	1.28	1.35	1.39	1.50

表 4-6 中的 φ_t 是平均值,实际上有许多因素影响该值,其中最重要的为以下因素。

(1)平均风速值。实测结果表明,10 min 平均风速越小,该比值越大。

(2)天气变化情况。一般天气变化越剧烈,该比值越大。如雷暴大风最大,台风次之,寒潮大风(冷空气)则最小。

3. 不同重现期换算

重现期不同,最大风速的取值和保证率将不同,这会直接影响到结构的安全度。对于对风荷载比较敏感的结构,重要性不同的结构,设计时需采用不同重现期的基本风压,以调整结构的安全水准。另外,计算不同的风致响应时,也需考虑不同的重现期。任意重现期 R 年的风压与 50 年重现期的风压可近似按下式进行换算:

$$w_{50} = w_R / \varphi_R \qquad (4\text{-}7)$$

式中　w_{50}——重现期为 50 年的基本风压(kN/m²);

w_R——重现期为 R 年的基本风压(kN/m²);

φ_R——重现期换算系数,可按表 4-7 取值。

表 4-7　不同重现期基本风压换算系数 φ_R

重现期(年)	100	60	50	40	30	20	10	5
重现期换算系数 φ_R	1.10	1.03	1.00	0.97	0.93	0.87	0.77	0.66

《建筑结构荷载规范》(GB 50009—2012)中给出了另外一种换算关系,若已知重现期为 10 年和 100 年的风压分别为 w_{10} 和 w_{100},任意重现期 R 年的相应值可按下式确定:

$$w_R = w_{10} + \left(w_{100} - w_{10}\right)\left(\frac{\ln R}{\ln 10} - 1\right)$$ (4-8)

4.3 风压高度变化系数

通常认为在离地表 300 ~ 500 m 以上处,风速才不受地面粗糙度的影响,即达到所谓的"梯度风速"。大气以梯度风速流动的起点高度称为梯度风高度,又称大气边界层高度,用 H_T 表示。在大气边界层高度以上,风速(风压)不发生变化。在大气边界层高度以下,风速随离地面高度的增大而增大。当气压场不随高度变化时,风速随高度增大的规律主要取决于地面粗糙度和温度垂直梯度,如图 4-6 所示。

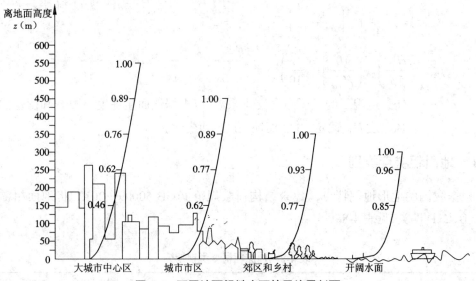

图 4-6　不同地面粗糙度下的平均风剖面

根据实测结果,大气边界层内平均风速随高度变化的规律可用指数函数来描述,即

$$\frac{v}{v_0} = \left(\frac{z}{z_0}\right)^{\alpha}$$ (4-9)

式中　v —— 任意离地高度 z 处的平均风速(m/s);

　　　v_0 —— 标准离地高度处的平均风速(m/s);

　　　z —— 任意离地高度(m);

　　　z_0 —— 标准离地高度,通常取 $z_0 = 10$ m;

　　　α —— 地面粗糙度指数,地面粗糙度越大,α 值越大。

由式(4-1)可知,风压与风速的平方成正比,将式(4-9)代入式(4-1),可得

$$\frac{w_{\alpha}(z)}{w_{0\alpha}} = \frac{v^2}{v_0^2} = \left(\frac{z}{z_0}\right)^{2\alpha}$$ (4-10)

式中　$w_\alpha(z)$——任意地貌任意离地高度 z 处的风压（kN/m²）；

　　　　$w_{0\alpha}$——任意地貌标准离地高度处的风压（kN/m²）。

取标准离地高度 $z_0 = 10$ m，则由式（4-10）可得

$$w_\alpha(z) = w_{0\alpha}\left(\frac{z}{10}\right)^{2\alpha} \tag{4-11}$$

设标准地貌下梯度风高度为 H_{T0}，地面粗糙度指数为 α_0，基本风压为 w_0；任意地貌下梯度风高度为 $H_{T\alpha}$。根据梯度风高度处风压相等的条件，由式（4-11）可导出

$$w_0\left(\frac{H_{T0}}{10}\right)^{2\alpha_0} = w_{0\alpha}\left(\frac{H_{T\alpha}}{10}\right)^{2\alpha} \tag{4-12}$$

$$w_{0\alpha} = \left(\frac{H_{T0}}{10}\right)^{2\alpha_0}\left(\frac{10}{H_{T\alpha}}\right)^{2\alpha}w_0 \tag{4-13}$$

将式（4-13）代入式（4-11），可得任意地貌下离地高度 z 处的风压为

$$w_\alpha(z) = \left(\frac{H_{T0}}{10}\right)^{2\alpha_0}\left(\frac{10}{H_{T\alpha}}\right)^{2\alpha}\left(\frac{z}{10}\right)^{2\alpha}w_0 = \mu_z^\alpha w_0 \tag{4-14}$$

$$\mu_z^\alpha = \left(\frac{H_{T0}}{10}\right)^{2\alpha_0}\left(\frac{10}{H_{T\alpha}}\right)^{2\alpha}\left(\frac{z}{10}\right)^{2\alpha} \tag{4-15}$$

式中　μ_z^α——任意地貌下的风压高度变化系数，应根据地面粗糙度指数 α 和假定的梯度风高度 $H_{T\alpha}$ 确定，并随离地高度 z 而变化。

4.3.1　地面粗糙度类别

根据我国的地形地貌特点，《建筑结构荷载规范》（GB 50009—2012）将地面粗糙度分为 A、B、C、D 四类，见表 4-8。

表 4-8　地面粗糙度类别划分

地面粗糙度类别	定义	地面粗糙度指数 α	梯度风高度 H_T
A 类	近海海面和海岛、海岸、湖岸、沙漠地区	$\alpha_A = 0.12$	$H_{TA} = 300$ m
B 类	田野、乡村、丛林、丘陵以及房屋比较稀疏的乡镇	$\alpha_B = 0.15$	$H_{TB} = 350$ m
C 类	有密集建筑群的城市市区	$\alpha_C = 0.22$	$H_{TC} = 450$ m
D 类	有密集建筑群且房屋较高的城市市区	$\alpha_D = 0.30$	$H_{TD} = 550$ m

在确定城区的地面粗糙度类别时，若无 α 的实测值，可按下述原则近似确定。

（1）根据拟建房屋以 2 km 为半径的迎风半圆影响范围内的房屋高度和密集度来划分地面粗糙度类别，风向原则上应以该地区最大风的风向为准，但也可取主导风向。

（2）以半圆影响范围内建筑物的平均高度 $\bar{h}$ 来划分地面粗糙度类别：当 $\bar{h} \geqslant 18$ m 时，为 D 类；当 9 m< $\bar{h}$ <18 m 时，为 C 类；当 $\bar{h} \leqslant 9$ m 时，为 B 类。

（3）影响范围内不同高度的面域可按下述原则确定：每座建筑物向外延伸的距离为其高度的面域内均取为该建筑物高度；当不同高度的面域相交时，交叠部分的高度取大者。

（4）平均高度 $\bar{h}$ 取各面域的面积作为权数计算。

4.3.2　风压高度变化系数表

以 B 类地面粗糙度为标准地貌,将表 4-8 中各类地貌的地面粗糙度指数 α 和梯度风高度 H_{T} 数据代入式（4-15）,即可求得各类地面粗糙度下的风压高度变化系数。

A 类:

$$\mu_z^{\mathrm{A}} = 1.284 \times \left(\frac{z}{10}\right)^{0.24} \tag{4-16a}$$

B 类:

$$\mu_z^{\mathrm{B}} = 1.000 \times \left(\frac{z}{10}\right)^{0.30} \tag{4-16b}$$

C 类:

$$\mu_z^{\mathrm{C}} = 0.544 \times \left(\frac{z}{10}\right)^{0.44} \tag{4-16c}$$

D 类:

$$\mu_z^{\mathrm{D}} = 0.262 \times \left(\frac{z}{10}\right)^{0.60} \tag{4-16d}$$

为方便使用,《建筑结构荷载规范》(GB 50009—2012)将按式（4-16）计算的结果制成风压高度变化系数表,见表 4-9。表中规定了各类地貌的截断高度,A、B、C、D 类分别取 5 m、10 m、15 m 和 30 m,相应的风压高度变化系数取值分别不小于 1.09、1.00、0.65 和 0.51。

对于平坦或稍有起伏的地形,表 4-9 中的数值可直接采用。

对于山区的建筑物,风压高度变化系数除按表 4-9 确定外,还应考虑地形的修正,修正系数 η 按下述规定采用。

（1）对于山峰和山坡（图 4-7）,其顶部 B 处的修正系数 η_B 可按下式计算:

$$\eta_B = \left[1 + \kappa \tan \alpha \left(1 - \frac{z}{2.5H}\right)\right]^2 \tag{4-17}$$

式中　α —— 山峰或山坡迎风面一侧的坡度,当 $\tan\alpha > 0.3$ 时,取 $\tan\alpha = 0.3$;

　　　κ —— 系数,对山峰取 2.2,对山坡取 1.4;

　　　H —— 山峰或山坡的全高(m);

　　　z —— 建筑物计算位置离建筑物地面的高度(m),当 $z > 2.5H$ 时,取 $z = 2.5H$。

山峰和山坡的其他部位如图 4-7 所示,取 A、C 处的修正系数 $\eta_A = 1$、$\eta_C = 1$,AB 间和 BC 间的修正系数按 η 线性插值确定。

表 4-9　风压高度变化系数 μ_z

离地面或海平面高度（m）	地面粗糙度类别				离地面或海平面高度（m）	地面粗糙度类别			
	A 类	B 类	C 类	D 类		A 类	B 类	C 类	D 类
5	1.09	1.00	0.65	0.51	100	2.23	2.00	1.50	1.04
10	1.28	1.00	0.65	0.51	150	2.46	2.25	1.79	1.33
15	1.42	1.13	0.65	0.51	200	2.64	2.46	2.03	1.58
20	1.52	1.23	0.74	0.51	250	2.78	2.63	2.24	1.81
30	1.67	1.39	0.88	0.51	300	2.91	2.77	2.43	2.02
40	1.79	1.52	1.00	0.60	350	2.91	2.91	2.60	2.22
50	1.89	1.62	1.10	0.69	400	2.91	2.91	2.76	2.40
60	1.97	1.71	1.20	0.77	450	2.91	2.91	2.91	2.58
70	2.05	1.79	1.28	0.84	500	2.91	2.91	2.91	2.74
80	2.12	1.87	1.36	0.91	≥550	2.91	2.91	2.91	2.91
90	2.18	1.93	1.43	0.98					

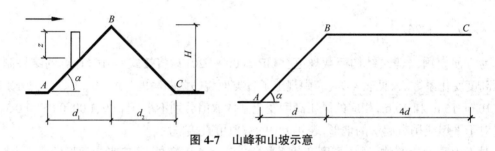

图 4-7　山峰和山坡示意

（2）对于山间盆地、谷地等闭塞地形，取 $\eta = 0.75 \sim 0.85$；对于方向与风向一致的谷口、山口，取 $\eta = 1.2 \sim 1.5$。

（3）对于远海海面和海岛上的建筑物或构筑物，风压高度变化系数按 A 类地面粗糙度根据表 4-9 确定后，再乘以表 4-10 中的修正系数。

表 4-10　远海海面和海岛的修正系数 η

距海岸距离（km）	< 40	40 ~ 60	60 ~ 100
修正系数	1.0	1.0 ~ 1.1	1.1 ~ 1.2

4.4　风荷载体型系数

根据风速确定的风压称为来流风的速度压。它仅表示以一定的速度向前运动的气流在因受阻碍而完全停滞的情况下，对障碍物表面产生的压力。但实际的工程结构物并不能使作用在其表面的气流完全停滞，只能使气流以不同的方式从结构表面绕过（图 4-4），或者说结构物干扰了气流,使其改变了流动方式。因此,结构物表面所受的实际风压必须考虑结构物表面特征,对来流风的速度压进行修正。

风荷载体型系数是风作用在建筑物表面上所引起的实际压力(或吸力)与来流风的速度压的比值,它描述的是建筑物表面在稳定风压作用下的静态压力的分布规律,主要与建筑物的体型和尺度有关,也与周围环境和地面粗糙度有关。

4.4.1　单体结构物风荷载体型系数

气流经过结构物时(图 4-8),在结构物的迎风面,由于气流受到阻碍,速度减小,气压增大,结构物表面受压;在结构物的背风面,由于结构物对气流产生干扰,气流截面收缩,流速增大,形成负压区,结构物表面受负风压(吸力)。

风荷载体型系数的确定涉及固体与流体相互作用的流体动力学问题,对于形状不规则的固体,问题尤为复杂,目前还无法完全用理论方法确定,一般通过试验确定。鉴于原型实测的方法对结构设计的不现实性,目前只能采用相似原理,在边界层风洞内对拟建建筑物的模型进行测试。

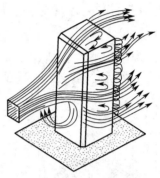

图 4-8　气流绕过结构物表面

试验时,首先测得建筑物表面任意点沿顺风向的净风压力,再将此压力除以建筑物前方来流风压,即得该测点的风压力系数。在结构物的同一表面上,风压分布是不均匀的,当结构物迎风面宽度较大时,其外墙端部与中部的风压力系数是不同的。为了应用方便,通常采用迎风面各测点的加权平均风压系数作为结构整体分析时该表面的风荷载体型系数。进行结构局部或围护构件分析时,则应各部位区别对待。

根据国内外风洞试验资料,《建筑结构荷载规范》(GB 50009—2012)中列出了不同类型的建筑物和构筑物的风荷载体型系数,《高耸结构设计标准》(GB 50135—2019)中列出了常用塔桅、塔架结构的风荷载体型系数。当结构物与上述规范中列出的体型相同或相似时可参考取用;否则宜通过风洞试验确定。

单体结构物风荷载体型系数 μ_s 值的一些规律如下。

1) μ_s 值与建筑物尺度比例的关系

(1)迎风墙面,墙高与墙长之比越大, μ_s 值越大。

(2)背风墙面与顺风山墙,房屋宽度与高度之比越大, μ_s 值越小。

2) μ_s 值与屋面坡度的关系

(1)封闭式建筑迎风坡屋面,当 $\alpha>30°$ 时, μ_s 值为正;背风坡屋面, μ_s 值为负。

(2)封闭式建筑多跨屋面,凹面中各面 μ_s 值为负;天窗屋面上 μ_s 值为负。

3)圆形截面构筑物的 μ_s 值

圆形截面构筑物的 μ_s 值随直径和雷诺数 Re 变化(详见 4.5 节),且与表面粗糙度有关。

常见截面的风荷载体型系数见表 4-11。其中:若风荷载体型系数 μ_s 为正值,代表风对结构产生压力作用,其方向垂直指向建筑物表面;若风荷载体型系数 μ_s 为负值,代表风对结构产生吸力作用,其方向垂直离开建筑物表面。

表 4-11　常见截面的风荷载体型系数 μ_s

项次及类别	体型及体型系数 μ_s			
1　封闭式 落地双坡屋面		α	0°	30°	≥60°
		μ_s	0	+0.2	+0.8
2　封闭式 双坡屋面		α	≤15°	30°	≥60°
		μ_s	-0.6	0	+0.8
3　封闭式 落地拱形坡屋面		f/l	0.1	0.2	0.3
		μ_s	+0.1	+0.2	+0.6
4　封闭式 拱形坡屋面		f/l	0.1	0.2	0.3
		μ_s	-0.8	0	+0.6
5　封闭式 单坡屋面		迎风坡面的 μ_s 按第 2 项采用			
6　封闭式 高低双坡屋面		迎风坡面的 μ_s 按第 2 项采用			
7　封闭式 带天窗双坡屋面		带天窗的拱形屋面可按本图采用			
8　封闭式 双跨双坡屋面		迎风坡面的 μ_s 按第 2 项采用			
9　封闭式 不等高不等跨的双 跨双坡屋面		迎风坡面的 μ_s 按第 2 项采用			
10　封闭式 房屋和构筑物					

（a）正多边形（包括矩形）平面　（b）Y形平面
（c）L形平面　（d）〔形平面　（e）十字形平面　（f）截角三角形平面

4.4.2　群体建筑物风荷载体型系数

当多个建筑物,特别是群集的高层建筑间距较小时,由于旋涡的相互干扰,房屋某些部位的局部风压会显著增大。这种增大效应可通过将单体建筑物的风荷载体型系数 μ_s 乘以相互干扰系数来考虑。相互干扰系数定义为受扰后的结构物风荷载和单体结构物风荷载的比值,可按下列规定确定。

（1）对矩形平面高层建筑,当单个施扰建筑与受扰建筑高度相近时,相互干扰系数可根据施扰建筑的位置由图 4-9 确定。图中假定风向是由左向右的, b 为受扰建筑的迎风面宽度, x 和 y 分别为施扰建筑与受扰建筑的纵向和横向距离。在没有充分依据的情况下,相互干扰系数的取值一般不小于 1.0,对顺风向风荷载可取 1.0～1.1,对横风向风荷载可取 1.0～1.2。

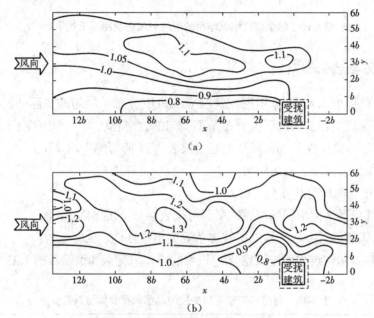

图 4-9　单个施扰建筑作用的相互干扰系数
（a）顺风向风荷载　（b）横风向风荷载

（2）建筑高度相同的两个干扰建筑的顺风向风荷载相互干扰系数可根据图 4-10 确定。图中, l 为两个施扰建筑 A 和 B 中心的连线,取值时, l 不能与 l_1、l_2 相交。图中给出的是两个施扰建筑联合作用的最不利情况,当这两个建筑都不在图中所示的区域内时,应按单个施扰建筑的情况处理并依照图 4-9(a)选取较大的数值。

（3）其他情况可比照类似条件的风洞试验资料确定。

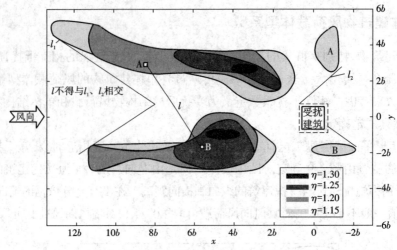

图 4-10　两个施扰建筑作用的顺风向风荷载相互干扰系数

4.4.3　局部风荷载体型系数

局部风荷载体型系数 μ_{sl} 是考虑建筑物表面风压分布不均匀的实际情况做出的调整。因为风力作用在建筑物表面的压力分布是不均匀的,在角隅、檐口、边棱和附属结构等部位（如阳台、雨篷等外挑构件）,局部风压会超过按表 4-11 所得的平均风压。

《建筑结构荷载规范》（ GB 50009—2012 ）规定,验算围护构件及其连接的风荷载时,可按下列规定采用局部风荷载体型系数 μ_{sl}。

（1）封闭式矩形平面房屋的墙面及屋面可按表 4-12 的规定采用。

（2）檐口、雨篷、遮阳板、边棱处的装饰条等突出构件,取 -2.0。

（3）其他房屋和构筑物可按该建（构）筑物的整体风荷载体型系数的 1.25 倍取值。

表 4-12　封闭式矩形平面房屋的局部风荷载体型系数 μ_{sl}

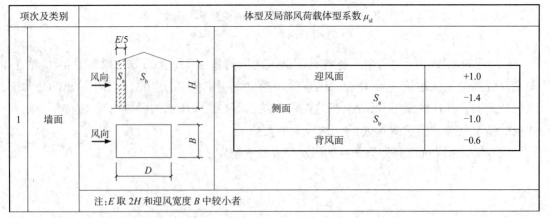

项次及类别		体型及局部风荷载体型系数 μ_{sl}		
1	墙面	迎风面		+1.0
		侧面	S_a	-1.4
			S_b	-1.0
		背风面		-0.6
		注:E 取 2H 和迎风宽度 B 中较小者		

续表

项次及类别		体型及局部风荷载体型系数 μ_{sl}

2　双坡屋面

α		≤5°	15°	30°	≥45°
R_a	$H/D \leqslant 0.5$	−1.8 0	−1.4 +0.2	−1.5	0
	$H/D \geqslant 1.0$	−2.5 0	−2.0 +0.2	+0.7	+0.7
R_b		−1.8 0	−1.5 +0.2	−1.5 +0.7	0 +0.7
R_c		−1.2 0	−0.6 +0.2	−0.3 +0.4	0 +0.6
R_d		−0.6 +0.2	−1.5 0	−0.5 0	−0.3 0
R_e		−0.6 0	−0.4 0	−0.4 0	−0.2 0

注：① E 取 $2H$ 和迎风宽度 B 中较小者；
② 中间值可用线性插值法计算（应对相同符号项进行插值）；
③ 同时给出两个值的区域应分别考虑正、负风压的作用

3　单坡屋面

α	≤5	15	30	≥45
R_a	−2.5	−2.8	−2.3	−1.2
R_b	−2.0	−2.0	−1.5	−0.5
R_c	−1.2	−1.2	−0.8	−0.5

注：① E 取 $2H$ 和迎风宽度 B 中较小者；
② 中间值可用线性插值法计算；
③ 迎风坡面可参考第 2 项取值

　　计算非直接承受风荷载的围护构件的风荷载时，应采用局部风荷载体型系数 μ_{sl}，并可按构件的从属面积折减，折减系数按下列规定采用。

　　（1）当从属面积不大于 1 m^2 时，折减系数取 1.0。

　　（2）当从属面积大于或等于 25 m^2 时，对墙面折减系数取 0.8，对局部体型系数绝对值大于 1.0 的屋面区域折减系数取 0.6，对其他屋面区域折减系数取 1.0。

　　（3）当从属面积大于 1 m^2、小于 25 m^2 时，墙面和局部风荷载体型系数绝对值大于 1.0 的屋面区域折减系数可采用对数插值法计算，即按下式计算局部风荷载体型系数：

$$\mu_{sl}(A) = \mu_{sl}(1) + \frac{\left[\mu_{sl}(25) - \mu_{sl}(1)\right]}{1.4} \lg A \tag{4-18}$$

　　计算围护构件的风荷载时，建筑物内部压力的局部风荷载体型系数可按下列规定采用。

（1）封闭式建筑物，按其外表面风压的正负情况取 -0.2 或 0.2。

（2）仅一面墙有主导洞口的建筑物：当开洞率大于 0.02 且小于或等于 0.10 时，取 $0.4\mu_{sl}$；当开洞率大于 0.10 且小于或等于 0.30 时，取 $0.6\mu_{sl}$；当开洞率大于 0.30 时，取 $0.8\mu_{sl}$。

（3）其他情况，应按开放式建筑物的 μ_{sl} 取值。

主导洞口的开洞率指单个主导洞口面积与该墙面面积之比；μ_{sl} 应取主导洞口对应位置的值。

4.5　结构抗风计算的几个重要概念

将水平风压沿结构物表面积分可求出作用在结构物上的风力，包括顺风向风力 F_D、横风向风力 F_L 及扭风力矩 T_T，如图 4-11 所示。

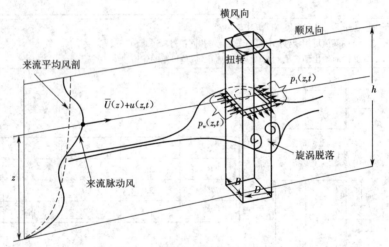

图 4-11　作用于结构物的风效应

$$F_D = \mu_D \times \frac{1}{2}\rho v^2 B \tag{4-19a}$$

$$F_L = \mu_L \times \frac{1}{2}\rho v^2 B \tag{4-19b}$$

$$T_T = \mu_M \times \frac{1}{2}\rho v^2 B \tag{4-19c}$$

式中　μ_D——顺风向的风力系数，为迎风面和背风面风荷载体型系数的总和；

ρ——空气密度（t/m³）；

v——风速（m/s）；

B——结构的截面尺寸（m），取垂直于风向的最大尺寸；

μ_L——横风向的风力系数；

μ_M——扭转力系数。

由风力产生的结构位移、速度、加速度响应等称为结构风效应。扭风力矩只引起扭转响应。在一般情况下，不对称气流产生的扭风力矩数值很小，工程上可不予考虑，仅当结构有较大的偏心时,才计及扭风力矩的影响。顺风向风力和横风向风力是结构设计主要考虑的对象。

4.5.1　顺风向平均风与脉动风

实测资料表明,顺风向风速时程曲线中包括两种成分:一种是长周期成分,其值一般在 10 min 以上;另一种是短周期成分,其值一般只有几秒左右。根据上述两种成分,在应用上常把顺风向的风效应分解为平均风(即稳定风)和脉动风(也称阵风脉动)来加以分析。

平均风相对稳定,由于风的长周期远长于一般结构的自振周期,因此平均风对结构的动力影响很小,可以忽略,可将其等效为与时间无关的静力作用,如图 4-11 中的 $\bar{U}(z)$。

脉动风是由风的不规则性引起的,其强度随时间随机变化。脉动风的周期较短,与一些工程结构的自振周期接近,故脉动风可使结构产生动力响应。实际上,脉动风是引起结构顺风向振动的主要原因,如图 4-11 中的 $u(z,t)$。

根据观测资料可以得出,在不同粗糙度的地面上的同一高度处,脉动风的性质有所不同。在地面粗糙度大的区域上空,平均风速小,而脉动风的幅值大且频率高;反之在地面粗糙度小的区域上空,平均风速大,而脉动风的幅值小且频率低。

4.5.2　横风向风振

建筑物或构筑物受到风力作用时,不但顺风向可以发生风振,在一定条件下,横风向也会发生风振。对于高层建筑、高耸塔架、烟囱等结构物,横向风作用引起的结构共振会产生很大的动力效应,甚至对工程设计起着控制作用。横风向风振是由不稳定的空气动力作用造成的,其性质远比顺风向风振复杂,有可能产生旋涡脱落、驰振、颤振和扰振等空气动力学现象。它与结构的截面形状及雷诺数有关。

19 世纪 80 年代,英国物理学家雷诺通过大量试验首先给出了以流体惯性力与黏性力之比为参数(该参数被命名为雷诺数 Re)的动力相似定律,即雷诺数相同,则流体动力相似。对风作用下的结构物,有

$$Re = \frac{\rho v D}{\mu} = \frac{vD}{x} \tag{4-20}$$

式中　ρ —— 空气密度(kg/m^3);

$\quad\quad v$ —— 计算高度处的风速(m/s);

$\quad\quad D$ —— 圆形结构截面的直径,或其他形状物体表面的特征尺寸(m);

$\quad\quad \mu$ —— 空气的黏性系数;

$\quad\quad x$ —— 空气的动黏性系数,$x = \mu/\rho$。

将空气的动黏性系数 $x = 1.45 \times 10^{-5}\,m^2/s$ 代入式(4-20),得

$$Re = 69\,000vD \tag{4-21}$$

由此可见,雷诺数与风速成比例。如果雷诺数很小(如小于 1/1 000),则惯性力与黏性力之比可以忽略,即意味着高黏性行为;相反,如果雷诺数很大(如大于 1 000),则意味着黏性力的影响很小。空气流体的作用一般是后一种情况,惯性力起主要作用。

扫一扫：卡门涡街演示

下面以圆截面柱体结构为例，说明横风向风振的产生。

当气流绕过圆截面柱体时（图 4-12 (a)），沿上风面 AB 速度逐渐增大，压力逐渐减小，到 B 点压力达到最小值，沿下风面 BC 速度又逐渐减小，压力逐渐增大。但实际上由于在边界层内气流对柱体表面的摩擦要消耗部分能量，气流实际上在 B、C 中间的某点 S 处停滞，旋涡就在 S 点生成，并在外流的影响下以一定的周期脱落（图 4-12(b)），这种现象称为卡门涡街，或称卡门旋涡。

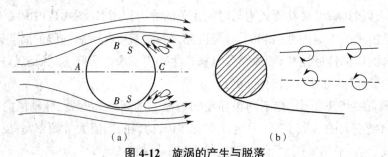

图 4-12　旋涡的产生与脱落

(a)气流绕过圆截面柱体　(b)旋涡周期脱落

设旋涡脱落频率为 f_s，并以无量纲的斯脱罗哈数表示为

$$St = \frac{f_s D}{v} \tag{4-22}$$

试验表明，气流旋涡脱落频率或斯脱罗哈数 St 与气流的雷诺数 Re 有关：当 $3 \times 10^2 \leqslant Re < 3 \times 10^5$ 时，周期性脱落很明显，St 接近于常数，约为 0.2；当 $3 \times 10^5 \leqslant Re < 3.5 \times 10^6$ 时，脱落具有随机性，St 的离散性很大；而当 $Re \geqslant 3.5 \times 10^6$ 时，脱落又重新呈现出大致的规则性，$St = 0.27 \sim 0.3$。当气流旋涡脱落频率 f_s 与结构的横向自振频率接近时，结构会发生剧烈的共振，即产生横风向风振。

在工程上极少遇到雷诺数 $Re < 3 \times 10^2$，因而根据上述气流旋涡脱落的三段现象将圆筒式结构划分为三个临界范围，即：亚临界范围，$3 \times 10^2 \leqslant Re < 3 \times 10^5$；超临界范围，$3 \times 10^5 \leqslant Re < 3.5 \times 10^6$；跨临界范围，$Re \geqslant 3.5 \times 10^6$。

其他截面的结构也会产生类似于圆柱结构的横风向振动效应，但斯脱罗哈数有所不同。

4.6　顺风向与结构风效应

4.6.1　风振系数

脉动风是一种随机动力荷载，风压脉动在高频段的峰值周期为 $1 \sim 2$ min，一般长于低层和多层结构的自振周期，因此风压脉动对这类结构的抗风安全性影响很小；但对于高耸构筑物和高层建筑等柔性结构，风压脉动引起的结构动力反应较为明显，其影响必须考虑。

（1）高度大于 30 m 且高宽比大于 1.5 的房屋以及基本自振周期 $T_1 > 0.25$ s 的各种高耸

结构,均应考虑风压脉动对结构产生顺风向风振的影响。

　　结构的顺风向风振响应计算应按随机振动理论进行。分析结果表明,对于一般悬臂型结构,例如构架、塔架、烟囱等高耸结构,以及高度大于 30 m、高宽比大于 1.5 且可忽略扭转影响的高层建筑,在其风振响应中第 1 阶振型起控制作用。此时,可以仅考虑结构第 1 阶振型的影响,采用风振系数法计算结构的顺风向风荷载。z 高度处的风振系数 β_z 可按下式计算:

$$\beta_z = 1 + 2gI_{10}B_z\sqrt{1+R^2} \tag{4-23}$$

式中　g——峰值因子,可取 2.5;

　　　I_{10}——10 m 高度处的名义湍流强度,对 A、B、C 和 D 类地面粗糙度,可分别取 0.12、0.14、0.23 和 0.39;

　　　R——脉动风荷载的共振分量因子;

　　　B_z——脉动风荷载的背景分量因子。

　　(2)对风振敏感的或跨度大于 36 m 的屋盖结构,不仅应考虑风压脉动对结构产生风振的影响,还应考虑风流动分离、旋涡脱落等复杂的流动现象。因而屋盖结构的风振响应宜依据风洞试验结果按随机振动理论计算确定。

4.6.2　脉动风荷载的共振分量因子 R

　　由随机振动理论可导出脉动风荷载的共振分量因子 R,经过一定的近似简化,可得到

$$R = \sqrt{\frac{\pi}{6\zeta_1}\frac{x_1^2}{\left(1+x_1^2\right)^{4/3}}} \tag{4-24a}$$

$$x_1 = \frac{30f_1}{\sqrt{k_w w_0}} = \frac{30}{\sqrt{k_w w_0 T_1^2}} \quad (x_1 > 5) \tag{4-24b}$$

式中　ζ_1——结构的阻尼比,按表 4-13 确定,表中未列的可根据工程经验确定;

　　　w_0——基本风压(kN/m²);

　　　f_1、T_1——结构的基本自振频率(Hz)、基本自振周期(s),$f_1 = 1/T_1$;

　　　k_w——地面粗糙度修正系数,对 A、B、C 和 D 类地面粗糙度,可分别取 1.28、1.00、0.54 和 0.26。

表 4-13　结构的阻尼比 ζ_1

结构类型	钢结构	有填充墙的房屋钢结构	钢 - 混凝土混合结构	混凝土结构	砌体结构
阻尼比 ζ_1	0.01	0.02	0.04	0.05	0.05

　　为方便起见,根据式(4-24a)和式(4-24b)制成共振分量因子 R 表,供设计时查用,见表 4-14。

表 4-14　共振分量因子 R 表

$k_w w_0 T_1^2$（kN·s²/m²）	0.01	0.02	0.04	0.06	0.08	0.10	0.20	0.40	0.60
钢结构（ $\zeta_1 = 0.01$ ）	1.081	1.213	1.362	1.457	1.529	1.586	1.781	1.998	2.138
有填充墙的房屋钢结构（ $\zeta_1 = 0.02$ ）	0.764	0.858	0.963	1.030	1.081	1.122	1.259	1.413	1.512
钢 - 混凝土混合结构（ $\zeta_1 = 0.04$ ）	0.540	0.607	0.681	0.729	0.764	0.793	0.890	0.999	1.069
混凝土及砌体结构（ $\zeta_1 = 0.05$ ）	0.483	0.543	0.609	0.652	0.654	0.709	0.796	0.894	0.956
$k_w w_0 T_1^2$（kN·s²/m²）	0.80	1.00	2.00	4.00	6.00	8.00	10.00	20.00	30.00
钢结构（ $\zeta_1 = 0.01$ ）	2.242	2.327	2.610	2.925	3.125	3.274	3.393	3.781	4.016
有填充墙的房屋钢结构（ $\zeta_1 = 0.02$ ）	1.586	1.645	1.846	2.069	2.210	2.315	2.399	2.674	2.840
钢 - 混凝土混合结构（ $\zeta_1 = 0.04$ ）	1.121	1.164	1.305	1.463	1.563	1.637	1.697	1.890	2.008
混凝土及砌体结构（ $\zeta_1 = 0.05$ ）	1.003	1.041	1.167	1.308	1.398	1.464	1.517	1.691	1.796

4.6.3　脉动风荷载的背景分量因子 B_z

脉动风荷载的背景分量因子可按下列规定确定。

（1）体型和质量沿高度均匀分布的高层建筑和高耸结构,可按下式计算:

$$B_z = kH^{\alpha_1} \rho_x \rho_z \frac{\varphi_1(z)}{\mu_z} \tag{4-25}$$

式中　$\varphi_1(z)$ ——结构基本振型系数;

　　　H ——结构总高度(m),对 A、B、C 和 D 类地面粗糙度, H 的取值分别不应大于 300 m、350 m、450 m 和 550 m;

　　　μ_z ——风压高度变化系数;

　　　ρ_z ——脉动风荷载竖直方向的相关系数;

$$\rho_z = \frac{10\sqrt{H + 60e^{-H/60} - 60}}{H} \tag{4-26a}$$

　　　ρ_x ——脉动风荷载水平方向的相关系数,迎风面宽度较小的高耸结构取 $\rho_x = 1.0$, 其他情况按下式计算:

$$\rho_x = \frac{10\sqrt{B + 50e^{-B/50} - 50}}{B} \tag{4-26b}$$

　　　B ——结构迎风面宽度(m), $B \leqslant 2H$;

　　　k、α_1 ——系数,按表 4-15 取值。

表 4-15　系数 k 和 α_1

结构类别	高层				高耸			
地面粗糙度类别	A 类	B 类	C 类	D 类	A 类	B 类	C 类	D 类
k	0.944	0.670	0.295	0.112	1.276	0.910	0.404	0.155
α_1	0.155	0.187	0.261	0.346	0.186	0.218	0.292	0.376

（2）迎风面和侧风面宽度沿高度按直线或接近直线规律变化,而质量沿高度按连续规律变化的高耸结构,用式（4-25）计算的背景分量因子 B_z 应乘以修正系数 θ_B 和 q_v。θ_B 为构筑物迎风面在 z 高度处的宽度 $B(z)$ 与底部宽度 B_0 的比值,q_v 可按表 4-16 确定。

表 4-16　修正系数

$\theta_B=B(z)/B(0)$	1.0	0.9	0.8	0.7	0.6	0.5	0.4	0.3	0.2	≤ 0.1
q_v	1.00	1.10	1.20	1.32	1.50	1.75	2.08	2.53	3.30	5.60

4.6.4　结构振型系数

结构振型系数应采用结构动力学方法计算确定。在一般情况下,对结构顺风向的风振响应,可仅考虑第 1 阶振型的影响;对圆截面高层建筑及构筑物横风向的共振响应,应验算第 1 至第 4 阶振型的响应。

为了简化计算,在确定风荷载时,根据结构的变形特点,采用下列近似方法计算结构振型系数。

（1）高耸构筑物可按弯曲型结构考虑,结构第 1 阶振型系数 $\varphi_1(z)$ 近似按下式计算:

$$\varphi_1(z) = \frac{1}{3}\left(\frac{z}{H}\right)^4 - \frac{4}{3}\left(\frac{z}{H}\right)^3 + 2\left(\frac{z}{H}\right)^2 \tag{4-27}$$

当悬臂型高耸结构的宽度由下向上逐渐减少、截面沿高度连续变化（如烟囱）时,其振型系数的计算公式十分复杂。此时可根据结构迎风面顶部宽度 B_H 与底部宽度 B_0 的比值,按表 4-17 确定结构第 1 阶振型系数。

表 4-17　截面沿高度规律变化的高耸结构第 1 阶振型系数

高耸结构 B_H/B_0	相对高度（z/H）									
	0.1	0.2	0.3	0.4	0.5	0.6	0.7	0.8	0.9	1.0
1.0	0.02	0.06	0.14	0.23	0.34	0.46	0.59	0.79	0.86	1.00
0.8	0.02	0.06	0.12	0.21	0.32	0.44	0.57	0.71	0.86	1.00
0.6	0.01	0.05	0.11	0.19	0.29	0.41	0.55	0.69	0.85	1.00
0.4	0.01	0.04	0.09	0.16	0.26	0.37	0.51	0.66	0.83	1.00
0.2	0.01	0.03	0.07	0.13	0.21	0.31	0.45	0.61	0.80	1.00

（2）高层建筑结构以剪力墙的工作为主时,可按弯剪型结构考虑,结构第 1 阶振型系数的近似计算公式为

$$\varphi_1(z) = \tan\left[\frac{\pi}{4}\left(\frac{z}{H}\right)^{0.7}\right] \tag{4-28}$$

质量和刚度沿高度分布比较均匀的弯剪型结构也可采用振型计算点距室外地面高度 z 与房屋高度 H 的比值,即 $j_z = z/H$。

（3）低层建筑结构一般可不考虑风振效应，对风荷载较敏感而需考虑风振效应时，按剪切型结构考虑，结构第 1 阶振型系数近似取

$$\varphi_1(z) = \sin\left[\frac{\pi}{2}\left(\frac{z}{H}\right)\right] \qquad (4-29)$$

4.6.5　结构基本自振周期的经验公式

在考虑风压脉动引起的风振效应时，需要计算结构的基本自振周期。各类结构的基本自振周期均可采用结构动力学方法求解。初步设计或近似计算时，结构的基本自振周期 T_1 可采用在实测的基础上回归得到的经验公式近似求出。

1. 高耸结构

在一般情况下钢结构和钢筋混凝土结构高耸结构的基本自振周期为

$$T_1 = (0.007 \sim 0.013)H \qquad (4-30)$$

式中　H——结构总高度（m）。

钢结构刚度小，结构自振周期长，可取高值；钢筋混凝土结构刚度相对较大，结构自振周期短，可取低值。

烟囱的基本自振周期可按下述公式确定。

（1）高度不超过 60 m 的砖烟囱：

$$T_1 = 0.23 + 0.22 \times 10^{-3} H^2/d \qquad (4-31a)$$

（2）高度不超过 150 m 的钢筋混凝土烟囱：

$$T_1 = 0.413 + 0.10 \times 10^{-3} H^2/d \qquad (4-31b)$$

（3）高度超过 150 m，但低于 210 m 的钢筋混凝土烟囱：

$$T_1 = 0.53 + 0.08 \times 10^{-3} H^2/d \qquad (4-31c)$$

式中　H——烟囱高度（m）；

　　　d——烟囱 1/2 高度处的外径（m）。

2. 高层建筑

在一般情况下钢结构和钢筋混凝土结构高层建筑的基本自振周期如下。

钢结构：

$$T_1 = (0.10 \sim 0.15)n \qquad (4-32a)$$

钢筋混凝土结构：

$$T_1 = (0.05 \sim 0.10)n \qquad (4-32b)$$

式中　n——建筑层数。

钢筋混凝土框架、框剪和剪力墙结构的基本自振周期可按下述公式确定。

（1）钢筋混凝土框架和框剪结构：

$$T_1 = 0.25 + 0.53 \times 10^{-3} H^2/\sqrt[3]{B} \qquad (4-33a)$$

（2）钢筋混凝土剪力墙结构：

$$T_1 = 0.03 + 0.03 H/\sqrt[3]{B} \qquad (4-33b)$$

式中　H——结构总高度（m）；

B —— 结构宽度（m）。

4.6.6　阵风系数

对于围护结构（包括玻璃幕墙在内），脉动引起的振动影响很小，可不考虑风振的影响，但应考虑脉动风压的分布，即在平均风压的基础上乘以阵风系数。阵风系数 β_{gz} 参照国外规范的取值水平，按下述公式确定：

$$\beta_{gz} = 1 + 2gI_{10}\left(\frac{H}{10}\right)^{-\alpha} \tag{4-34}$$

式中　I_{10} —— 10 m 高度处的名义湍流强度；

H —— 离地高度（m）。

取 A、B、C、D 四类地貌的截断高度分别为 5 m、10 m、15 m 和 30 m，即阵风系数分别不大于 1.65、1.70、2.05 和 2.40。

为方便使用，根据式（4-34）制成阵风系数表（表 4-18）。

表 4-18　阵风系数 β_{gz}

离地高度 H(m)		5	10	15	20	30	40	50	60	70	80	90
地面粗糙度类别	A 类	1.65	1.60	1.57	1.55	1.53	1.51	1.49	1.48	1.48	1.47	1.46
	B 类	1.70	1.70	1.66	1.63	1.59	1.57	1.55	1.54	1.52	1.51	1.50
	C 类	2.05	2.05	2.05	1.99	1.90	1.85	1.81	1.78	1.75	1.73	1.71
	D 类	2.40	2.40	2.40	2.40	2.40	2.29	2.20	2.14	2.09	2.04	2.01
离地高度 H(m)		100	150	200	250	300	350	400	450	500	550	
地面粗糙度类别	A 类	1.46	1.43	1.42	1.41	1.40	1.40	1.40	1.40	1.40	1.40	
	B 类	1.50	1.47	1.45	1.43	1.42	1.41	1.41	1.41	1.41	1.41	
	C 类	1.69	1.63	1.59	1.57	1.54	1.53	1.51	1.50	1.50	1.50	
	D 类	1.98	1.87	1.79	1.74	1.70	1.67	1.64	1.62	1.60	1.59	

4.6.7　顺风向风荷载标准值

已知拟建工程所在地的地貌环境和工程结构的基本条件后，可用上述方法逐一确定工程结构的基本风压 w_0、风压高度变化系数 μ_z、风荷载体型系数 μ_s、风振系数 β_z 和阵风系数 β_{gz}，并按下列规定计算垂直于建筑物表面的顺风向荷载标准值 w_k。

（1）当计算主体结构时，风荷载标准值 w_k 按下式计算：

$$w_k = \beta_z \mu_s \mu_z w_0 \tag{4-35}$$

式中　w_k —— 风荷载标准值（kN/m²）；

β_z —— z 高度处的风振系数，按式（4-23）计算；

μ_s —— 风荷载体型系数；

μ_z —— 风压高度变化系数，按式（4-16）计算或查表 4-9 确定；

w_0 —— 基本风压（kN/m^2），按附录 B 确定，对一般结构，不应小于 0.3 kN/m^2，对高耸结构，不应小于 0.35 kN/m^2。

计算主体结构的风荷载效应时，建筑物承受的顺风向总风荷载是各个表面承受的风荷载的矢量和，而且是沿高度变化的分布荷载。距地 z 高度处的顺风向总风荷载 $F_{Dk}(z)$（kN/m）可按下式计算：

$$F_{Dk}(z) = \sum_{i=1}^{n} w_{ki} B_i \cos \alpha_i = \beta_z \mu_z w_0 \sum_{i=1}^{n} \mu_{si} B_i \cos \alpha_i \tag{4-36}$$

式中　w_{ki} —— 横风向风振等效风荷载（kN/m^2）；

　　　n —— z 高度处建筑物外围的表面积数（每个平面作为一个表面积）；

　　　B_i —— 第 i 个表面的宽度（m）；

　　　μ_{si} —— 第 i 个表面的风荷载体型系数；

　　　α_i —— 第 i 个表面法线与风力作用方向的夹角（°）。

当建筑物的某个表面与风力作用方向垂直时，$\alpha_i = 0°$，即该表面的风压全部计入顺风向总风荷载；当某个表面与风力作用方向平行时，$\alpha_i = 90°$，即该表面的风压不计入顺风向总风荷载；与风力作用方向成某一夹角的表面，应计入该表面上的风荷载在风力作用方向的投影值（注意区别是风压力还是风吸力），按矢量相加。

各表面上风荷载合力的作用点即为顺风向总风荷载的作用点。

（2）当计算围护结构时，风荷载标准值 w_k 按下式计算：

$$w_k = \beta_{gz} \mu_{sl} \mu_z w_0 \tag{4-37}$$

式中　β_{gz} —— z 高度处的阵风系数，按表 4-18 确定；

　　　μ_{sl} —— 局部风荷载体型系数。

4.6.8　例题

【例 4-1】某海滨度假旅馆采用钢筋混凝土剪力墙结构，质量和刚度沿高度分布比较均匀，围护结构为玻璃幕墙。地上 16 层，层高 4.0 m，屋顶女儿墙高 2.0 m，房屋高度 $H = 64.0$ m，地下 1 层。平面为正六边形，尺寸及各表面上的风荷载体型系数 μ_s 如图 4-13（a）所示。已知结构的基本自振周期 $T_1 = 0.942$ s；基本风压 $w_0 = 0.6$ kN/m^2；地面粗糙度类别为 A 类。

试计算：

（1）作用于建筑物各表面的风荷载标准值；

（2）风荷载作用于地下室顶面处的弯矩标准值。

【解】为简化计算，取各楼层楼板标高处的风荷载值作为该层的风荷载标准值，如图 4-13（b）所示。

（1）根据给定的条件，确定地面粗糙度类别为 A 类，地面粗糙度指数 $\alpha = 0.12$。

（2）各楼层楼板标高处的风压高度变化系数 μ_z 按式（4-16a）计算，结果见表 4-19。

（3）基本风压 w_0 和各表面上的风荷载体型系数已知。

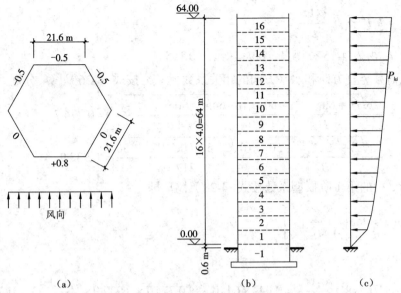

图 4-13　某高层建筑外形尺寸及计算简图

（a）建筑平面外形及尺寸　（b）立面尺寸　（c）总风荷载沿高度分布图

表 4-19　风压高度变化系数 μ_z 和风振系数 β_z

$z(\text{m})$	4.6	8.6	12.6	16.6	20.6	24.6	28.6	32.6
μ_z	1.087	1.238	1.357	1.450	1.527	1.594	1.652	1.705
$\varphi(z)$	0.132	0.194	0.255	0.313	0.368	0.422	0.476	0.529
B_z	0.158	0.204	0.245	0.281	0.314	0.345	0.375	0.404
β_z	1.132	1.171	1.205	1.236	1.263	1.289	1.314	1.339
$z(\text{m})$	36.6	40.6	44.6	48.6	52.6	56.6	60.6	64.6
μ_z	1.753	1.797	1.838	1.877	1.913	1.946	1.979	2.009
$\varphi(z)$	0.583	0.637	0.693	0.750	0.809	0.870	0.934	1.000
B_z	0.433	0.462	0.491	0.520	0.551	0.582	0.614	0.648
β_z	1.363	1.387	1.411	1.436	1.462	1.488	1.515	1.543

（4）各楼层楼板标高处的风振系数 β_z 按式（4-23）计算，即

$$\beta_z = 1 + 2gI_{10}B_z\sqrt{1+R^2}$$

其中各参数确定如下。

① 共振分量因子 R 按式（4-24）计算，即

$$x_1 = \frac{30}{\sqrt{k_w w_0 T_1^2}} = \frac{30}{\sqrt{1.28 \times 0.6 \times 0.942^2}} = 36.34$$

$$R = \sqrt{\frac{\pi}{6\zeta_1}\frac{x_1^2}{\left(1+x_1^2\right)^{4/3}}} = \sqrt{\frac{\pi}{6 \times 0.05} \times \frac{36.34^2}{\left(1+36.34^2\right)^{4/3}}} = 0.9765$$

② 背景分量因子 B_z 按式（4-25）计算，即

$$B_z = kH^{\alpha_1}\rho_x\rho_z\frac{\varphi_1(z)}{\mu_z}$$

其中系数 k、α_1 由表 4-15 查得：$k = 0.944$；$\alpha_1 = 0.155$。

脉动风荷载竖直方向和水平方向的相关系数 ρ_z、ρ_x 按式（4-26）计算，分别为

$$\rho_z = \frac{10\sqrt{H + 60e^{-H/60} - 60}}{H} = \frac{10\sqrt{64.0 + 60e^{-64.0/60} - 60}}{64.0} = 0.774\,7$$

$$\rho_x = \frac{10\sqrt{B + 50e^{-B/50} - 50}}{B} = \frac{10\sqrt{21.6 + 50e^{-21.6/50} - 50}}{21.6} = 0.932\,9$$

剪力墙结构的第 1 阶振型系数按式（4-28）计算，即

$$\varphi_1(z) = \tan\left[\frac{\pi}{4}\left(\frac{z}{H}\right)^{0.7}\right]$$

由此可得

$$B_z = kH^{\alpha_1}\rho_x\rho_z\frac{\varphi_1(z)}{\mu_z} = 0.944 \times 64.0^{0.155} \times 0.774\,7 \times 0.932\,9 \times \frac{\varphi_1(z)}{\mu_z} = 1.301\,7 \times \frac{\varphi_1(z)}{\mu_z}$$

故风振系数

$$\beta_z = 1 + 2gI_{10}B_z\sqrt{1 + R^2} = 1 + 2 \times 2.5 \times 0.12 \times B_z \times \sqrt{1 + 0.976\,5^2} = 1 + 0.838\,6B_z$$

计算结果见表 4-20。

表 4-20　风荷载标准值 w_k 　　　　　　　　　　　　　　　单位：kN/m²

z(m)	4.6	8.6	12.6	16.6	20.6	24.6	28.6	32.6
迎风面 w_k（$\mu_s = +0.8$）	0.591	0.696	0.785	0.860	0.926	0.986	1.042	1.096
侧风面 w_k（$\mu_s = -0.5$）	−0.369	−0.435	−0.491	−0.538	−0.579	−0.616	−0.651	−0.685
背风面 w_k（$\mu_s = -0.5$）	−0.369	−0.435	−0.491	−0.538	−0.579	−0.616	−0.651	−0.685
$F_{Dik}(z)$(kN/m)	28.72	33.82	38.17	41.80	45.01	47.93	50.66	53.25
z(m)	36.6	40.6	44.6	48.6	52.6	56.6	60.6	64.6
迎风面 w_k（$\mu_s = +0.8$）	1.147	1.197	1.245	1.294	1.342	1.390	1.439	1.488
侧风面 w_k（$\mu_s = -0.5$）	−0.717	−0.748	−0.778	−0.809	−0.839	−0.869	−0.899	−0.930
背风面 w_k（$\mu_s = -0.5$）	−0.717	−0.748	−0.778	−0.809	−0.839	−0.869	−0.899	−0.930
$F_{Dik}(z)$(kN/m)	55.74	58.16	60.53	62.88	65.21	67.56	69.93	72.34

（5）按式（4-35）计算作用于建筑物各表面的风荷载标准值 w_{ki}，按式（4-36）计算各楼层楼板标高 z 处的顺风向总风荷载标准值 $F_{Dk}(z)$（kN/m），结果见表 4-20。总风荷载沿高度的分布如图 4-13（c）所示。

（6）计算风荷载作用于地下室顶面处的弯矩标准值。

顺风向总风荷载作用于地下室顶面（±0.000）处的弯矩标准值

$$M_{0k} = \sum_{i=1}^{16}F_{Dik}(H_i - 0.6) = 32\,698.83 \text{ kN·m}$$

4.7 横风向与扭转风效应

建筑物受到风力作用时,除顺风向可能发生风振外,在一定条件下也可能发生横风向风振。导致建筑物发生横风向风振的主要激励有:尾流激励(旋涡脱落激励)、横风向紊流激励、气功弹性激励(建筑振动和风之间的耦合效应)。旋涡激励特性远比顺风向复杂。

判断高层建筑是否需要考虑横风向风振的影响,一般要考虑建筑的高度、高宽比、结构自振频率、阻尼比等多种因素,并借鉴工程经验及有关资料。一般而言,高度超过 150 m 或高宽比大于 5 的高层建筑可出现较为明显的横风向风振效应,并且效应随着建筑高度或建筑高宽比增大而增强。高度超过 30 m 且高宽比大于 4 的细长圆形截面构筑物,也需要考虑横风向风振的影响。

判断高层建筑是否需要考虑扭转风振的影响,主要考虑建筑的高度、高宽比、深宽比、结构自振频率、结构刚度与质量的偏心等因素。扭转风荷载是由于建筑各个立面风压的非对称作用产生的,受截面形状和湍流度等因素的影响较大。

4.7.1 横风向风振的锁定现象

试验研究表明,当横风向风力的作用频率 f_s 与结构横向自振的基本频率 f_1 接近时,结构横向发生共振反应。此时,若风速继续增大,风旋涡脱落频率仍保持常数(图 4-14),而不是按式(4-22)变化。

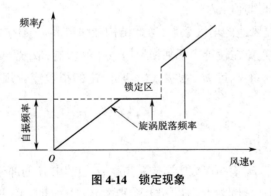

图 4-14 锁定现象

只有当风速大于结构共振风速的 1.3 倍左右时,风旋涡脱落频率才重新按式(4-22)的规律变化。将风旋涡脱落频率保持常数(等于结构自振频率)的风速区域称为锁定区。

4.7.2 共振区高度

在一定的风速范围内将发生共振,共振发生的初始风速称为临界风速。对图 4-15 所示的圆柱体结构,距离地面高度为 z 处的临界风速 v_{cr} 可由斯脱罗哈数的定义按式(4-22)导出:

$$v_{cr} = \frac{D(z)}{T_j St} \qquad (4\text{-}38)$$

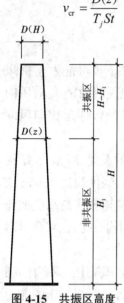

图 4-15　共振区高度

式中　St——斯脱罗哈数,对圆形截面结构取 0.2;

T_j——结构第 j 阶振型自振周期,验算亚临界微风共振时取基本自振周期 $T_1(\text{s})$;

$D(z)$——圆柱体结构距离地面高度为 z 处的直径,当结构沿高度截面缩小时(倾斜度不大于 0.02),也可近似取 2/3 结构高度处的直径。

由锁定现象可知,在一定的风速范围内将发生涡激共振,可沿高度方向取 $(1.0 \sim 1.3)v_{cr}$ 的区域为锁定区,即共振区。对应于共振区起点高度 H_1 的风速应为临界风速 v_{cr},根据式(4-9)给出的风剖面的指数变化规律,取标准离地高度为 10 m,有

$$\frac{v_{cr}}{v_0} = \left(\frac{H_1}{10}\right)^{\alpha} \qquad (4\text{-}39)$$

由式(4-39)可得

$$H_1 = 10\left(\frac{v_{cr}}{v_0}\right)^{1/\alpha} \qquad (4\text{-}40a)$$

若取结构总高度 H 为基准高度,则得 H_1 的另一个表达式

$$H_1 = H\left(\frac{v_{cr}}{\beta_v v_H}\right)^{1/\alpha} \qquad (4\text{-}40b)$$

式中　v_H——结构顶部风速(m/s);

β_v——结构顶部风速的增大系数,考虑结构在强风共振时的安全性及试验资料的局限性,为避免在设计中低估横风向风振的影响,取 $\beta_v = 1.2$。

对应于风速为 $1.3v_{cr}$ 的高度 H_2,根据式(4-9)给出的指数变化规律,取标准离地高度为 10 m,同样可导出

$$H_2 = 10\left(\frac{1.3v_{cr}}{v_0}\right)^{1/\alpha} \qquad (4\text{-}41)$$

由式(4-41)计算出的 H_2 有可能大于结构总高度 H,但超出 H 的部分没有实际意义,故工程中一般取 $H_2 = H$,即共振区范围为 $H - H_1$ 区段,个别情况 $H_2 < H$ 时,可根据实际情况进行计算。

4.7.3　圆形截面结构的横风向风振等效风荷载

对圆形截面结构,应根据雷诺数 Re 和结构顶部风速 v_H 进行横风向风振(旋涡脱落)的校核。临界风速 v_{cr} 可按式(4-38)确定。

根据风压的定义,结构顶部风速 v_H 可按下式确定:

$$v_H = \sqrt{\frac{2\,000\mu_H w_0}{\rho}} \qquad (4\text{-}42)$$

式中 μ_H —— 结构顶部风压高度变化系数；

w_0 —— 基本风压（ kN/m^2 ）；

ρ —— 空气密度（ kg/m^3 ）。

雷诺数 Re 可按式（4-21）确定，且其中的风速可采用临界风速 v_{cr}。根据不同的雷诺数 Re，圆形截面结构或构件的横风向共振响应及防振措施如下。

1）亚临界范围

当 $Re < 3 \times 10^5$ 且结构顶部风速 v_H 大于临界风速 v_{cr} 时，可发生亚临界的微风共振。微风共振时结构会发出共振声响，但一般不会对结构造成破坏。此时，可在构造上采取防振措施，如调整结构布置使结构基本自振周期 T_1 改变而避免发生微风共振，或者控制结构的临界风速 v_{cr} 不小于 15 m/s，以降低微风共振的发生率。

2）超临界范围

当 $3 \times 10^5 \leqslant Re < 3.5 \times 10^6$ 时，则发生超临界的风振，可不做处理。在此范围内旋涡脱落没有明显的周期，结构的横风向振动呈现出随机特征，不会产生共振响应，且风速也不是很大，工程上一般不考虑横风向振动。

3）跨临界范围

当 $Re \geqslant 3.5 \times 10^6$ 且结构顶部风速 v_H 的 1.2 倍大于临界风速 v_{cr} 时，可发生跨临界的强风共振，此时应考虑横风向风振的等效风荷载。

当风速进入跨临界范围时，结构有可能发生严重的振动，甚至破坏，国内外都发生过很多这类损坏和破坏事例，对此必须引起重视。

跨临界强风共振引起的 z 高度处第 j 阶振型的横风向风振等效风荷载 $w_{Lk,j}$（ kN/m^2 ）可由下式确定：

$$w_{Lk,j} = \frac{\mu_L |\lambda_j| v_{cr}^2 \varphi_j(z)}{3\,200 \zeta_j} \tag{4-43}$$

式中 μ_L —— 横向力系数，取 0.25；

λ_j —— 共振计算系数，按表 4-21 采用；

ζ_j —— 结构第 j 阶振型的阻尼比，对高层建筑和一般高耸结构的第 1 阶振型，按表 4-13 确定，对高阶振型，若无相关资料，可近似按第 1 阶振型的值取用，对烟囱结构，按《烟囱设计规范》（ GB 50051—2013 ）的规定确定；

$\varphi_j(z)$ —— 在 z 高度处结构的第 j 阶振型的振型系数，通过计算确定或参考表 4-22 确定。

横风向风振主要考虑的是共振的影响，因而可与结构不同的振型发生共振。对跨临界的强风共振，设计时必须按不同的振型对结构予以验算。式（4-43）中的共振计算系数 λ_j 是第 j 阶振型考虑共振区分布的折算系数。若临界风速起始点在结构底部，整个高度都为共振区，共振效应最强，系数值最大；若临界风速起始点在结构顶部，则不发生共振，也不必验算横风向的风振荷载。一般认为低振型的影响占主导作用，只需考虑前 4 个振型即可满足要求，其中以前 2 个振型的共振最为常见。

表 4-21　跨临界强风共振计算系数 λ_j

结构类型	振型序号	H_1/H										
		0	0.1	0.2	0.3	0.4	0.5	0.6	0.7	0.8	0.9	1.0
高耸结构	1	1.56	1.55	1.54	1.49	1.42	1.31	1.15	0.94	0.68	0.37	0
	2	0.83	0.82	0.76	0.60	0.37	0.09	-0.16	-0.33	-0.38	-0.27	0
	3	0.52	0.48	0.32	0.06	-0.19	-0.30	-0.21	0.00	0.20	0.23	0
	4	0.30	0.33	0.02	-0.20	-0.23	0.03	0.16	0.15	-0.05	-0.18	0
高层建筑	1	1.56	1.56	1.54	1.49	1.41	1.28	1.12	0.91	0.65	0.35	0
	2	0.73	0.72	0.63	0.45	0.19	-0.11	-0.36	-0.52	-0.53	-0.36	0

表 4-22　高耸结构和高层建筑的振型系数 $\varphi_j(z)$

相对高度 z/H	振型序号（高耸结构）				振型序号（高层建筑）			
	1	2	3	4	1	2	3	4
0.1	0.02	-0.09	0.23	-0.39	0.02	-0.09	0.22	-0.38
0.2	0.06	-0.30	0.61	-0.75	0.08	-0.30	0.58	-0.73
0.3	0.14	-0.53	0.76	-0.43	0.17	-0.50	0.70	-0.40
0.4	0.23	-0.68	0.53	0.32	0.27	-0.68	0.46	0.33
0.5	0.34	-0.71	0.02	0.71	0.38	-0.63	-0.03	0.68
0.6	0.46	-0.59	-0.48	0.33	0.45	-0.48	-0.49	0.29
0.7	0.59	-0.32	-0.66	-0.40	0.67	-0.18	-0.63	-0.47
0.8	0.79	0.07	-0.40	-0.64	0.74	0.17	-0.34	-0.62
0.9	0.86	0.52	0.23	-0.05	0.86	0.58	0.27	-0.02
1.0	1.00	1.00	1.00	1.00	1.00	1.00	1.00	1.00

4.7.4　矩形截面结构的横风向风振等效风荷载

矩形截面高层建筑也会发生类似的旋涡脱落现象，产生涡激共振，其规律更为复杂。重要的柔性结构的横风向风振等效风荷载宜通过风洞试验确定。

矩形截面高层建筑满足下列条件时，可按本节的规定确定其横风向风振等效风荷载。

（1）建筑的平面形状和质量在整个高度范围内基本相同。

（2）高宽比 $\dfrac{H}{\sqrt{BD}}=4\sim 8$，深宽比 $\dfrac{D}{B}=0.5\sim 2$。其中 B 为结构的迎风面宽度（m），D 为结构平面的进深（顺风向尺寸）（m）。

（3）$\dfrac{v_H T_{L1}}{\sqrt{BD}}\leqslant 10$。其中 T_{L1} 为结构横风向第 1 阶自振周期（s），v_H 为结构顶部风速（m/s）。

矩形截面高层建筑横风向风振等效风荷载标准值可按下式计算：

$$w_{Lk} = g w_0 \mu_z C_L' \sqrt{1 + R_L^2}$$ （4-44）

式中 w_{Lk} —— 横风向风振等效风荷载标准值（kN/m^2）；

         g —— 峰值因子，可取 2.5；

        w_0 —— 基本风压（kN/m）；

        μ_z —— 风压高度变化系数；

        C_L' —— 横风向风力系数；

        R_L —— 横风向共振因子。

横风向风力系数可按下列公式计算：

$$C_L' = (2 + 2\alpha) C_m \gamma_{CM}$$ （4-45）

$$\gamma_{CM} = C_R - 0.019 \times \left(\frac{D}{B} \right)^{-2.54}$$ （4-46）

式中 C_m —— 横风向风力角沿修正系数，可按《建筑结构荷载规范》（GB 50009—2012）的规定采用；

        α —— 风剖面指数，对 A、B、C、D 四类地貌分别取 0.12、0.15、0.22、0.30；

        C_R —— 地面粗糙度类别的序号，对 A、B、C、D 四类地貌分别取 1、2、3、4。

非圆形截面的柱体，如三角形、方形、矩形、多边形等棱柱体，也会发生类似的旋涡脱落现象，产生涡激共振，其规律更为复杂。重要的柔性结构的横风向风振等效风荷载宜通过风洞试验确定。

4.7.5 矩形截面结构的扭转风振等效风荷载

矩形截面高层建筑满足下列条件时，可按本节的规定确定其扭转风振等效风荷载。

（1）建筑的平面形状和质量在整个高度范围内基本相同。

（2）刚度和质量的偏心率（偏心距 / 回转半径）小于 0.2。

（3）$\dfrac{H}{\sqrt{BD}} \leqslant 6$，$\dfrac{D}{B} = 1.5 \sim 5$，$\dfrac{v_H T_{T1}}{\sqrt{BD}} \leqslant 10$。其中，$T_{T1}$ 为结构第 1 阶扭转振型的自振周期（s），应通过结构动力计算确定；v_H 为结构顶部风速（m/s）。

矩形截面高层建筑扭转风振等效风荷载标准值可按下式计算：

$$w_{Tk} = 1.8 g w_0 \mu_H C_T' \left(\frac{z}{H} \right)^{0.9} \sqrt{1 + R_T^2}$$ （4-47）

式中 w_{Tk} —— 扭转风振等效风荷载标准值（kN/m^2）；

        g —— 峰值因子，可取 2.5；

        C_T' —— 风致扭转系数；

        R_T —— 扭转共振因子；

        μ_H —— 结构顶部风压高度变化系数。

4.7.6 共振效应

顺风向风荷载、横风向风振及扭转风振等效风荷载宜按表 4-23 考虑风荷载组合工况。

表 4-23　风荷载组合工况

工况	顺风向风荷载	横风向风振等效风荷载	扭转风振等效风荷载
1	F_{Dk}	—	—
2	$0.6F_{Dk}$	F_{Lk}	—
3	—	—	T_{Tk}

表 4-23 中,顺风向单位高度风荷载标准值 F_{Dk} 应按式(4-36)计算,横风向风振单位高度等效风荷载标准值 F_{Lk} 及扭转风振单位高度等效风荷载标准值 T_{Tk} 应按下列公式计算:

$$F_{Lk} = w_{Lk} B \tag{4-48a}$$

$$T_{Tk} = w_{Tk} B^2 \tag{4-48b}$$

式中　w_{Lk}、w_{Tk} —— 横风向风振和扭转风振等效风荷载标准值(kN/m^2);

　　　B —— 迎风面宽度(m)。

在风荷载作用下同时发生顺风向和横风向风振时,结构的风荷载效应应按矢量叠加。当发生横风向强风共振时,顺风向的风力如达到最大设计风荷载,横风向的共振临界风速起始高度 H_1 由式(4-40)可知为最小,此时横风向共振影响最大。所以,当发生横风向强风共振时,横风向风振的效应 S_C 和顺风向风荷载的效应 S_A 按矢量叠加所得的结构效应最不利,即

$$S = \sqrt{S_C^2 + S_A^2} \tag{4-49}$$

4.7.7　例题

【例 4-2】某钢筋混凝土烟囱,高 $H = 135$ m,顶端直径 $D_t = 5$ m,底端直径 $D_b = 10$ m,基本自振周期 $T_1 = 1.0$ s。已知:地面粗糙度类别为 A 类,地面粗糙度指数 $\alpha = 0.12$,10 m 高空处基本风速 $v_0 = 25.0$ m/s。

试验算该烟囱是否会发生横风向共振。

【解】

(1)烟囱顶点的风速。

根据式(4-38),烟囱顶点的临界风速为

$$v_{cr} = \frac{D}{T_j St} = \frac{5}{1.0 \times 0.2} = 25 \text{ m/s}$$

根据式(4-9)可求得烟囱顶点的风速为

$$v_H = v_0 \left(\frac{H}{10} \right)^{\alpha} = 25 \times \left(\frac{135}{10} \right)^{0.12} = 34.2 \text{ m/s}$$

$1.2 v_H = 1.2 \times 34.2 = 41.04$ m/s $> v_{cr} = 25$ m/s

根据式(4-21),在共振风速下,烟囱顶点的雷诺数为

$$Re = 69\,000 vD = 69\,000 \times 25 \times 5 = 8.625 \times 10^6 > 3.5 \times 10^6$$

属于跨临界范围,故会发生横风向共振。

（2）锁定区的确定。

烟囱直径沿高度的变化规律为

$$D(z) = D_b - \frac{D_b - D_t}{H} \times z = 5 \times \left(2 - \frac{z}{H}\right) \qquad (a)$$

锁定区的起点高度 H_1 处的风速按式（4-9）计算：

$$v_{H_1} = v_0 \left(\frac{H_1}{10}\right)^\alpha = 25 \times \left(\frac{H_1}{10}\right)^{0.12} \qquad (b)$$

该处的临界风速按式（4-38）计算：

$$v_{cr} = \frac{D(z)}{T_j St} = 25 \times \left(2 - \frac{H_1}{H}\right) \qquad (c)$$

锁定区的起点高度 H_1 处的风速等于该处的临界风速，即

$$25 \times \left(\frac{H_1}{10}\right)^{0.12} = 25 \times \left(2 - \frac{H_1}{H}\right) \qquad (d)$$

整理后得

$$H_1 = H\left[2 - \left(\frac{H_1}{10}\right)^{0.12}\right] \qquad (e)$$

式（e）可用迭代法求解。

取初始值 $H_1 = 2H/3 = 90$ m，代入式（e）右侧，得第一次迭代结果 $H_1 = 94.271$。

将 $H_1 = 94.271$ 代入式（e）右侧，得第二次迭代结果 $H_1 = 93.291$。

将 $H_1 = 93.291$ 代入式（e）右侧，得第三次迭代结果 $H_1 = 93.512$。

将 $H_1 = 93.512$ 代入式（e）右侧，得第四次迭代结果 $H_1 = 93.462$。

基本收敛，取第三次和第四次迭代结果的平均值，$H_1 \approx 93.5$ m。

若按式（4-40b），则得到关于锁定区的起点高度 H_1 的迭代方程

$$H_1 = H\left[2 - 1.2\left(\frac{H_1}{10}\right)^{0.12}\right] \qquad (f)$$

可求得该方程的迭代解为 $H_1 \approx 66.6$ m。

因此，按规范的规定所得的结构共振临界风速起始高度小于实际值，即规范考虑的顶部共振范围大于实际值，可知规范偏于安全。

锁定区的终点高度 H_2 处的风速等于该处的临界风速的 1.3 倍，即

$$25 \times \left(\frac{H_2}{10}\right)^{0.12} = 25 \times \left(2 - \frac{H_2}{H}\right) \times 1.3$$

整理后得

$$H_2 = H\left[2 - \frac{1}{1.3} \times \left(\frac{H_2}{10}\right)^{0.12}\right] \qquad (g)$$

同样，用迭代法求解式（g），取初始值 $H_2 = 135$ m，经四次迭代，最终得 $H_2 \approx 128.9$ m $< H_2$。

因此，可以认为在约 2/3（或 1/2）高度以上，烟囱会发生横风向共振。

4.8　特殊结构的风荷载

某些特定结构对风荷载较为敏感,风荷载对其会产生更为明显的影响。针对特定的风敏感结构的风荷载,相关规范根据其特点给出了特定的计算要求。

4.8.1　高耸结构的埃菲尔效应

杆塔结构又称塔桅结构,具有高度较大、横断面相对较小的特点。风速作为随机变量,在空间中的三个方向上都随时间发生变化,由于高耸结构尤其是杆塔结构具有很大的空间尺度,因此不可能同时在不同的高度上达到最大风速。

当杆塔某个高度处的风速达到最大值时,离该点越远的高处风速达到最大值的概率越小。风速变化的这种特性对曲线形杆塔斜材的受力影响很大,若按照整塔基本风速假定进行内力计算,有时斜材会受到很小的内力,这对铁塔结构很不安全,鉴于曲线形杆塔的外形与埃菲尔杆塔相似,把这种影响称为斜材的埃菲尔效应。曲线形杆塔的埃菲尔效应一般可采用折减系数法和剪力比法进行计算。

折减系数法是以杆塔变坡段主材的交点为界,将杆塔分为上下两大部分,并在上下部分分别施加设计风荷载和折减风荷载,从而求得风速最不利分布下斜材的内力的一种方法。折减系数法主要适用于90°大风和0°大风的情况,具体计算方法可参考《架空输电线路荷载规范》(DL/T 5551—2018)附录 C。

剪力比法是根据杆塔斜材和主材承担的剪力之比,求得风速最不利分布下斜材的内力的一种方法。《高耸结构设计标准》(GB 50135—2019)第 5.2.3 条针对杆塔斜材的埃菲尔效应给出了相应的计算公式。

当曲线形杆塔斜材没有按照折减系数法或剪力比法考虑埃菲尔效应时,为保证斜材具有足够的承载能力,其设计内力不宜小于主材内力的3%。

4.8.2　架空输电线路风荷载

架空输电线路风荷载的影响主要集中在风荷载对导、地线,杆塔结构以及绝缘子串的影响上,其中风荷载对杆塔结构的影响与《高耸结构设计标准》(GB 50135—2019)规定的内容基本相同。在计算导、地线风荷载时,尚应该针对其特点考虑以下影响因素。

1. 导、地线阵风系数

架空输电线路的导、地线以及跳线对风荷载较为敏感。在计算导、地线以及跳线风荷载时,《架空输电线路荷载规范》(DL/T 5551—2018)通过阵风系数 β_c 和档距折减系数 α_L 来考虑风脉动的影响。

对线条而言,考虑到大风入射角有多种可能性,计算应考虑最不利方向。在计算阵风系数 β_c 时,应根据最不利方向的风荷载进行折减;此外,导线之间相互遮挡,不同导线之间存在脉动差异,均应对线条风荷载进行折减。

2. 导、地线风荷载体型系数

通过对分裂导线的风洞试验发现,分裂导线由于单根导线之间存在相互干扰,导致风荷载体型系数减小,间距越小的分裂导线相互干扰越显著,风荷载体型系数越小;与此同时,导线风荷载体型系数随着导线外径的增大和分裂根数的增加而减小。随着风速的提高,雷诺数增大,导线风荷载体型系数整体呈下降趋势,在高速风下,导线风荷载体型系数小于 1.0。

因此,《架空输电线路荷载规范》(DL/T 5551—2018)规定,直径大于或等于 17 mm 的导、地线风荷载体型系数取 1.0,直径小于 17 mm 的导、地线风荷载体型系数取 1.1。

3. 覆冰荷载增大系数

冬季,导线裸露在室外可能受到覆冰荷载的影响。当导线外部存在覆冰时,会使导线的风荷载增大。因此,在计算覆冰工况下的风荷载时,需要考虑覆冰风荷载增大系数:5 mm 冰区取 1.1,10 mm 冰区取 1.2。在计算考虑覆冰工况的杆塔和绝缘子串的风荷载时,也要考虑相应的覆冰风荷载增大系数,具体计算方法可参考《架空输电线路荷载规范》(DL/T 5551—2018)和《110 kV ~ 750 kV 架空输电线路设计规范》(GB 50545—2010)。

应该注意的是,考虑到输电线路杆塔为风敏感结构,为确保安全,对地貌类型接近于 C 类与 D 类的架空输电线路,除非有充分的论证,否则均宜按 B 类地面粗糙度设计。

4.8.3　桥梁风荷载

在风作用下结构的风致响应特征与结构的刚度有关,当结构的刚度较小时,风动力响应特征明显,动力效应较大。在抗风设计中,对轻、柔的桥梁或构件,需要考虑动力作用及其效应。

1. 风对桥梁的作用效应

桥梁的抗风设计应该考虑风的动力作用和静力作用。风对桥梁的作用效应一般分为静力效应、静风效应和动力效应。静力效应主要表现为结构产生的变形、内力以及静力失稳;静风效应主要表现为风引起的结构静风失稳,如静风扭转发散和静风横向失稳;动力效应包含抖振和涡激共振等有限振幅振动,以及颤振和驰振等气动失稳现象。

在风的脉动力、上游构造物尾流的脉动力或风绕流结构的紊流脉动力的作用下,结构或构件发生的随机振动现象称为抖振。若风经过结构时发生旋涡脱落且旋涡脱落频率与结构或构件的自振频率接近或相等,那么涡激力会激发结构或构件发生共振,称为涡激共振。

气动失稳是指振动的桥梁结构或构件由于气流的反馈作用不断吸收能量,振动振幅逐步或突然增大的发散性自激振动失稳现象,主要表现为颤振和驰振两种形式。其中,颤振是扭转振幅发散性失稳的现象;驰振是横风向弯曲振幅失稳的现象。

2. 桥梁风荷载计算

考虑结构或构件上风空间相关性的阵风风速称为等效静阵风风速,桥梁结构或构件的顺风向风荷载可按等效静阵风风荷载计算。等效静阵风风速 U_g 可按下式计算:

$$U_g = G_v U_d \tag{4-50}$$

式中　G_v —— 等效静阵风系数;

　　　U_d —— 设计基准风速(m/s)。

等效静阵风系数 G_v 实质上是考虑紊流强度、脉动风空间相关性、加载长度和结构构件离地面(水面)高度等因素的纵风向风荷载加载时的风速比例系数。

等效静阵风风荷载对桥梁的不同构件计算公式略有差异,以主梁为例,等效静阵风风荷载计算公式为

$$F_g = \frac{1}{2}\rho U_g^2 C_H D \qquad (4-51)$$

式中　F_g —— 作用在主梁单位长度上的顺风向等效静阵风风荷载(N/m);

ρ —— 空气密度(kg/m³),可取 1.25 kg/m³;

U_g —— 等效静阵风风速(m/s);

C_H —— 主梁横向力系数;

D —— 主梁特征高度(m)。

具体的系数选择方法及其他形式构件等效静阵风风荷载的计算方式可参考《公路桥梁抗风设计规范》(JTG/T 3360-01—2018)。

计算桥梁结构的抖振惯性力荷载时,结构或构件的第 i 阶振型抖振惯性力荷载可在获得振型抖振位移的基础上,通过综合考虑质量分布、振型、频率等因素获得;抖振位移可在设计风速下考虑可能参与的振型、风的脉动空间相关性、构件的断面特征等因素,通过频域分析、时域分析、风洞试验或者虚拟风洞试验的方法获得。

桥梁结构单位长度上第 i 阶振型的惯性力作用可按下式计算:

$$F_i(x) = k_p m(x)\sigma_i(x)(2\pi f_i)^2 \qquad (4-52)$$

式中　$F_i(x)$ —— 桥梁 x 位置处的第 i 阶振型惯性力作用(N/m);

k_p —— 峰值因子,一般取 3.5;

$m(x)$ —— 桥梁 x 位置处的质量线分布集度(kg/m);

$\sigma_i(x)$ —— 桥梁 x 位置处的第 i 阶振型抖振位移标准差(m);

f_i —— 第 i 阶振型频率(Hz)。

由于风荷载一般会诱发多个振型的共振响应,各个振型下桥梁的惯性力作用效应可按 SRSS 振型叠加方法来考虑结构可能被激发的振型,按照下式计算:

$$R_s(x) = \sqrt{\sum_i R_i^2(x)} \qquad (4-53)$$

式中　$R_s(x)$ —— 桥梁 x 位置处的抖振惯性力作用效应;

$R_i(x)$ —— 桥梁 x 位置处的第 i 阶振型抖振惯性力作用效应。

抖振惯性力作用效应应与设计风速下的静风荷载效应进行极值效应组合,与静风荷载效应组合时按下式进行计算:

$$R_t(x) = R_m(x) \pm R_s(x) \qquad (4-54)$$

式中　$R_t(x)$ —— 桥梁 x 位置处的风荷载极值效应;

$R_m(x)$ —— 桥梁 x 位置处的平均静风荷载效应。

【思考题】

1. 简述基本风压的定义。影响风压的主要因素是什么？

2. 简述矩形平面单体建筑物的风流走向和风压分布特点。

3. 简述我国基本风压的分布特点。

4. 什么叫梯度风？什么叫梯度风高度？

5. 简述《建筑结构荷载规范》(GB 50009—2012)中划分地面粗糙度的原则。

6. 风压高度变化系数与哪些因素有关？试写出风压高度变化系数公式的推导过程。

7. 山区和海洋的风压高度变化系数如何确定？

8. 如何确定风荷载体型系数？其与哪些因素有关？

9. 高层建筑为什么要考虑群体建筑间风压的相互干扰？如何考虑？

10. 简述横风向风振产生的原因及适用条件。

11. 如何确定风振系数？其与哪些因素有关？

12. 简述脉动风对结构的影响和工程中的考虑方法。

13. 作用于建筑物上的顺风向风荷载标准值如何计算？

14. 什么叫锁定现象？

15. 如何进行横风向风振验算？

【习题】

1. 某钢筋混凝土高层建筑，房屋总高 $H = 108.6$ m，室内外高差为 0.6 m。外形和质量沿高度方向基本均匀分布；房屋的平面尺寸 $L \times B = 36$ m $\times 36$ m，平面沿高度保持不变。已知：该结构的基本自振周期 $T_1 = 2.2$ s，地面粗糙度类别为 A 类，基本风压 $w_0 = 0.65$ kN/m²。

试求风荷载作用下首层地面标高处的弯矩和剪力标准值。

提示：为简化计算，可将建筑沿高度划分为若干个计算区段，取每个区段中点位置的风荷载值作为该区段的平均风荷载值。

2. 某自立式钢烟囱 $H = 60$ m，直径为 2.8 m，基本自振周期 $T_1 = 0.7$ s。已知：地面粗糙度类别为 B 类，地面粗糙度指数 $\alpha_B = 0.15$，当地基本风压 $w_0 = 0.25$ kN/m²，空气密度 $\rho = 1.25$ kg/m³。

试验算该烟囱是否会发生横风向共振。

第5章 土压力

【本章提要】

土压力指土体对建筑物和构筑物的荷载。本章首先介绍了土的自重应力以及侧压力的计算理论,并列举了工程中常见挡土墙的侧压力计算方法,然后介绍了埋管所受土压力的计算方法,最后简述了冻土层内的土体冻胀对建筑物和构筑物产生的冻胀力。

5.1 土的自重应力

在一般情况下,土是由三相组成的非连续介质:固相 —— 土颗粒(矿物颗粒和有机质);液相——水;气相——空气。由土层所受重力作用在土中产生的应力称为土的自重应力。

假设天然地面是一个无限大的水平面,土体在自重作用下只产生竖向变形,而无侧向变形和剪切变形,则任意竖直面和水平面上均无剪应力存在。土中任意截面的面积都包括土体骨架的面积和孔隙的面积,计算地基应力时只考虑土中某单位面积上的平均应力。

 扫一扫:土极限状态破坏滑弧面演示

实际上,只有通过颗粒接触点传递的粒间应力才能使土颗粒彼此挤紧,引起土体变形。因此粒间应力是影响土体强度的重要因素,粒间应力又被称为有效应力。若土层天然重度为 γ,在深度 z 处的 a—a 水平面上(图 5-1(a)),土体因自身重量产生的竖向应力可取该截面上单位面积的土柱体的重力,即

$$\sigma_{cz} = \gamma z \tag{5-1}$$

由此可见,土的自重应力 σ_{cz} 沿水平面均匀分布,且与 z 成正比,即随深度按直线规律增大,如图 5-1(b)所示。

通常地基土是由不同重度的土层组成的,如图 5-2 所示。若天然地面下深度 z 范围内各层土的厚度自上而下分别为 h_1, h_2, $\cdots$, h_i, $\cdots$, h_n,则成层土深度 z 处的竖向有效自重应力的计算公式为

$$\sigma_{cz} = \sum_{i=1}^{n} \gamma_i h_i \tag{5-2}$$

式中 n —— 从天然地面起到深度 z 处的土层数;

   h_i —— 第 i 层土的厚度(m);

   γ_i —— 第 i 层土的天然重度(kN/m³),若土层位于地下水位以下,应取土的有效重度 γ_i' 代替天然重度 γ_i。

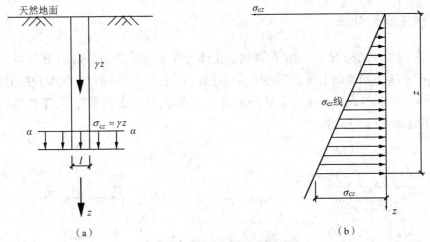

图 5-1　均质土中竖向自重应力

（a）任意深度水平面上的自重应力　（b）自重应力与深度的线性关系

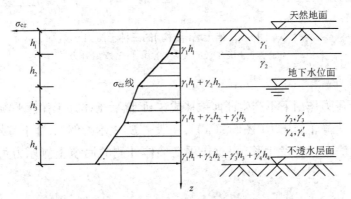

图 5-2　不同重度土中竖向有效自重应力沿深度的分布

　　土的有效重度是指地下水位以下的土受到水的浮力作用,单位体积中土颗粒所受的重力扣除浮力后的重度,即

$$\gamma_i' = \gamma_i - \gamma_w \tag{5-3}$$

式中　γ_w —— 水的重度,一般取 $10\ kN/m^3$。

　　在地下水位以下,若埋藏有不透水的岩层或不透水的坚硬黏土层,由于不透水层中不存在水的浮力,所以不透水层界面以下的自重应力应按上覆土层的水土总量计算。在上覆土层与不透水层界面处自重应力有突变。

5.2　土的侧压力

　　土的侧压力是指挡土墙后的填土因自重或外荷载作用对墙背产生的侧向压力,简称土压力。挡土墙是防止土体坍塌的构筑物,广泛应用于房屋建筑、水利、铁路、公路和桥梁工程中。由于土压力是挡土墙的主要荷载,因此,设计挡土墙时首先要确定土压力的性质、大小、方向和作用点。

5.2.1 土压力的分类

根据挡土墙(结构)的移动情况和墙后土体所处平衡状态的不同,土压力可分为静止土压力、主动土压力和被动土压力三种形式(图5-3)。挡土结构的移动情况包括滑移、地基变形引起的转动、构件截面刚度不足造成的较大变形等,在大多数情况下,工程结构主要考虑静止土压力和主动土压力。

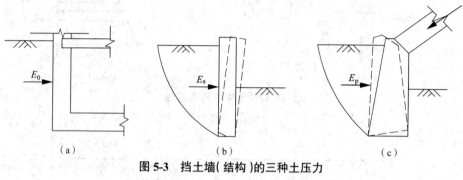

图 5-3 挡土墙(结构)的三种土压力
(a)静止土压力 (b)主动土压力 (c)被动土压力

1. 静止土压力

挡土墙在土压力作用下不产生任何位移或转动,墙后土体处于弹性平衡状态,此时墙背所受的土压力称为静止土压力(图5-3(a)),一般用 E_0 表示。例如,地下室外墙由于受到内侧楼面支承,可认为没有发生移位,故作用在墙体外侧的回填土侧压力可按静止土压力计算。

2. 主动土压力

当挡土墙在土压力的作用下背离墙背移动或转动时(图5-3(b)),作用在墙背上的土压力从静止土压力值逐渐减小,直至墙后土体出现滑动面。滑动面以上的土体将沿这一滑动面向下、向前滑动,作用在墙背上的土压力减小到最小值,滑动楔体内应力处于主动极限平衡状态,此时作用在墙背上的土压力称为主动土压力,一般用 E_a 表示。例如,基础开挖时的围护结构由于土体开挖,基础内侧失去支承,围护墙体向基坑内移位,这时作用在墙体外侧的土压力可按主动土压力计算。

3. 被动土压力

如果挡土墙在外力作用下向土体方向移动或转动(图5-3(c)),墙体挤压墙后土体,作用在墙背上的土压力从静止土压力值逐渐增大,墙后土体也会出现滑动面。滑动面以上的土体将沿滑动面向上、向后推出,墙后土体开始隆起,作用在挡土墙上的土压力增大到最大值,滑动楔体内应力处于被动极限平衡状态,此时作用在墙背上的土压力称为被动土压力,一般用 E_p 表示。例如,拱桥在桥面荷载作用下,拱体将水平推力传至桥台,挤压桥台背后的土体,这时作用在桥台背后的侧向土压力可按被动土压力计算。

一般情况下,在相同的墙高和填土条件下,主动土压力 E_a、静止土压力 E_0、被动土压力 E_p 三者间的关系为

$$E_a < E_0 < E_p \tag{5-4}$$

试验研究表明,除挡土结构构件的移动情况外,影响土压力大小的因素还有以下几个方面。

1)挡土结构构件的截面形状

挡土结构构件的截面形状包括墙背为竖直或倾斜、光滑或粗糙,都与采用何种土压力计算理论公式有关。

2)墙后填土的性质

墙后填土的密实程度、含水率、强度指标、内摩擦角、黏聚力以及填土表面的形状(水平、上斜或下倾)等,都会影响土压力的大小。

3)挡土结构构件的材料

挡土结构构件的材料不同,其表面与填土间的摩擦力也不同,因而土压力的大小和方向都不同。

4)其他因素

填土表面是否有地面荷载以及填土内的地下水位等因素均影响土压力的大小。

5.2.2　土压力计算的基本原理

土压力的计算是一个比较复杂的问题。在工程设计中通常采用古典的库仑理论或朗金理论,通过修正、简化来确定土压力。下面以朗金土压力理论为例,介绍土压力的基本原理和计算方法。

1. 朗金土压力理论

朗金土压力理论是通过研究弹性半空间土体、应力状态和极限平衡条件导出的土压力计算方法。其基本假定如下:

(1)研究对象为弹性半空间土体;

(2)不考虑挡土墙及回填土的施工因素;

(3)挡土墙墙背竖直、光滑,填土表面水平、无超载。

如图 5-4(a)所示,墙背与填土之间无摩擦力,故剪应力为零,即墙背为主应力面。

1)弹性静止状态

当挡土墙无位移时,墙后土体处于弹性平衡状态,如图 5-4(a)所示,作用在墙背上的应力状态与弹性半空间土体应力状态相同,墙背竖直面和水平面上均无剪应力存在。在距离填土表面 z 处任取一个土体单元,其应力状态如下。

竖向应力

$$\sigma_z = \sigma_1 = \gamma z \tag{5-5}$$

水平应力

$$\sigma_x = \sigma_3 = K_0 \gamma z \tag{5-6}$$

式中　　γ —— 重度(kN/m³);

　　　K_0 —— 静止土压力系数,是土体水平应力与竖向应力的比值。

用 σ_1 和 σ_3 作出的摩尔应力圆与土的抗剪强度包络线不相切,如图5-4(d)中的圆Ⅰ所示。

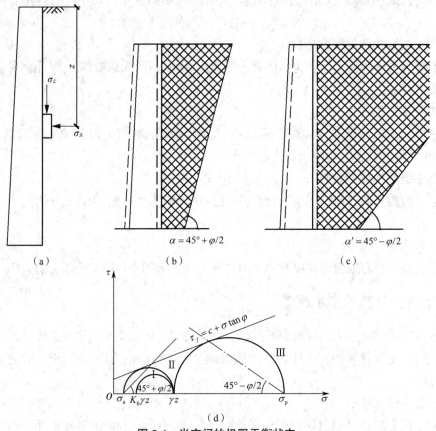

图5-4 半空间的极限平衡状态

(a)深度 z 处的应力状态 (b)主动朗金状态 (c)被动朗金状态 (d)用摩尔应力圆表示的朗金状态

2)塑性主动状态

设墙后土体竖向应力 σ_z 不变,由于挡土墙被土体挤压,发生背离墙背的移位时,墙后土体有伸张的趋势,如图5-4(b)所示,因而水平应力 σ_x 逐渐减小,最大、最小主应力之差增大,致使土体的剪切应力增大,一旦达到抗剪强度($\sigma\tan\varphi+c$),土体即形成一系列滑裂面,面上的各点都处于极限平衡状态,称为主动朗金状态。滑裂面与大主应力作用面(水平面)的交角 $\alpha=45°+\dfrac{\varphi}{2}$(φ 为土的内摩擦角)。

此时,水平应力 σ_x 达最小值 σ_a,称为主动土压力强度,为小主应力;而 σ_z 比 σ_x 大,为大主应力。

竖向应力

$$\sigma_z=\sigma_1=\gamma z \tag{5-7}$$

水平应力

$$\sigma_x=\sigma_3=\sigma_a \tag{5-8}$$

用 σ_1 和 σ_3 作出的摩尔应力圆与土的抗剪强度包络线相切,如图5-4(d)中的圆Ⅱ所示。

3）塑性被动状态

当挡土墙在外力作用下产生向土体的位移时,如图 5-4（c）所示,σ_z 仍不发生变化,但 σ_x 随着墙体位移增大而逐渐增大,当挡土墙挤压土体使其达到极限平衡状态时,土体也将形成一系列滑裂面,称为被动朗金状态。滑裂面与小主应力作用面（水平面）的交角 $\alpha = 45° - \dfrac{\varphi}{2}$。

此时,水平应力 σ_x 超过竖向应力 σ_z 达到最大值 σ_p,称为被动土压力强度,为大主应力;而 σ_z 比 σ_x 小,为小主应力。

竖向应力

$$\sigma_z = \sigma_3 = \gamma z \tag{5-9}$$

水平应力

$$\sigma_x = \sigma_1 = \sigma_p \tag{5-10}$$

同样,用 σ_1 和 σ_3 作出的摩尔应力圆与土的抗剪强度包络线相切,如图 5-4（d）中的圆Ⅲ所示。

2. 土体极限平衡应力状态

当土体中某点处于极限平衡应力状态时,由土力学的强度理论可导出大主应力 σ_1 和小主应力 σ_3 应满足的关系式为

$$\begin{cases} \sigma_1 = \sigma_3 \tan^2\left(45° + \dfrac{\varphi}{2}\right) + 2c\tan\left(45° + \dfrac{\varphi}{2}\right) \\ \sigma_3 = \sigma_1 \tan^2\left(45° - \dfrac{\varphi}{2}\right) - 2c\tan\left(45° - \dfrac{\varphi}{2}\right) \end{cases} \tag{5-11}$$

式中　c —— 土的黏聚力,对无黏性土,$c = 0$;

　　　φ —— 土的内摩擦角。

5.2.3　土压力的计算

1. 静止土压力

在填土表面以下任意深度 z 处取一个单元体,其上作用着竖向土体自重 σ_z,如前所述,土体在竖直面和水平面上均无剪应力,该处的静止土压力强度为

$$\sigma_0 = K_0 \gamma z \tag{5-12}$$

式中　γ —— 墙后填土的重度（kN/m^3）,在地下水位以下采用有效重度 γ';

　　　K_0 —— 土的静止土压力系数,又称土的侧压力系数,与土的性质、密实程度等因素有关,宜由试验确定,对正常固结土可按表 5-1 取值,也可按 $K_0 = 1 - \sin\varphi$ 计算。

表 5-1　压实填土的静止土压力系数 K_0

土的名称	砾石、卵石	砂土	粉土	粉质黏土	黏土
K_0	0.20	0.25	0.35	0.45	0.55

由式（5-12）可知,静止土压力强度与深度 z 成正比,沿墙高呈三角形分布,如图 5-5 所

示。取单位墙长计算,则作用在墙背上的总静止土压力

$$E_0 = \frac{1}{2}\gamma H^2 K_0 \qquad (5\text{-}13)$$

式中　H——挡土墙高度(m)。

2. 主动土压力

假设墙后填土表面水平,当挡土墙偏离土体处于主动朗金状态时,墙后土体离地表任意深度 z 处的竖向应力 σ_z 为大主应力 σ_1,水平应力 σ_x 为小主应力 σ_3,由极限平衡条件式(5-11)可得主动土压力强度 σ_a 如下。

黏性土:

$$\sigma_a = \sigma_x = \gamma z K_a - 2c\sqrt{K_a} \qquad (5\text{-}14a)$$

无黏性土:

$$\sigma_a = \sigma_x = \gamma z K_a \qquad (5\text{-}14b)$$

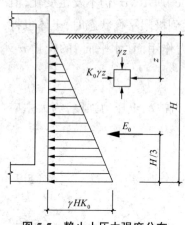

图 5-5　静止土压力强度分布

式中　K_a——主动土压力系数,$K_a = \tan^2\left(45° - \dfrac{\varphi}{2}\right)$;

z——计算主动土压力的点与填土表面的距离(m)。

由式(5-14a)可知,黏性土的主动土压力包括两部分:一部分是由土自重引起的土压力 $\gamma z K_a$;另一部分是由黏聚力 c 引起的负侧压力 $2c\sqrt{K_a}$。这两部分土压力叠加后的结果如图 5-6(c)所示,图中 ade 部分对墙体是拉力,意味着墙与土已分离,计算土压力时,该部分略去不计,黏性土的土压力分布实际上仅是 abc 部分,a 点离填土表面的深度 z_0 称为临界深度。

$$z_0 = \frac{2c}{\gamma\sqrt{K_a}} \qquad (5\text{-}15)$$

取单位墙长计算,则总主动土压力为

$$E_a = \frac{1}{2}(H - z_0)\left(\gamma H K_a - 2c\sqrt{K_a}\right) = \frac{1}{2}\gamma H^2 K_a - 2cH\sqrt{K_a} + \frac{2c^2}{\gamma} \qquad (5\text{-}16)$$

主动土压力 E_a 通过三角形压力分布图 abc 的形心,其作用点在离墙底$(H - z_0)/3$ 处。

由式(5-14b)可知,无黏性土的主动土压力强度与 z 成正比,沿墙高的压力分布为三角形,如图 5-6(b)所示。取单位墙长计算,则总主动土压力为

$$E_a = \frac{1}{2}\gamma H^2 K_a \qquad (5\text{-}17)$$

E_a 通过三角形的形心,其作用点在离墙底 $H/3$ 处。

3. 被动土压力

当挡土墙在外力作用下挤压土体出现被动朗金状态时,墙后填土离地表任意深度 z 处的竖向应力 σ_z 已变为小主应力 σ_3,而水平应力已成为大主应力 σ_1。由极限平衡条件式(5-11)可得被动土压力强度 σ_p 如下。

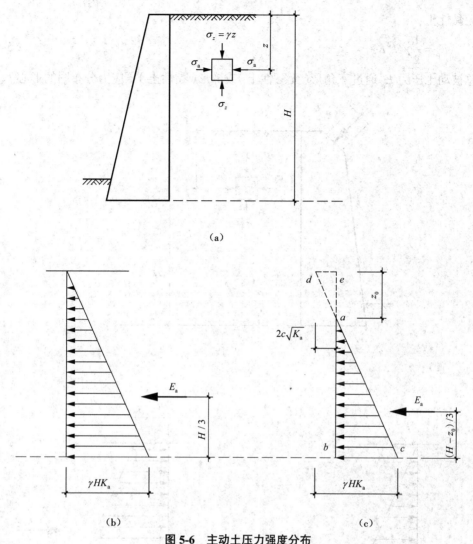

图 5-6 主动土压力强度分布

（a）主动土压力计算 （b）无黏性土 （c）黏性土

黏性土：

$$\sigma_p = \sigma_x = \gamma z K_p + 2c\sqrt{K_p} \qquad\qquad (5\text{-}18a)$$

无黏性土：

$$\sigma_p = \sigma_x = \gamma z K_p \qquad\qquad (5\text{-}18b)$$

式中 K_p —— 被动土压力系数，$K_p = \tan^2(45° + \dfrac{\varphi}{2})$。

由式（5-18b）可知，无黏性土的被动土压力强度也与 z 成正比，并沿墙高呈三角形分布，如图 5-7（b）所示；黏性土的被动土压力强度呈梯形分布，如图 5-7（c）所示。取单位墙长计算，则总被动土压力如下。

黏性土：

$$E_p = \frac{1}{2}\gamma H^2 K_p + 2cH\sqrt{K_p} \qquad\qquad (5\text{-}19a)$$

无黏性土：

$$E_{\mathrm{p}} = \frac{1}{2}\gamma H^2 K_{\mathrm{p}} \qquad\qquad (5\text{-}19\mathrm{b})$$

总被动土压力 E_{p} 通过三角形（无黏性土）或梯形（黏性土）压应力分布图的形心。

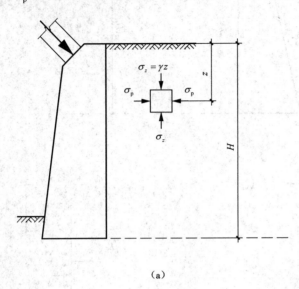

（a）

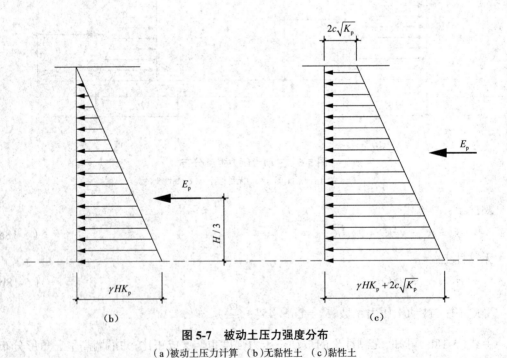

（b）　　　　　　　　　　　　　（c）

图 5-7　被动土压力强度分布

（a）被动土压力计算　（b）无黏性土　（c）黏性土

5.2.4　几种挡土墙后的土压力计算

设计挡土墙时，墙后的土压力一般按主动土压力计算。挡土墙的形式有很多种，墙后填土表面的形式也有多种，填土表面上的荷载也有各种不同的形式。本节仅介绍墙背直立，墙后填土面水平时的土压力计算,其余边界条件或荷载条件下挡土墙后的主动土压力可按库仑土压力理论计算,详见相关土力学教材。

1. 填土表面受连续均布荷载

当挡土墙后的填土表面作用有连续均布荷载 q 时,可将均布荷载换算成当量土重,即用假想的土重代替均布荷载。当填土表面水平时,当量的土层厚度

$$h = q / \gamma \tag{5-20}$$

然后以 $(H+h)$ 为墙高,按填土表面无荷载情况计算土压力。若填土为无黏性土,填土表面上 a 点的土压力强度按朗金土压力理论为

$$\sigma_a^a = \gamma h K_a = q K_a \tag{5-21}$$

墙底 b 点的土压力强度为

$$\sigma_a^b = \gamma (H + h) K_a = (\gamma H + q) K_a \tag{5-22}$$

土压力分布如图 5-8 中的梯形 $abcd$ 部分所示,由此可知,当填土表面作用有均布荷载时,任意深度 z 处的土压力强度比无均布荷载时增加一项 $q K_a$ 即可。

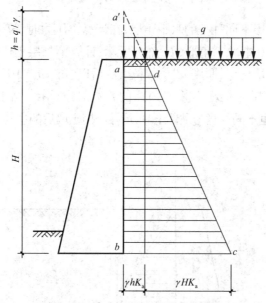

图 5-8　填土表面受连续均布荷载

2. 填土表面受局部均布荷载

当挡土墙后的填土表面作用有局部均布荷载 q 时,可采用近似方法处理,从局部荷载的两端 m 点和 n 点作两条与水平面成 θ 角的辅助线 mc 和 nd,$\theta = 45° + \varphi/2$。认为 ac 段和 db 段的土压力都不受地面荷载 q 的影响,cd 段由地面荷载 q 引起的附加压力为 $q K_a$。墙后土压力整体分布如图 5-9 所示。

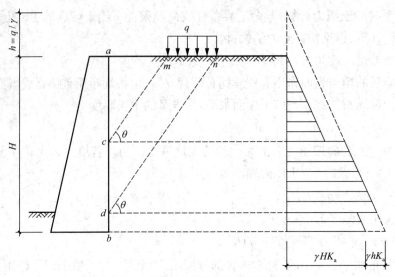

图 5-9　填土表面受局部均布荷载

3. 成层填土

如果挡土墙后有几层不同种类的水平土层,在计算土压力时,第一层土压力按均质土计算,土压力分布如图 5-10 中的三角形 *abc* 部分所示;计算第二层土压力时,将第一层土按重度换算成第二层土的当量土层,厚度 $h_1' = g_1 h_1 / g_2$,然后以 $(h_1' + h_2)$ 为墙高,按均质土计算土压力,但只在第二层土厚范围内有效,如图 5-10 中的 *bdfe* 部分所示。由于各层土的性质不同,各层土的主动土压力系数也不同。当为黏性土时,可导出挡土墙后的主动土压力强度如下。

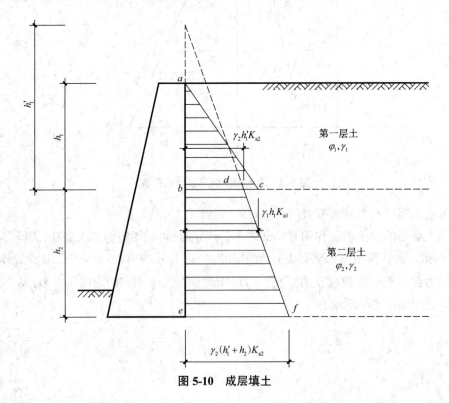

图 5-10　成层填土

第一层填土：

$$\begin{cases} \sigma_{a0} = -2c_1\sqrt{K_{a1}} \\ \sigma_{a1} = \gamma_1 h_1 K_{a1} - 2c_1\sqrt{K_{a1}} \end{cases}$$ （5-23a）

第二层填土：

$$\begin{cases} \sigma'_{a1} = \gamma_1 h_1 K_{a2} - 2c_2\sqrt{K_{a2}} \\ \sigma_{a2} = (\gamma_1 h_1 + \gamma_2 h_2)K_{a2} - 2c_2\sqrt{K_{a2}} \end{cases}$$ （5-23b）

当某层土为无黏性土时，只需将该层土的黏聚力系数 c_i 取为零即可。在两层土的交界处，因上下土层土质指标不同，土压力大小亦不同，土压力强度分布会出现突变。

4. 填土中有地下水

挡土墙后的填土常因排水不畅部分或全部处于地下水位以下，从而含水量增加。黏性土随含水量的增加，抗剪强度降低，墙背土压力增大；无黏性土浸水后抗剪强度下降很小，工程上一般忽略不计，即不考虑地下水对抗剪强度的影响。

当墙后填土中有地下水时，作用在墙背上的侧压力包括土压力和水压力两部分，地下水位以下土的重度应取浮重度，并应计入地下水对挡土墙产生的静水压力。当墙后填土为无黏性土时，可导出挡土墙后的主动土压力强度如下。

地下水位标高处：

$$\sigma_b = \gamma h_1 K_a$$ （5-24a）

挡土墙根部处：

$$\sigma_d = \gamma h_1 K_a + (\gamma - \gamma_w)h_1 K_a$$ （5-24b）

作用在墙背上的总的侧压力为土压力和水压力之和，如图 5-11 所示。其中，*abdec* 为土压力分布图，*cef* 为水压力分布图。

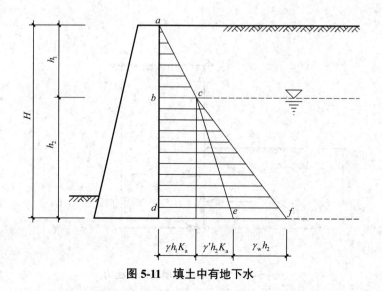

图 5-11 填土中有地下水

5. 悬臂式板桩墙上的土压力计算

悬臂式板桩墙只靠埋入土中的板桩部分维持稳定，适用于挡土高度较小的情况。当具有足够的入土深度时,一般将产生如图 5-12(a)所示的弯曲变形。从图中可以看出,在拐弯点 C 以上发生向前弯曲,而在 C 点以下则发生向后弯曲。根据这些变形情况,悬臂式板桩墙上 AC 段墙后的土压力按主动土压力计算;BC 段墙前按被动土压力计算;CD 段墙后按被动状态计算,墙前按主动状态计算,压力分布如图 5-12(b)所示。

需注意的是,对于这种变形情况,墙后填土达到主动极限平衡状态时墙前未必能达到被动极限平衡状态。为安全起见,常将被动土压力按计算值折减一半,即取安全系数为 2。同时,为进一步简化计算,常将 CD 段两侧的土压力相减后以集中力 P_{p2} 作用在 C 点。因此,板桩的最后受力状态如图 5-12(c)所示。有了土压力的分布,即可根据力矩平衡条件确定板桩的入土深度 d_1、跨中弯矩和相应的断面。在实际使用中,常将计算得到的 d_1 值增大 20% 作为板桩实际的入土深度 d,以考虑 CD 段上的土压力作为集中力 P_{p2} 处理的影响。

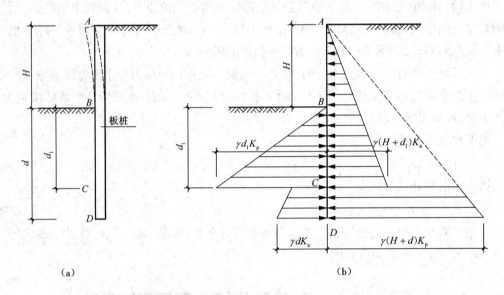

（a）　　　　　　　　　　　　　　（b）

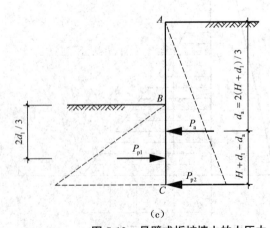

（c）

图 5-12　悬臂式板桩墙上的土压力

（a）尺寸与弯曲变形　（b）土压力分布　（c）受力状态

6. 有限填土挡土墙的土压力计算

当挡土墙结构后缘有较陡峻的稳定岩石坡面,岩坡的倾角 $\theta > (45° + \varphi/2)$ 时(其中 φ 为土的内摩擦角),应按有限范围填土计算土压力,取岩石坡面为破裂面,如图 5-13 所示。根据稳定岩石坡面与填土间的摩擦角按下式计算主动土压力系数:

$$K_a = \left[\sin(\alpha + \theta)\sin(\alpha + \beta)\sin(\theta - \delta_r) \right] / \left[\sin^2 \alpha \sin(\theta - \beta)\sin(\alpha - \delta + \theta - \delta_r) \right]$$

(5-25)

式中 α —— 挡土墙的角度(°);

     θ —— 稳定岩石坡面的倾角(°);

     δ_r —— 稳定岩石坡面与填土间的摩擦角(°),根据试验确定。当无试验资料时,可取 $\delta_r = 0.33\varphi_k$,φ_k 为填土的内摩擦角标准值(°)。

7. 距挡土墙顶端作用有线分布荷载的土压力计算

距挡土墙顶端作用有线分布荷载时(图 5-14),附加侧向土压力分布可简化为等腰三角形,最大附加侧向土压力可按下式计算:

$$\sigma_{h,max} = \left(\frac{2Q_L}{h} \right) \sqrt{K_a}$$

(5-26)

式中 $\sigma_{h,max}$ —— 最大附加侧向土压力(kN/m²);

     h —— 附加侧向土压力分布范围(m),$h = a(\tan\beta - \tan\varphi)$,$\beta = 45° + \varphi/2$;

     Q_L —— 线分布荷载标准值(kN/m);

     K_a —— 主动土压力系数,$K_a = \tan^2(45° - \varphi/2)$。

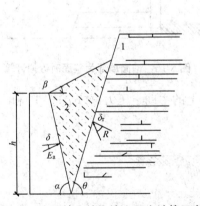

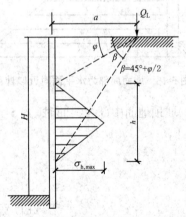

图 5-13   有限填土挡土墙土压力计算示意   图 5-14   线分布荷载产生的附加侧向土压力分布

1—岩石边坡;2—填土

8. 坡顶地面非水平时的土压力计算

(1)坡顶地面局部为水平面时(图 5-15),挡土墙上的主动土压力可按下列公式计算:

$$\sigma_a = \gamma z \cos\beta \frac{\cos\beta - \sqrt{\cos^2\beta - \cos^2\varphi}}{\cos\beta + \sqrt{\cos^2\beta - \cos^2\varphi}}$$

(5-27)

$$\sigma_a' = K_a \gamma (z + h) - 2c\sqrt{K_a}$$

(5-28)

式中　σ、σ_a' —— 侧向土压力(kN/m^2);

　　　γ —— 土体的重度(kN/m^3);

　　　z —— 计算点的深度(m);

　　　β —— 边坡坡顶地表斜坡面与水平面的夹角(°);

　　　φ —— 土体的内摩擦角(°);

　　　h —— 地表水平面与地表斜坡和挡土墙相交点的距离(m);

　　　c —— 土体的黏聚力(kPa);

　　　K_a —— 主动土压力系数。

（2）坡顶地面局部为斜面时（图 5-16），计算挡土墙上的侧向土压力可将斜面延长到 c 点，则 $BAdf$ 为主动土压力的近似分布图。

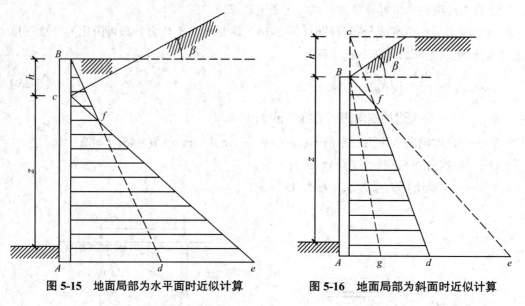

图 5-15　地面局部为水平面时近似计算　　　　图 5-16　地面局部为斜面时近似计算

（3）坡顶地面中部为斜面时（图 5-17），挡土墙上的主动土压力可按上述（1）和（2）的方法叠加计算。

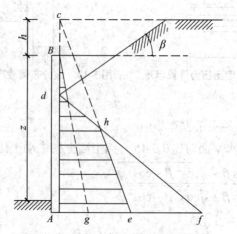

图 5-17　地面中部为斜面时近似计算

5.2.5　例题

【例 5-1】某挡土墙高 6.0 m,墙背竖直、光滑,填土表面水平。墙后填土为无黏性中砂,有效内摩擦角 $\varphi = 30°$,重度 $\gamma = 18.0$ kN/m³。试求作用在墙后的静止土压力 E_0 和主动土压力 E_a。

【解】

（1）静止土压力 E_0。

$$E_0 = \frac{1}{2}\gamma H^2 K_0 = \frac{1}{2} \times 18.0 \times 6.0^2 \times (1 - \sin 30°) = 162 \text{ kN/m}$$

E_0 作用点位于距墙底 $H/3 = 2.0$ m 处。

（2）主动土压力 E_a。

$$E_a = \frac{1}{2}\gamma H^2 K_a = \frac{1}{2} \times 18.0 \times 6.0^2 \times \tan^2\left(45° - \frac{30°}{2}\right) = 108 \text{ kN/m}$$

E_a 作用点位于距墙底 $H/3 = 2.0$ m 处。

由此可见,静止土压力大于主动土压力。

【例 5-2】某挡土墙高 6.0 m,墙背竖直、光滑,填土表面水平。墙后填土为黏性土。填土的物理力学指标如下: $c = 10.0$ kPa, $\varphi = 20°$,重度 $\gamma = 18.0$ kN/m³。试求主动土压力 E_a 及其作用点位置,并绘出主动土压力分布图。

【解】

（1）主动土压力强度。

挡土墙满足朗金条件,可按朗金土压力理论计算。

主动土压力系数

$$K_a = \tan^2\left(45° - \frac{20°}{2}\right) = 0.49$$

墙顶（地面）处主动土压力强度

$$\sigma_a = \gamma z K_a - 2c\sqrt{K_a} = 18.0 \times 0.0 \times 0.49 - 2 \times 10.0 \times \sqrt{0.49} = -14.0 \text{ kPa}$$

墙底处主动土压力强度

$$\sigma_a = \gamma z K_a - 2c\sqrt{K_a} = 18.0 \times 6.0 \times 0.49 - 2 \times 10.0 \times \sqrt{0.49} = 38.92 \text{ kPa}$$

（2）临界深度。

$$z_0 = \frac{2c}{\gamma\sqrt{K_a}} = \frac{2 \times 10.0}{18.0 \times \sqrt{0.49}} = 1.59 \text{ m}$$

（3）主动土压力。

$$E_a = \frac{1}{2}\gamma H^2 K_a - 2cH\sqrt{K_a} + \frac{2c^2}{\gamma}$$

$$= \frac{1}{2} \times 18.0 \times 6.0^2 \times 0.49 - 2 \times 10.0 \times 6.0 \times \sqrt{0.49} + \frac{2 \times 10.0^2}{18.0} = 85.87 \text{ kN/m}$$

（4）主动土压力作用点位置。

主动土压力分布如图 5-18 所示。主动土压力 E_a 的作用点与墙底的距离为

　　　$(H - z_0)/3 = (6.0 - 1.59)/3 = 1.47$ m

【例 5-3】已知某挡土墙高 $H = 6$ m,墙背竖直、光滑,填土表面水平,共分两层。各层土的物理力学指标如图 5-19 所示,试求主动土压力 E_a,并绘出主动土压力分布图。

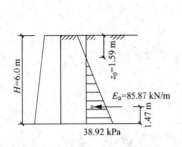

图 5-18　例 5-2 主动土压力分布

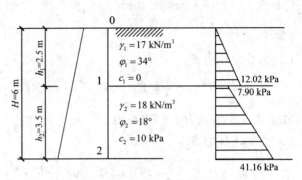

图 5-19　例 5-3 主动土压力分布

【解】

（1）第一层填土的土压力强度。

$$\sigma_{a0} = -2c_1\sqrt{K_{a1}} = 0$$

$$\sigma_{a1} = \gamma_1 h_1 K_{a1} - 2c_1\sqrt{K_{a1}} = 17 \times 2.5 \times \tan\left(45° - \frac{34°}{2}\right) = 12.02 \text{ kPa}$$

（2）第二层填土的土压力强度。

$$\sigma'_{a1} = \gamma_1 h_1 K_{a2} - 2c_2\sqrt{K_{a2}}$$

$$= 17 \times 2.5 \times \tan^2\left(45° - \frac{18°}{2}\right) - 2 \times 10 \times \tan\left(45° - \frac{18°}{2}\right) = 7.90 \text{ kPa}$$

$$\sigma_{a2} = (\gamma_1 h_1 + \gamma_2 h_2)K_{a2} - 2c_2\sqrt{K_{a2}}$$

$$= (17 \times 2.5 + 18 \times 3.5) \times \tan^2\left(45° - \frac{18°}{2}\right) - 2 \times 10 \times \tan\left(45° - \frac{18°}{2}\right) = 41.16 \text{ kPa}$$

（3）主动土压力 E_a。

　　　$E_a = 12.02 \times 2.5/2 + (7.90 + 41.16) \times 3.5/2 = 100.88$ kN/m

主动土压力分布如图 5-19 所示。

5.3　埋管的土压力

5.3.1　上埋式埋管的土压力

对于上埋式埋管,由于管侧填土沉降大于管顶填土沉降,从而对埋管有一个向下的附加拽力,埋管所承受的垂直土压力一般大于其上覆土重,因此垂直土压力按其上覆土重乘以一个大于 1.0 的垂直土压力系数计算。

作用在单位长度上埋式埋管上的垂直土压力可按式(5-29)计算。

$$F_s = K_s \gamma H_d D_1 \qquad (5\text{-}29)$$

式中　F_s——作用在单位长度上埋式埋管上的垂直土压力(kN/m);

　　　　H_d——管顶以上填土高度(m);

　　　　D_1——埋管外直径(m);

　　　　K_s——上埋式埋管垂直土压力系数,与地基的刚度有关,根据地基类别按图 5-20 查取。

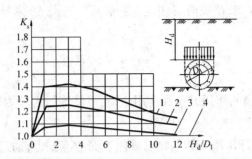

图 5-20　上埋式埋管垂直土压力系数

1—基岩;2—密实砂类土,坚硬或硬塑黏性土;3—中密砂类土,可塑黏性土;4—松散砂类土,流塑或软塑黏性土

5.3.2　沟埋式埋管的土压力

沟埋式埋管的填土受到沟壁的摩阻作用,埋管所承受的土压力小于相同填土高度的上埋式埋管。沟宽 B 的大小对作用于埋管上的土压力影响较大。随着 B/D_1 的增大,沟壁摩阻力对埋管上的计算荷载的影响将逐渐减小。当 B/D_1 达某一值时,作用于埋管上的土压力就等于管径为 D_1 时对应的上覆土层的土压力 γ_H。若 B 再增大,沟埋式埋管就将变成上埋式埋管。

一般的沟埋式埋管的土压力可采用经前苏联的克列因修正的马斯顿方法,重要的或复杂的沟埋式埋管的土压力需根据实际情况研究论证确定。

矩形断面沟槽宽度与高度的差值不大于 2 m,且沟内土未夯实时,作用在单位长度埋管上的垂直土压力 F_g 可按下式计算:

$$F_g = K_g \gamma H_e B \qquad (5\text{-}30)$$

式中　F_g——作用在单位长度沟埋式埋管上的垂直土压力(kN/m);

　　　　K_g——沟埋式埋管垂直土压力系数;

　　　　H_e——管顶以上填土高度(m);

　　　　B——沟槽宽度(m)。

矩形断面沟槽宽度与高度的差值大于 2 m,且沟内土夯实良好时,F_g 可按下式计算:

$$F_g = K_g \gamma H_e (B + D_1)/2 \qquad (5\text{-}31)$$

5.4　冻胀力

5.4.1　冻胀力的概念

土中水的冻结和冰体的增长使地基土成为冻土,冻土层内的土体冻胀,受到建筑物和未冻土层的约束,产生冻胀力。冻胀力会对建筑物或其保护层产生作用,使之变位,甚至失稳、破坏;冻土融化时强度骤减,严重时可使建筑物破坏。因此,在寒冷地区设计建筑物或基础时,应考虑冻胀力的影响。

5.4.2　冻胀力的分类

根据冻胀力对结构物的作用方向和作用效果,可将冻胀力分为切向冻胀力、法向冻胀力和水平冻胀力。

(1)切向冻胀力:平行作用于结构物基础侧表面的冻胀力,通过基础与冻土间的冻结强度使基础随着土体的冻胀变形而产生向上的拔起力。

(2)法向冻胀力:垂直作用于基底冻结面和基础底面的冻结力,当土冻结时,使基础产生向上抬起的趋势。

(3)水平冻胀力:当基础或结构物周围的土体在不均匀冻结条件下冻结时,会产生垂直作用于基础或结构物侧表面的水平挤压力或推力,并产生水平方向的位移,该力称为水平冻胀力。

【思考题】

土压力有哪几种? 各种土压力的大小及分布的主要影响因素是什么? 如何计算?

【习题】

1. 某地基由多层土组成,各土层的厚度、容重如图 5-21 所示,试求各土层交界处的竖向自重应力,并绘出自重应力分布图。

2. 某浆砌毛石重力式挡土墙如图 5-22 所示。墙高 6 m,墙背竖直、光滑;墙后填土的表面水平,与墙齐高;挡土墙基础埋深为 1 m。

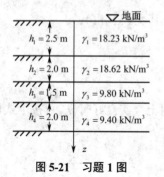

图 5-21　习题 1 图

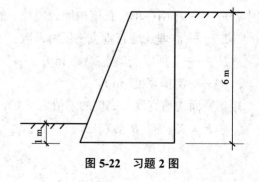

图 5-22　习题 2 图

（1）墙后填土重度 $\gamma = 18$ kN/m³，内摩擦角 $\varphi = 30°$，黏聚力 $c = 0$，土对墙背的摩擦角 $\delta = 0$，且填土表面无均布荷载。试求该挡土墙的主动土压力 E_a。

（2）除已知条件同（1）外，墙后尚有地下水，地下水位在墙底面以上 2 m 处，地下水位以下的填土重度 $\gamma_1 = 20$ kN/m³，假定其内摩擦角 $\varphi = 30°$，黏聚力 $c = 0$，土对墙背的摩擦角 $\delta = 0$，并已知在地下水位处填土产生的主动土压力强度 $\sigma_{ai} = 24$ kPa。试计算作用在墙背上的总压力 E_a。

（3）墙后填土重度 $\gamma = 18$ kN/m³，$\varphi = 30°$，且 $c = 0$，$\delta = 0$，无地下水，但填土表面有均布荷载 $q = 20$ kPa。试计算主动土压力 E_a。

（4）假定墙后填土系黏性土，其重度 $\gamma = 17$ kN/m³，$\varphi = 20°$，$c = 10$ kPa，$\delta = 0$，填土表面有连续均布荷载 $q = 20$ kPa。试计算墙顶面处的主动土压力强度 σ_{a1}。

第6章　水压力

【本章提要】

本章主要讨论与水相关的荷载。首先介绍了静水压力、扬压力及流水压力的分布规律、作用特征和计算公式,然后简述了浮力、波浪荷载、冰荷载对建筑物和构筑物的影响及近似确定方法。

6.1　静水压力

水对结构物的作用既有物理作用也有化学作用,化学作用表现为水对结构物的腐蚀或侵蚀作用,物理作用表现为水对结构物的力学作用,其中静水压力是指静止液体对接触面产生的压力。

6.1.1　结构物的静水压力

在建造水池、水闸、堤坝、桥墩、围堰和码头等工程时,必须考虑水在结构物表面产生的静水压力。为了计算作用于某一面积上的静水压力,需要了解静水压强的特征及分布规律。

静水压强具有两个特征:一是静水压强指向作用面内部并垂直于作用面;二是静止液体中任意点处各方向的静水压强都相等,与作用面的方位无关。

静水压力的分布符合阿基米德定律。静止液体中任意点处的压强由两部分组成:一部分是液体表面压强,另一部分是液体内部压强。在重力作用下,任意点处的静水压强可表示为

$$p = p_0 + \gamma h \tag{6-1}$$

式中　p —— 自由液面下作用在结构物任意点 a 上的压强(kPa);

p_0 —— 液面压强(kPa);

γ —— 水的重度(kN/m³),取 $\gamma = 10$ kN/m³;

h —— 结构物上的水压强计算点 a 到水面的距离(m)。

在一般情况下,液体表面与大气接触,其表面压强 p_0 即为大气压强。由于液体的性质受大气影响不大,水面及挡水结构物周围都有大气压力作用,处于平衡状态,在确定液体压强时常以大气压强为基准点起算,称为相对压强。工程中计算水压力作用时,只考虑相对压强。液体内部相对压强与深度成正比,可表示为

$$p = \gamma h \tag{6-2}$$

静水压力与水深呈线性关系,并总是作用在结构物表面的法线方向,水压力分布与受压面形状有关。常见的受压面的静水压强分布规律如图 6-1 所示。

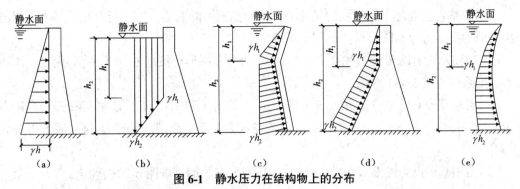

图 6-1　静水压力在结构物上的分布

（a）受压面为垂直面　（b）水压力的竖向分力　（c）受压面为内折平面　（d）受压面为外折平面　（e）受压面为曲线平面

6.1.2　地下结构的外水压力

地下结构的外水压力一般是很难准确确定的。根据围岩的渗透系数、岩层结构、地质构造、渗流类型、衬砌形式、补给水源、排水或出水点等条件，通过渗流计算来确定作用在地下结构上的外水压力比较准确，但是计算工作量较大，计算参数较难确定。鉴于上述原因，作用在地下结构上的设计水压力一般都按静水压力计算，采用水压力折减系数进行折减。

当隧洞未设置排水措施时，作用于混凝土衬砌上的外水压强可表示为

$$p_e = \beta_e \gamma H_e \qquad\qquad (6\text{-}3)$$

式中　　p_e——作用在衬砌结构外表面的外水压强（kN/m^2）；

β_e——外水压力折减系数，按《水工建筑物荷载设计规范》（SL 744—2016）的规定确定；

H_e——设计采用的地下水位线至隧洞中心的作用水头（m）。

当隧洞和地下洞室设置排水措施时，可根据排水效果和排水设施的可靠性对计算外水压力的作用水头进行适当的折减。对工程地质、水文地质条件复杂，深埋较大并且外水位较高的地下结构的外水压力及其折减系数应进行专门的研究。

6.2　扬压力

扬压力，指建筑物及其地基内的渗水对某一水平计算截面的浮托力与渗透压力之和。浮托力是由建筑物底部或坝体下游水体产生的浮力，渗透压力是由上、下游水头差产生的。扬压力是静水压力派生出来的荷载，因此，确定扬压力分布图形时的计算水位应与计算静水压力时上、下游的水位一致。

扬压力是一个铅直向上的力，它减小了重力坝作用在地基上的有效压力，从而减小了坝底的抗滑力。同时，坝体内也产生扬压力，从而影响了坝体内的应力分布。为了减小坝底的扬压力，提高坝的稳定性，通常采用坝基防渗帷幕以减少渗透途径，消耗坝底的渗透水头，并在防渗帷幕后设排水孔，以释放剩余水头。为了减小坝体内的扬压力，通常将坝体上游坝面3~5 m 范围内的材料的防渗性能提高，以形成防渗层，在防渗层后面再设置排水管。

下面以基岩上混凝土坝底面的扬压力为例对扬压力的取值方法进行介绍。基岩上混凝土坝底面的扬压力分布图形可按下列情况确定。

（1）当坝基设有防渗帷幕和排水孔时，扬压力分布图形可按图 6-2（a）~（d）确定。渗透压力强度系数可按表 6-1 取值。

（2）当坝基设有防渗帷幕和上游主排水孔，并设有下游副排水孔及抽排系统时，扬压力分布图形可按图 6-2（e）确定。主排水孔前的扬压力强度系数、残余扬压力强度系数可按表 6-1 取值。

（3）当坝基未设防渗帷幕和排水孔时，扬压力分布图形可按图 6-2（f）确定。

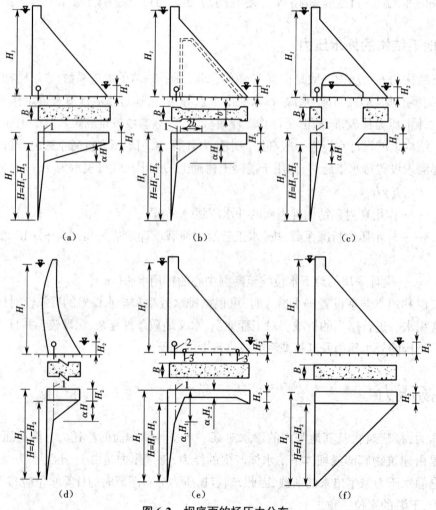

图 6-2　坝底面的扬压力分布

（a）实体重力坝　（b）宽缝重力坝及大头支墩坝　（c）空腹重力坝　（d）拱坝　（e）坝基设有抽排系统　（f）未设防渗帷幕及排水孔

1—排水孔中心线；2—主排水孔；3—副排水孔；H_1—上游作用水头；H_2—下游作用水头；B—沿坝轴线的计算宽度；b—宽缝处坝体宽度；α—渗透压力强度系数；α_1—主排水孔前的扬压力强度系数；α_2—残余扬压力强度系数

表 6-1　坝底面的渗透压力、扬压力强度系数

部位及坝型		坝基处理情况		
		设置防渗帷幕及排水孔		设置防渗帷幕及主、副排水孔并抽排
部位	坝型	渗透压力强度系数 α	主排水孔前的扬压力强度系数 α_1	残余扬压力强度系数 α_2
河床坝段	实体重力坝	0.25	0.20	0.50
	宽缝重力坝	0.20	0.15	0.50
	大头支墩坝	0.20	0.15	0.50
	空腹重力坝	0.25	—	—
	拱坝	0.25	0.20	0.50
岸坡坝段	实体重力坝	0.35	—	—
	宽缝重力坝	0.30	—	—
	大头支墩坝	0.30	—	—
	空腹重力坝	0.35	—	—
	拱坝	0.35	—	—

6.3　流水压力

6.3.1　流体流动的特征

在某等速平面流场(图 6-3)中,流线是一组互相平行的水平线,若在流场中放置一个固定的圆柱体,则流体在接近圆柱体时流动受阻,流速减小,压强增大。在到达圆柱体表面时,流体流速为零,压强达到最大;随后从 a 点开始形成边界层内流动,即继续流来的流体质点在 a 点较高压强的作用下改变原来的流动方向沿圆柱面两侧向前流动;在圆柱面的 a 点到 b 点区间,柱面弯曲导致流线密集,边界层内流动处于加速减压状态;过 b 点后流线扩散,边界层内流动呈现出相反的势态,处于减速加压状态;过 c 点后继续流来的流体质点脱离边界向前流动,出现边界层分离现象。边界层分离后, c 点下游水压较低,必有新的流体反向回流,出现旋涡区,如图 6-4 所示。边界层分离现象及旋涡区的产生在流体流动中是常见的现象,例如遇到河流、渠道截面突然改变,或遇到闸阀、桥墩等结构物等。

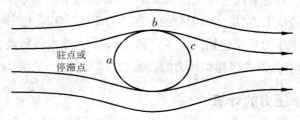

图 6-3　边界层分离现象

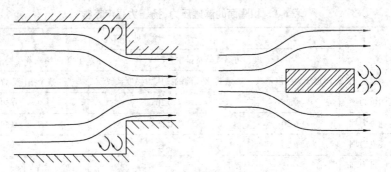

图 6-4　旋涡区的产生

流体在桥墩边界层发生分离,还会导致绕流阻力对桥墩的作用。绕流阻力是结构物在流场中受到的流动方向上的流体阻力,由摩擦阻力和压强阻力两部分组成。当边界层出现分离现象且旋涡区较大时,由迎水面的高压区与背水面的低压区的压力差所形成的压强阻力对流体阻力起主导作用。根据试验结果,绕流阻力可按下式计算:

$$p = C_{\mathrm{D}} \frac{\rho v^2}{2} A \tag{6-4}$$

式中　p —— 绕流阻力(kN);

$\quad\quad C_{\mathrm{D}}$ —— 绕流阻力系数,主要与结构物的形状有关;

$\quad\quad \rho$ —— 流体密度(t/m³);

$\quad\quad v$ —— 来流流速(m/s);

$\quad\quad A$ —— 绕流物体在垂直于来流方向上的投影面积(m²)。

为减小绕流阻力,在实际工程中常将桥墩、闸墩设计成流线型,以缩小边界层分离区。

计算流水压力时,应区分恒定流和非恒定流两种水流状态。若明渠或管道中水流的平均水力要素(如流速、流量、压强等)不随时间发生变化,则称为恒定流;若由于某种原因(如闸门启闭、暴雨径流、潮汐、溃坝等)水流的水力要素随时间变化,则称为非恒定流。此外,对恒定流而言,渐变流和急变流两种流态的压强分布规律不同,计算方法也不一样。

紊流又称湍流,是流体的一种流动状态,属于非恒定流,与层流是一组相对的概念。当流速很小时,流体分层流动,互不混合,称为层流;逐渐增大流速,流体的流线开始出现波状的摆动,摆动的频率及振幅随流速的增大而增大,此种流况称为过渡流;当流速增大到很大时,流线不再清楚可辨,流场中有许多小旋涡,称为紊流。

紊流作用在结构物表面会产生流水脉动压力,其力学本质是由水流的紊动所产生的脉动流速场对固壁的作用,它是一个重要的附加动力荷载。实际上,作用在水工建筑物过流面一定面积上的流水压力总是包括时均压力和脉动压力,当水流脉动对结构物的安全有影响或会引起结构振动时,需考虑脉动压力的影响。

6.3.2　桥墩流水压力的计算

1. 桥墩流水时均压力

位于流水中的桥墩的上游迎水面受到流水压力的作用。流水压力的大小与桥墩形状、墩台表面粗糙度、水流速度和水流形态等因素有关。桥墩迎水面水流单元体的时均压强可按下式计算：

$$p = \frac{\rho v^2}{2} = \frac{\gamma v^2}{2g} \tag{6-5}$$

式中　p——桥墩迎水面水流单元体的时匀压强（kN/m^2）；

　　　ρ——水的密度（t/m^3）；

　　　v——水流未受桥墩影响时的流速（m/s），则水流单元体所具有的动能为 $rv^2/2$；

　　　γ——水的重度（kN/m^3）；

　　　g——重力加速度，取 $9.8\ m/s^2$。

若桥墩迎水面受阻面积为 A，再引入考虑桥墩形状的系数 K，作用在桥墩上的流水时均压力按下式计算：

$$P = KA\frac{\gamma v^2}{2g} \tag{6-6}$$

式中　P——作用在桥墩上的流水时均压力（kN）；

　　　K——由试验测得的桥墩形状系数，按表 6-2 取用；

　　　A——桥墩受阻面积（m^2），一般算至冲刷线处。

表 6-2　桥墩形状系数 K

桥墩形状	方形桥墩	矩形桥墩（长边与水流方向平行）	圆形桥墩	尖端形桥墩	圆端形桥墩
K	1.50	1.30	0.80	0.70	0.60

流速随深度呈曲线变化，河床底面处流速接近于零。为了简化计算，流水时均压力的分布可近似取倒三角形，故其着力点位置近似取在设计水位以下 30% 水深处。

2. 桥墩流水脉动压力

作用在桥墩迎水面一定面积上的脉动压力可按下式计算：

$$P_f = \pm\beta_m p_f A \tag{6-7}$$

式中　P_f——脉动压力（kN）；

　　　p_f——脉动压强（kN/m^2）；

　　　A——作用面积（m^2）；

　　　β_m——面积均化系数，按《水工建筑物荷载设计规范》（SL 744—2016）的规定确定。

脉动压强 p_f 可按下式计算：

$$p_f = 3.0K_p\frac{\rho v^2}{2} \tag{6-8}$$

式中　K_p——脉动压强系数；

　　　v——在相应工况下水流计算断面的平均流速（m/s）。

6.3.3 水电工程中的流水压力

1. 反弧段水流离心力

水流离心力是当水流经过轮廓弯曲的结构物表面时产生的作用力,属于急变流的范畴。溢流坝等泄水建筑物反弧段底面上的动水压强可认为均匀分布,并按下式计算,计算示意图如图 6-5 所示。

$$p_{cr} = q\rho v/R \tag{6-9}$$

式中　p_{cr}——水流离心压强(N/m^2);

　　　q——在相应的设计工况下反弧段上的单宽流量($m^3/(s\cdot m)$);

　　　v——反弧段最低点处的断面平均流速(m/s);

　　　R——反弧半径(m)。

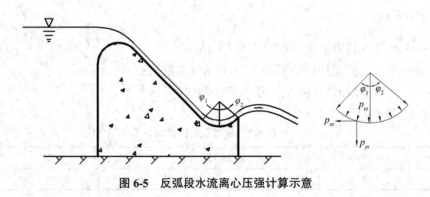

图 6-5　反弧段水流离心压强计算示意

反弧段的边墙同样也受到离心力的作用。作用于反弧段边墙上的水流离心压强沿径向剖面在水面处的值应为 0,在墙底处的值可按式(6-9)计算,在水面与墙底之间可认为线性分布,并垂直作用于墙面。

2. 水流对尾坎的冲击力

水跃是流体力学中的一个现象,也称为水力跃迁,常在河或泄洪道等明渠中出现。当高流速的超临界流体进入低流速的亚临界流体中时,流体的速度突然变慢,流体的部分动能被紊流消散,部分动能转换为位能,造成液面明显变高,这样的现象即为水跃。从水闸或溢流坝下泄的急流在受到下游渠道缓流的顶托时,便会发生水跃。

水跃消能是一种广泛采用的消能方式,适用于各类泄水建筑物。为防止水跃区及下游一定范围内的河渠遭受水流的冲刷破坏,必须修建工程设施。如果判知泄水建筑物下游会发生远驱水跃,则需要修建消力池或设置尾坎等辅助消能工程,以增大泄水建筑后的水深,保证在消力池内发生稳定的水跃。这时尾坎会受到水流的冲击力,如图 6-6 所示。

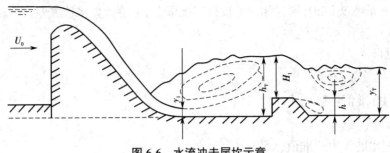

图 6-6　水流冲击尾坎示意

水流对尾坎的冲击力可按下式计算：

$$P_i = K_d A_0 \frac{\rho v^2}{2} \tag{6-10}$$

式中　P_i——水流对尾坎的冲击力（N）；

　　　K_d——阻力系数；

　　　A_0——尾坎迎水面在垂直于水流方向上的投影面积（m^2）；

　　　v——水跃收缩断面上的流速（m/s）。

水流对尾坎的冲击力的阻力系数 K_d 可按下列情况确定。

（1）对于消力池中未发生水跃、水流直接冲击尾坎的情况，可取 0.6。

（2）对于消力池中已发生水跃且 $3 \leqslant Fr \leqslant 10$ 的情况，可取 0.1~0.5（弗劳德数 Fr 大者 K_d 取小值，反之取大值）。

3. 水击压力

水击压力是指由管道内部流体流速的突变引起的流体对管壁的局部冲击压力。管道系统闸门急剧启闭，输水管水泵突然停机，水轮机启闭导水叶，室内卫生用具关闭水龙头，都会发生水击。水击压强是巨大的，这一巨大的压强可使管路发生很大的变形，甚至爆炸。为了预防水击的发生，可在管路上设置空气室，或安装具有安全阀性质的水击消除阀。具体可采取如下措施。

（1）正确设计阀口或设置制动装置，使运动部件制动时速度变化比较均匀。

（2）延长阀门关闭和运动部件制动换向的时间，可采用换向时间可调的换向阀。

（3）尽量减小管长，以缩短压力冲击波的传播时间。

（4）在容易发生液压冲击的部位采用橡胶软管或设置蓄能器，以吸收冲击压力；也可以在这些部位安装安全阀，以限制压力升高。

当水电站水轮发电机组的负荷突然变化时，蜗壳、尾水管及压力尾水道内产生的水击压力水头可按下式计算：

$$\Delta H_r = K_y \zeta H_0 \tag{6-11}$$

式中　ΔH_r——水击压力水头（m）；

　　　K_y——修正系数，根据计算方法与水轮机的形式确定；

　　　ζ——水击压力相对值，用解析法或数值分析法求得，简单管路发生间接水击时，可根据《水工建筑物荷载设计规范》（SL 744—2016）中给出的解析公式计算；

H_0——静水头（m），即在相应的设计工况下上、下游计算水位之差。

6.4 浮力

水的浮力标准值可按下式计算：

$$F = \gamma V_w \qquad\qquad (6\text{-}12)$$

式中 F —— 水的浮力标准值（kN）；

γ —— 水的重度（kN/m³）；

V_w —— 结构排开水的体积（m³）。

如果结构物或基础底面置于地下水位以下，底面受到的浮力如何计算至今仍是一个值得研究的问题。一般来讲，地下水或地表水通过土的孔隙连通或融入结构物或基础底面是产生浮力的必要条件，因此，浮力与地基土的渗透性、地基与基础的接触状态、水压的大小（水头的高低）以及浸水时间等因素有关。

对于存在静水压力的透水性土（如粉土、砂性土或碎石土等），地下水能够通过土的孔隙融入结构物或基础底面，且固体土颗粒与基础底面之间的接触面很小，可以看作点接触，此时可以认为土中结构物或基础处于完全浮力状态。对于密实的黏性土，固体土颗粒与结构物或基础底面之间的接触面较大，而且各个固体土颗粒胶结连接而连贯，地下水不能充分渗透到土和结构物或基础底面之间，可认为土中结构物或基础不会处于完全浮力状态。

对于完整岩石（包括节理发育的岩石）上的基础，当地基与基底岩石间灌注混凝土且接触良好时，可不计水的浮力；但破碎的或裂隙很多的岩石，则应考虑水的浮力。

浮力可根据地基土的透水程度，按照结构物丧失的重量等于它所排开的水重这一原则计算。

从安全的角度出发，结构物或基础受到的浮力可按如下情况考虑。

（1）如果结构物置于透水性饱和的地基上，可认为结构物处于完全浮力状态。

（2）如果结构物置于不透水性地基上，且结构物或基础底面与地基接触良好，可不考虑水的浮力。

（3）如果结构物置于透水性较差的地基上，可按 50% 计算浮力。

（4）如果不能确定地基是否透水，应按透按水和不透水两种情况与其他荷载组合，取最不利者。

（5）对于黏性土地基，浮力与土的物理特性有关，应结合实际情况确定。

（6）对有桩基的结构物，作用在桩基承台底部的浮力应考虑全部面积，但桩嵌入不透水持力层者不应考虑桩的浮力，计算承台底部的浮力时应扣除桩的截面面积。

设计时应注意两点：①在确定地基承载力设计值时，无论是结构物或基础底面以下土的天然重度还是底面以上土的加权平均重度，在地下水位以下一律取有效重度；②应考虑到地下水位的变化，按可能的最高水位计算浮力。

以下几种情况应特别注意抗浮问题：

（1）地下式或半地下式的水池；

（2）位于地下水位以下，且无上部结构的地下室；

（3）高层建筑地下室施工完成后，需要撤除降水措施时。

6.5　波浪荷载

当风持续作用在水面上时，就会产生波浪。在有波浪时，水对结构物产生的附加应力称为波浪压力，又称波浪荷载。

6.5.1　波浪的特性

波浪的几何要素如图 6-7 所示，波高为 H，波长为 L，波浪中线高出静水面的高度为 H_0。影响波浪的形状和各参数值的因素有风速 v、风的持续时间 t、水深 d 和吹程 D（吹程等于岸边到构筑物的直线距离）。目前主要用半经验公式确定波浪的各几何要素。

（1）波峰 —— 波浪在静水面以上的部分，它的最高点称波顶。

（2）波谷 —— 波浪在静水面以下的部分，它的最低点称波底。

（3）波高 —— 波顶与波底之间的竖直距离，用 H 表示，也称浪高。

（4）波长 —— 两个相邻的波顶（或波底）之间的水平距离，用 L 表示。

（5）波陡 —— 波高和波长的比值，用 H/L 表示。

（6）波周期 —— 波顶向前推进一个波长所需的时间，用 T 表示。

（7）超高 —— 波浪中线（平分波高的水平线）到静水面的垂直距离，用 H_0 表示。

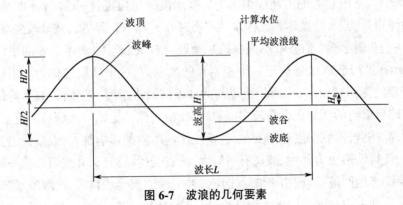

图 6-7　波浪的几何要素

影响波浪的性质的因素多种多样且多为不确定因素，而且波浪大小不一，形态各异。波浪按产生的位置可分为表面波和内波。现行的波浪分类方法如下。

（1）根据频率（或周期）来分类，如海洋表面的波浪。

（2）根据干扰力来分类，如风波、潮汐波、船行波等。

（3）根据干扰因素来分类，把波浪分成自由波和强迫波。自由波是指波动与干扰力无关而只受水的性质影响的波；强迫波是指在干扰力连续作用下的波，强迫波的传播既受干扰力的影响又受水的性质的影响。

（4）根据波浪前进时是否有流量产生把波浪分为输移波和振动波。输移波指波浪传播时伴随有流量,而振动波传播时则没有流量产生。振动波根据波浪前进的方向又可分为推进波和立波,推进波有水平方向的运动,立波没有水平方向的运动。

（5）根据水深的不同,将波浪划分为深水波、中水波和浅水波。

在深水区,当水深 d 大于半个波长（$d > L/2$）时,波浪运动就不再受水域底部的摩擦阻力影响,底部的水质点几乎不动,处于相对宁静状态,这种波浪被称为深水推进波。

当波浪推进到浅水区,水深小于半个波长（$d < L/2$）时,水域底部对波浪运动产生摩阻作用,底部的水质点前后摆动,这种波浪被称为浅水推进波。

6.5.2　波浪的推进过程

图 6-8 为波浪推进过程的示意图。

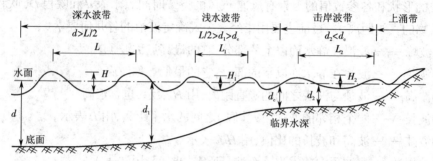

图 6-8　波浪的推进过程

波浪形成后,会沿着力的方向向前推进。浅水波向岸边推进时,水深不断减小,受水底的摩擦阻力作用,其波长和波速都比深水波略有减小,波高有所增大,波峰较尖突,波陡也比深水区大。一旦波陡增大到波峰不能保持平衡时,波峰破碎,波峰破碎处的水深称临界水深,用 d_c 表示。波峰破碎区域位于一个相当大的范围内,这个区域被称为波浪破碎带。由于波浪破碎后波能消耗较多,当重新组成新的波浪向前推进时,其波长、波高均比原波显著减小。但破碎后重组的新波仍含有较多能量,继续推进到一定临界水深后有可能再度破碎,甚至几度破碎。随着水域深度逐渐变小,波浪受水底摩阻的影响加大,表层波浪传播速度大于底层波浪,使得波浪更为陡峻,波高有所增大,波谷变得缓而长,并逐渐形成一股水流向前推移,而底层则产生回流,形成击岸波。击岸波冲击岸滩或建筑物后,水流顺岸滩上涌,波形不再存在,上涌到一定高度后回流大海,这个区域称为上涌带。

6.5.3　波浪对建筑物的作用

作用于直墙式建筑物（图 6-9）上的波浪可分为立波、远破波和近破波三种波态。

（1）立波 —— 原始推进波冲击垂直墙面后与反射波叠加形成的干涉波。

（2）远破波 —— 在距直墙半个波长以外破碎的波。

（3）近破波 —— 在距直墙半个波长以内破碎的波。

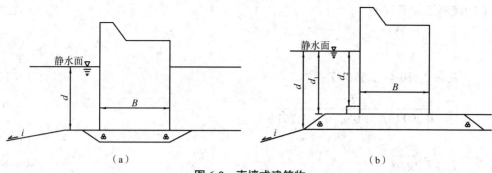

图 6-9 直墙式建筑物

（a）暗基床直墙式建筑物 （b）明基床直墙式建筑物

i—建筑物前水底坡度；B—护肩直墙底宽（m）；d—建筑物前水深（m）；d_1—基床上水深（m）；d_2—护肩上水深（m）

波浪荷载不仅与波浪本身的特征有关，还与建筑物形式和水底坡度有关。本节仅简述波浪对直墙式建筑物的立波作用力。

在工程设计时，应先根据基床类型（抛石明基床或暗基床）、水底坡度 i、波高 H 及水深 d 判别波态（表 6-3），再进行波浪作用力的计算。立波的产生除应满足表中的规定外，还应满足波峰线与建筑物大致平行，且建筑物长度大于一个波长的条件。

波浪遇到直墙反射后，形成 $2H$ 波高、L 波长的立波。《港口与航道水文规范》（JTS 145—2015）假定波压强沿水深按直线分布，直墙式建筑物上的立波作用力可按下列规定确定。

表 6-3 直墙式建筑物前的波态判别

基床类型	产生条件	波态
暗基床和低基床 （$d_1/d > 2/3$）	$\bar{T}\sqrt{g/d} < 8, d \geqslant 2.0H$ $\bar{T}\sqrt{g/d} \geqslant 8, d \geqslant 1.8H$	立波
	$\bar{T}\sqrt{g/d} < 8, d < 2.0H, i \leqslant 1/10$ $\bar{T}\sqrt{g/d} \geqslant 8, d < 1.8H, i \leqslant 1/10$	远破波
中基床 （$2/3 \leqslant d_1/d > 1/3$）	$d \geqslant 1.8H$	立波
	$d < 1.8H$	近破波
高基床 （$d_1/d \leqslant 1/3$）	$d \geqslant 1.5H$	立波
	$d < 1.5H$	近破波

注：① H 为建筑物所在处进行波的波高（m），$\bar{T}$ 为波浪平均周期（s）；

② 当进行波波陡较大（$H/L > 1/14$）时，墙前可能形成破碎立波，L 为波长（m）；

③ 当明基床上有护肩方块且方块宽度大于波高 H 时，宜用 d_2 代替 d_1，以确定波态和波浪荷载；

④ 当暗基床和低基床直墙式建筑物前水深 $d < 2H$ 且水底坡度 $i > 1/10$ 时，墙前可能出现近破波，应由模型试验确定波态和波浪荷载。

1. 当 $d \geqslant 1.8H$ 且 $d/L = 0.05 \sim 0.12$ 时

1）波峰作用下的立波作用力（图 6-10）计算过程中使用的部分系数见表 6-4。

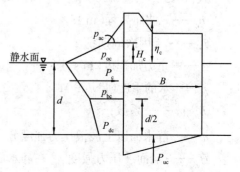

图 6-10 波峰作用时立波压力分布图

（$d \geqslant 1.8H$ 且 $d/L = 0.05 \sim 0.12$）

（1）波峰波面高程 η_c。

$$\frac{\eta_c}{d} = B_\eta \left(\frac{H}{d}\right)^m \qquad (6\text{-}13)$$

$$B_\eta = 2.310\,4 - 2.590\,7T_*^{-0.594\,1} \qquad (6\text{-}14a)$$

$$m = \frac{T_*}{0.009\,13T_*^2 + 0.636T_* + 1.251\,5} \qquad (6\text{-}14b)$$

$$T_* = \bar{T}\sqrt{g/d} \qquad (6\text{-}14c)$$

（2）静水面上 H_c 处的墙面波压力强度 p_{ac}。

$$\frac{H_c}{d} = \frac{2\eta_c/d}{n+2} \qquad (6\text{-}15)$$

$$\frac{p_{ac}}{\gamma d} = \frac{p_{oc}}{\gamma d}\frac{2}{(n+1)(n+2)} \qquad (6\text{-}16a)$$

$$n = \max\left[0.636\,618 + 4.232\,64 \times \left(\frac{H}{d}\right)^{1.67}, 1.0\right] \qquad (6\text{-}16b)$$

（3）静水面上的墙面波压力强度 p_{oc} 及其他各特征点处的波压力强度，如 $p_{bc} > p_{oc}$，取 $p_{bc} = p_{oc}$。

$$\frac{p}{\gamma d} = A_p + B_p \left(\frac{H}{d}\right)^q \qquad (6\text{-}17)$$

（4）单位长度墙身上的水平总波浪力 P_c（kN/m）。

$$\frac{P_c}{\gamma d^2} = \frac{1}{4}\left[2 \times \frac{p_{ac}}{\gamma d}\frac{\eta_c}{d} + \frac{p_{oc}}{\gamma d}\left(1 + \frac{2H_c}{d}\right) + \frac{2p_{bc}}{\gamma d} + \frac{p_{dc}}{\gamma d}\right] \qquad (6\text{-}18)$$

（5）单位长度墙身上的水平总波浪力矩 M_c（kN·m/m）。

$$\frac{M_c}{\gamma d^3} = \frac{p_{ac}}{2\gamma d}\frac{\eta_c}{d}\left[1 + \frac{1}{3}\left(\frac{\eta_c}{d} + \frac{H_c}{d}\right)\right] + \frac{p_{oc}}{24\gamma d}\left[5 + \frac{12H_c}{d} + 4 \times \left(\frac{H_c}{d}\right)^2\right] + \frac{p_{bc}}{4\gamma d} + \frac{p_{dc}}{24\gamma d} \qquad (6\text{-}19)$$

（6）单位长度墙底面上的波浪浮托力 P_{uc}（kN/m）。

$$P_{uc} = \frac{p_{dc}B}{2} \qquad (6\text{-}20)$$

式（6-13）至式（6-20）中：

η_c —— 波面高程（m）；

T_* —— 无因次周期；

g —— 重力加速度（m/s²）；

γ —— 水的重度（kN/m³）；

B_η、m —— 系数；

n —— 静水面以上波浪压力强度分布曲线的指数；

H_c —— 墙面波压力强度 p_{ac} 在静水面以上的作用点高度（m）；

p_{ac} —— 与 H_c 对应的墙面波压力强度（kPa）；

p_{oc}——静水面上的墙面波压力强度（kPa）；

p_{bc}——与 $d/2$ 水深对应的墙面波压力强度（kPa）；

p_{dc}——墙底处的墙面波压力强度（kPa）。

表 6-4　系数 A_p、B_p、q（波峰作用下）

计算式		A_1、B_1、a	A_2、B_2、b	α、β、c
$p_{oc}/(\gamma d)$		0.029 01	−0.000 11	2.140 82
$p_{bc}/(\gamma d)$	$A_p = A_1 + A_2 T_*^\alpha$	0.145 74	−0.024 03	0.919 76
$p_{dc}/(\gamma d)$		−0.18	−0.000 153	2.543 41
$p_{oc}/(\gamma d)$		1.314 27	−1.200 64	−6.673 6
$p_{bc}/(\gamma d)$	$B_p = B_1 + B_2 T_*^\beta$	−3.073 72	2.915 85	0.110 46
$p_{dc}/(\gamma d)$		−0.032 91	0.174 53	0.650 74
$p_{oc}/(\gamma d)$		0.037 65	0.464 43	2.916 98
$p_{bc}/(\gamma d)$	$q = \dfrac{T_*}{aT_*^2 + bT_* + c}$	0.066 2	1.326 41	−2.975 57
$p_{dc}/(\gamma d)$		0.286 49	−3.867 66	38.419 5

2）波谷作用下的立波作用力（图 6-11）

计算过程中使用的部分系数见表 6-5。

（1）波谷波面高程 η_1。

$$\frac{\eta_1}{d} = A_p + B_p \left(\frac{H}{d}\right)^q \tag{6-21}$$

（2）墙面上各特征点处的波压力强度，如 $p_{dt} > p_{ol}$，取 $p_{dt} = p_{ol}$。

$$\frac{p}{\gamma d} = A_p + B_p \left(\frac{H}{d}\right)^q \tag{6-22}$$

（3）单位长度墙身上的水平总波浪力 P_t（kN/m）。

$$\frac{P_t}{\gamma d^2} = \frac{1}{2}\left[\frac{p_{ol}}{\gamma d} + \frac{p_{dt}}{\gamma d}\left(1 + \frac{\eta_1}{d}\right)\right] \tag{6-23}$$

（4）单位长度墙底面上方向向下的波浪力 P_{ul}（kN/m）。

$$P_{ul} = \frac{p_{dt} B}{2} \tag{6-24}$$

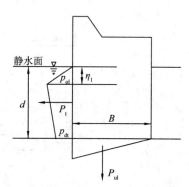

图 6-11　波谷作用时立波压力分布图

（$d \geqslant 1.8H$ 且 $d/L = 0.05 \sim 0.12$）

表 6-5　系数 A_p、B_p、q（波谷作用下）

计算式		A_1、B_1、a	A_2、B_2、b	α、β、c
$p_{ol}/(\gamma d)$	$A_p = A_1 + A_2 T_*^\alpha$	0.039 7	−0.000 18	1.95
$p_{dt}/(\gamma d)$	$A_p = 0.1 - A_1 T_*^\alpha e^{A_2 T_*}$	1.687	0.168 94	−2.019 5
$p_{ol}/(\gamma d)$	$B_p = B_1 + B_2 T_*^\beta$	0.982 22	−3.061 15	−0.284 8
$p_{dt}/(\gamma d)$		−2.197 07	0.928 02	0.235

计算式		A_1、B_1、a	A_2、B_2、b	a、b、c
$p_{ol}/(\gamma d)$	$q = aT_*^b e^{cT_*}$	2.599	−0.867 9	0.070 92
$p_{dt}/(\gamma d)$		20.156 5	−1.972 3	0.133 29

2. 当 $d \geqslant 1.8H$、$0.12 \leqslant d/L < 0.139$ 且 $8 < T_* \leqslant 9$ 时

波浪压强和波面高程等各量值可按下式计算：

$$X\big|_{T_*} = X\big|_{T_*=8} - \left(X\big|_{T_*=8} - X\big|_{T_*=9}\right)(T_* - 8) \tag{6-25}$$

式中 T_* ——实际波况时的无因次周期；

  $X\big|_{T_*}$ ——波浪压强和波面高程等各量值；

  $X\big|_{T_*=8}$ ——取 $T_* = 8$ 和实际波况的 H/d，按式（6-13）至式（6-24）计算的各量值；

  $X\big|_{T_*=9}$ ——取 $T_* = 9$ 和实际波况的 H/d，按式（6-13）至式（6-24）计算的各量值。

3. 当 $H/L \geqslant 1/30$ 且 $d/L = 0.139 \sim 0.2$ 时

1）波峰作用下的立波作用力

波峰作用时立波压力分布图如图 6-12 所示。

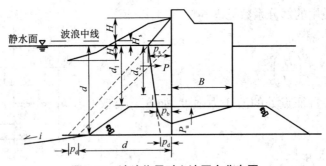

图 6-12 波峰作用时立波压力分布图

（$H/L \geqslant 1/30$ 且 $d/L = 0.139 \sim 0.2$）

（1）波浪中线超出静水面的高度 H_s。

$$H_s = \frac{\pi H^2}{L} \operatorname{cth} \frac{2\pi d}{L} \tag{6-26}$$

（2）静水面上高度（$H_s + H$）处（即波浪中线上 H 处）的波浪压力强度为零。

（3）水底的波浪压力强度 p_d。

$$p_d = \frac{\gamma H}{\operatorname{ch} \dfrac{2\pi d}{L}} \tag{6-27}$$

（4）静水面上的波浪压力强度 p_s。

$$p_s = (p_d + \gamma d) \frac{H + H_s}{d + H + H_s} \tag{6-28}$$

（5）墙底的波浪压力强度 p_b。

$$p_b = p_s - (p_s - p_d)\frac{d_1}{d}$$ （6-29）

（6）静水面以上和以下的波浪压力强度均按直线分布。

（7）单位长度直墙上的总波浪力 P。

$$P = (p_b + \gamma d_1)\frac{H + H_s + d_1}{2} - \frac{\gamma d_1^2}{2}$$ （6-30）

（8）墙底面上的波浪浮托力 P_u。

$$P_u = \frac{Bp_b}{2}$$ （6-31）

2）波谷作用下的立波作用力

波谷作用时立波压力分布图如图 6-13 所示。

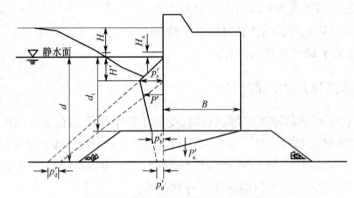

图 6-13　波谷作用时立波压力分布图

（ $H/L \geqslant 1/30$ 且 $d/L = 0.139 \sim 0.2$ ）

（1）水底的波浪压力强度 p_d'。

$$p_d' = \frac{\gamma H}{\operatorname{ch}\dfrac{2\pi d}{L}}$$ （6-32）

（2）静水面上的波浪压力强度为零。

（3）静水面下深度（ $H - H_s$ ）处（即波浪中线下 H 处）的波浪压力强度 p'。

$$p' = \gamma(H - H_s)$$ （6-33）

（4）墙底的波浪压力强度 p_b'。

$$p_b' = p' - (p_s' - p_d')\frac{d_1 + H_s - H}{d + H_s - H}$$ （6-34）

（5）单位长度直墙上的总波浪压力 P'。

$$P' = \frac{\gamma d_1^2}{2} - (\gamma d_1 - p_b')\frac{d_1 + H_s - H}{2}$$ （6-35）

（6）单位长度墙底面上方向向下的波浪力 P_u'。

$$P_u' = \frac{Bp_b'}{2}$$ （6-36）

4. 当相对水深 $d/L > 0.2$ 时

当 $d/L > 0.2$ 时,采用简化方法计算出的波峰立波压力强度显著偏大,应采取其他方法确定。

近破波波压力和远破波波压力的计算详见《港口与航道水文规范》(JTS 145—2015)。

6.6　冰荷载

冰荷载按照作用性质的不同,可分为动冰压力和静冰压力。动冰压力主要指流冰产生的冲击动压力。静冰压力包括:

(1)冰堆整体推移产生的静压力;

(2)风和水流作用于大面积冰层产生的静压力;

(3)冰覆盖层受到温度影响膨胀时产生的静压力;

(4)冰层因水位升降产生的竖向作用力。

6.6.1　冰堆整体推移产生的静压力

当大面积冰层以缓慢的速度接触墩台时,受阻于桥墩而停滞在墩台前形成冰堆。墩台受到流冰挤压,并在冰层破碎前的一瞬间对墩台产生最大的压力,基于作用在墩台上的冰压力不能大于冰的破坏力这一原理,考虑到冰的破坏力与结构物的形状、气温以及冰的抗压极限强度等因素有关,可导出以下极限冰压力计算公式:

$$P = \alpha\beta F_y bh \qquad\qquad (6\text{-}37)$$

式中　　P —— 极限冰压力(N);

　　　　α —— 墩台形状系数,与墩台水平截面形状有关,可按表 6-6 取值;

　　　　β —— 地区系数,气温在零上解冻时为 1.0,气温在零下解冻且冰温在 -10 ℃及以下者为 2.0,其间用插入法求得;

　　　　F_y —— 冰的抗压极限强度(Pa),采用相应流冰期冰块的实际强度,当缺少试验资料时,取开始流冰的 $F_y = 735$ kPa,最高流冰水位时 $F_y = 441$ kPa;

　　　　b —— 墩台或结构物在流冰作用高程处的宽度(m);

　　　　h —— 计算冰厚(m),可取发生频率为 1% 的冬季冰的最大厚度的 80%,当缺乏观测资料时,可用勘探确定的最大冰厚。

表 6-6　墩台形状系数 α

墩台平面形状	三角形(夹角 2a)					圆形	矩形
	45°	60°	75°	90°	120°		
墩台形状系数 α	0.60	0.65	0.69	0.73	0.81	0.90	1.00

6.6.2 冰堆整体推移作用于斜面结构的静压力

与直立结构上的冰压力不同,斜面结构上的冰压力是由冰弯曲强度控制的冰压力。为了抗冰,一般斜面结构以 75° 为最大倾角,当倾角大于 75° 时宜按直立结构计算冰压力。大面积冰层以缓慢的速度作用于混凝土斜面结构时的冰压力标准值宜按下列公式计算:

$$F_h = KH^2 \sigma_f \tan\alpha \qquad (6\text{-}38a)$$

$$F_v = KH^2 \sigma_f \qquad (6\text{-}38b)$$

式中 F_h、F_v —— 水平冰压力、竖向冰压力标准值(kN);

K —— 系数,可取斜面宽度的 10%,斜面宽度以米计;

H —— 单层平整冰计算冰厚(m);

σ_f —— 冰弯曲强度标准值(kPa),宜根据当地多年实测资料按不同重现期取值,无当地实测资料时,可按当地有效冰温计算;

α —— 斜面与水平面的夹角(°),应小于 75°。

6.6.3 风和水流作用于大面积冰层产生的静压力

风和水流推动大面积浮冰移动对结构物产生的静压力可根据风向和水流方向,考虑冰层面积来计算,如图 6-14 所示。

$$P = \Omega\left[(p_1 + p_2 + p_3)\sin\alpha + p_4\sin\beta\right] \qquad (6\text{-}39)$$

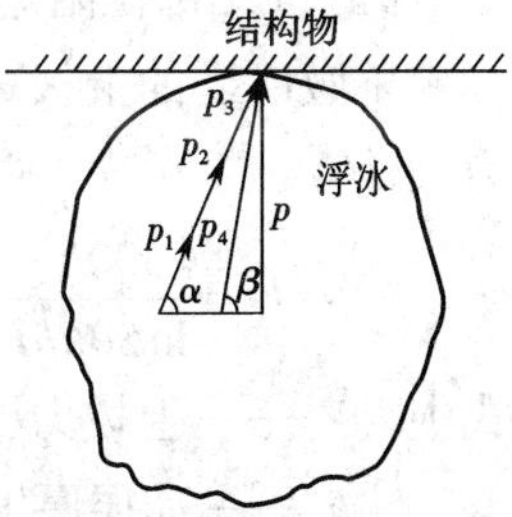

图 6-14　冰层的静压力

式中 P —— 作用于结构物的正压力(N);

Ω —— 浮冰冰层面积(m²),取有史以来有记载的最大值;

p_1 —— 水流对冰层下表面的摩阻力强度(Pa);

p_2 —— 水流对浮冰边缘的作用力强度(Pa);

p_3 —— 水面坡降对冰层产生的作用力强度(Pa);

p_4 —— 风对冰层上表面的摩阻力强度(Pa);

α —— 结构物迎冰面与水流方向的水平夹角(°);

β —— 结构物迎冰面与风向的水平夹角(°)。

6.6.4 冰覆盖层受到温度影响膨胀时产生的静压力

确定冰与结构物的接触面上的静压力时,冰层初始温度、冰温上升速率、冰覆盖层厚度及冰盖约束体之间的距离由下式确定:

$$p = 3.1 \times \frac{(t_0 + 1)^{1.67}}{t_0^{0.881}} \eta^{0.33} hb\phi \qquad (6\text{-}40)$$

式中 p —— 冰覆盖层升温时,冰与结构物的接触面上的静压力强度(Pa);

t_0 —— 冰层初始温度(℃),取冰层内温度的平均值,或取 $0.4t$,t 为升温开始时的气温;

η —— 冰温上升速率(℃/h),采用冰层内的温升平均值;

h —— 冰覆盖层计算厚度(m),采用冰层实际厚度,但不大于 0.5 m;

b —— 墩台宽度(m);

ϕ —— 系数,视冰覆盖层的长度 L 而定,见表 6-7。

表 6-7　系数 ϕ

冰覆盖层的长度 L(m)	< 50	50 ~ 75	75 ~ 100	100 ~ 150	> 150
ϕ	1.0	0.9	0.8	0.7	0.6

6.6.5　冰层因水位升降产生的竖向作用力

当冰覆盖层与结构物冻结在一起时,若水位升高,水通过冻结在桥墩、桩群等结构物上的冰盖对结构物产生上拔力。应考虑下列三种情况,并取其最小值作为竖向冰压力的标准值:

(1)冻结部位的冰与结构间黏结破坏时产生的竖向冰压力;

(2)冻结部位附近的冰剪切破坏时产生的竖向冰压力;

(3)冻结部位附近的冰弯曲破坏时产生的竖向冰压力。

桥墩所受的上拔力可按照桥墩四周的冰层有效直径为 50 倍冰层厚度的圆平板中的应力来计算:

$$V = \frac{300h^2}{\ln 50h/d} \qquad (6\text{-}41)$$

式中　V —— 上拔力(N);

h —— 冰层厚度(m);

d —— 桩柱或桩群直径(m),当桩柱或桩群周围有半径不小于 20 倍冰层厚度的连续冰层,且桩群中各桩的距离在 1.0 m 以内、桩群或承台为矩形时,取 $d = \sqrt{ab}$ (a、b 为矩形的长、宽)。

6.6.6　流冰冲击力

当冰块运动时,其对结构物前沿的作用力与冰块抗压强度、冰层厚度、冰块尺寸、冰块运动速度及方向等因素有关。由于这些条件不同,冰块碰到结构物时可能破碎,也可能只撞击而不破碎。

(1)当冰块的运动方向大致垂直于结构物的正面,即冰块运动方向与结构物正面的夹角 $\phi = 80° ~ 90°$ 时,

$$P = kvh\sqrt{\Omega} \qquad (6\text{-}42)$$

式中　P —— 流冰冲击力(N);

k —— 与冰的抗压极限强度 F_y 有关的系数,按表 6-8 采用;

v —— 冰块运动速度(m/s),宜按资料确定,当无实测资料时,对于河流可采用水流速度,对于水库可采用历年冰块运动期内最大风速的 3%,但不大于 0.6 m/s;

h —— 流冰厚度（m），可采用当地最大冰厚的 70%～80%，在流冰初期取最大值；

Ω —— 冰块面积（m^2），可由当地或邻近地点的实测或调查资料确定。

表 6-8　系数 k、λ

F_y（kPa）	441	735	980	1 225	1 471
k（s·kN/m³）	2.9	3.7	4.3	4.8	5.2
λ	2 220	1 333	1 000	800	667

注：F_y 为其他值时，k、λ 可用插入法求得。

（2）当冰块的运动方向与结构物的正面的夹角 $\phi < 80°$ 时，作用于结构物正面的流冰冲击力按下式计算：

$$P = Cvh^2 \sqrt{\frac{\Omega}{\mu\Omega + \lambda h^2} \sin\phi} \tag{6-43}$$

式中　C —— 系数，可取 136 s·kN/m³；

λ —— 与冰的抗压极限强度 F_y 有关的系数，按表 6-8 采用；

μ —— 随 ϕ 变化的系数，按表 6-9 采用。

表 6-9　系数 μ

ϕ	20°	30°	45°	55°	60°	65°	70°	75°
μ	6.70	2.25	0.50	0.16	0.08	0.04	0.016	0.005

【思考题】

1. 水中构筑物在确定流水荷载时，为什么主要考虑正压力？

2. 水中构筑物为什么设计成流线型？

3. 在计算冰压力时如何考虑结构物形状的影响？

第7章　其他荷载与作用

【本章提要】

　　本章主要讨论温度作用、变形作用在结构上引起的变形和内力。首先说明了预应力的概念和应用方法,其次介绍了施工荷载的分析方法,再次阐述了撞击作用、爆炸荷载和振动荷载对工程结构的影响,最后对覆冰荷载和栏杆荷载进行了介绍。

7.1　温度作用

扫一扫:温度作用膨胀
变形演示

　　在工程结构中,温度作用是指结构或结构构件中由温度变化所引起的作用。导致温度变化的因素包括气温变化、太阳辐射、使用热源等。

　　在工程结构领域,使用热源的结构一般是指有散热设备的厂房、烟囱、储存热物的筒仓、冷库等,其温度作用按专门规范的相关规定确定。水工建筑物混凝土结构应根据结构特征分别考虑施工期和运行期的温度作用,其温度作用参考《水工建筑物荷载设计规范》(SL 744—2016)。本节主要介绍由气温变化、太阳辐射引起的温度作用。

　　工程结构的温度作用效应,从约束条件看大致可分为两类。

　　(1)结构物的变形受到其他物体的阻碍或支承条件的制约,不能自由变形。例如,现浇钢筋混凝土框架结构的基础梁嵌固在两柱基之间,基础梁的伸缩变形受到柱基础的约束,没有任何变形余地(图 7-1);单层厂房排架结构的纵向柱列,当上部纵向联系梁因温度变化伸长时,横梁的变形使柱发生侧移,在柱中引起内力,柱子对横梁施加约束,在横梁中产生压力(图 7-2)。

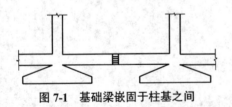

图 7-1　基础梁嵌固于柱基之间

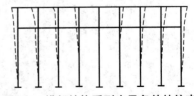

图 7-2　排架结构受到支承条件的约束

　　(2)构件内部各单元体之间相互制约,不能自由变形。例如,大体积混凝土梁硬化时,水化热使得中心温度较高,两侧温度偏低,内外温差在截面上引起应力,温差较大时,混凝土产生裂缝。

7.1.1　温度的基本参数

1. 气温

大气的温度简称气温,是指在野外空气流通处,符合规定高度(1.25 ~ 2.00 m,国内为 1.5 m)位置布置的标准百叶箱内(不受太阳直射)测量所得的按小时定时记录的空气温度。气温的单位一般用摄氏度(℃)表示,零上为正,零下为负。

气温是地面气象观测中所要测定的常规要素之一,分为定时气温(基本站每日观测 4 次,基准站每日观测 24 次)、日最高气温和日最低气温。

气温变化分日变化和年变化。日变化,最高气温出现在正午 12 点左右,最低气温出现在日出前后。年变化,北半球陆地上 7 月份最热,海洋上 8 月份最热;南半球与北半球相反。

气温分布规律一般是从低纬度向高纬度递减,因此等温线与纬线大体上平行。同纬度海洋、陆地的气温是不同的。夏季等温线陆地上向高纬度方向凸出,海洋向低纬度方向凸出。

2. 基本气温

基本气温是气温的基准值,是确定温度作用时的主要气象参数。根据国内的设计现状并参考国外规范,《建筑结构荷载规范》(GB 50009—2012)将基本气温定义为 50 年一遇的月平均最高和月平均最低气温。它是以全国各基本气象台站最近 30 年最高温度月的月平均最高气温和最低温度月的月平均最低气温为样本,经统计后确定的。

3. 均匀温度

均匀温度是指在结构构件的整个截面中为常数且主导结构构件膨胀或收缩的温度。均匀温度作用对结构影响最大,也是设计时最常考虑的。

4. 初始温度

初始温度 T_0 是结构在施工的某个特定阶段形成整体约束的结构系统时的温度,也称合拢温度。

混凝土结构的合拢温度一般可取后浇带封闭时的月平均气温。钢结构的合拢温度一般可取合拢时的日平均温度,但当合拢时有日照时,应考虑日照的影响。

在结构设计时,往往不能准确确定施工工期,因此,结构的合拢温度通常是一个区间值。这个区间值应包括施工可能出现的合拢温度,即应考虑施工的可行性。

7.1.2　结构的温度作用

在结构和构件的任意截面上,其温度分布一般认为可由以下三个分量叠加组成:

(1)均匀分布的温度分量 ΔT_u(图 7-3(a));

(2)沿截面线性变化的温度分量(梯度温差)ΔT_{My}、ΔT_{Mz}(图 7-3(b)、(c)),一般采用截面边缘的温度差 ΔT 表示;

(3)温度自平衡的非线性变化的分量 ΔT_E(图 7-3(d))。

结构和构件的温度作用即指上述分量的变化,单位为摄氏度(℃),温升为正,温降为负。在某些情况下尚需考虑不同结构构件之间的温度变化。对大体积结构,尚需考虑整个温度场的变化。

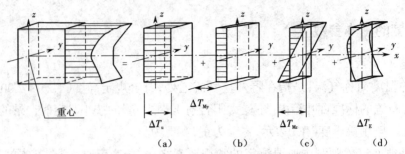

图 7-3　结构构件任意截面上的温度分布

（a）均匀分布的温度分量　（b）沿横向截面线性变化的温度分量
（c）沿竖向截面线性变化的温度分量　（d）温度自平衡的非线性变化的分量

以结构的初始温度（合拢温度）为基准，结构的温度作用效应要考虑温升和温降两种工况。这两种工况产生的效应和可能出现的控制应力或位移是不同的，温升工况会使构件发生膨胀，而温降则会使构件发生收缩，一般情况都应校核。

1. 结构或结构构件的基本气温

热传导速率较慢且体积较大的混凝土及砌体结构温度接近当地月平均气温，可直接取用月平均最高气温和月平均最低气温作为基本气温。

热传导速率较快的金属结构或体积较小的混凝土结构对气温的变化比较敏感，需考虑昼夜气温变化的影响，必要时应对基本气温进行修正。气温修正的幅度大小与地理位置相关，可根据工程经验及当地极值气温与月平均最高和最低气温的差值酌情确定。

2. 温度作用标准值 ΔT_k

均匀温度作用标准值应按下列规定确定。

（1）对结构最大温升的工况，均匀温度作用标准值 ΔT_k 按下式计算：

$$\Delta T_k = T_{s,max} - T_{0,min} \tag{7-1a}$$

式中　$T_{s,max}$ —— 结构最高平均温度（℃）；

　　　$T_{0,min}$ —— 结构最低初始平均温度（℃）。

（2）对结构最大温降的工况，均匀温度作用标准值 ΔT_k 按下式计算：

$$\Delta T_k = T_{s,min} - T_{0,max} \tag{7-1b}$$

式中　$T_{s,min}$ —— 结构最低平均温度（℃）；

　　　$T_{0,max}$ —— 结构最高初始平均温度（℃）。

对暴露于环境温度下的室外结构（如露天栈桥、塔架等），结构最高平均温度 $T_{s,max}$ 和结构最低平均温度 $T_{s,min}$ 一般可分别取基本气温 T_{max} 和 T_{min}。

房屋建筑结构属于有围护的室内结构，其构件表面通常覆盖有砂浆层、装饰面层，外墙还有保温、隔热层，屋面往往还铺设有防水层。其结构最高平均温度和结构最低平均温度可依据室内和室外的环境温度按热工学的原理确定。

在以日为周期的情况下，忽略随时间变化的非稳态温度场的影响，则建筑结构的导热计算就可以只考虑稳态温度场的影响。每一次对流换热或热传导的温差 Δt_i 可按下式计算：

$$\Delta t_i = (t_{out} - t_{in}) \frac{R_i}{R_{out} + R_1 + \cdots + R_i + \cdots + R_n + R_{in}} \tag{7-2}$$

式中　t_{out}、t_{in} —— 室外、室内环境温度(℃);

　　　　R_{out} —— 构件外表面的对流换热热阻(m²·K/W),夏季 $R_{out} = 0.05$,冬季 $R_{out} = 0.04$;

　　　　R_{in} —— 构件内表面的对流换热热阻(m²·K/W),可取 $R_{in} = 0.11$;

　　　　R_i —— 第 i 层材料的导热热阻,$R_i = d/l_i$,其中 d_i 为第 i 层材料的厚度(m),l_i 为第 i 层材料的导热系数(W/(m·K))。

由 Δt_i 即可得到构件内、外表面各层材料的界面温度。

当仅考虑单层材料且室内外环境温度相近时,结构平均温度可近似地取室内外环境温度的平均值。

对室内外温差较大且没有保温、隔热层的结构,或太阳辐射较强的金属结构等,应考虑结构或构件的梯度温度作用,可近似假定为线性分布;对体积较大或约束较强的结构,必要时应考虑非线性温度作用。

3. 室内环境温度 t_{in}

室内环境温度应根据建筑设计资料的规定采用,当没有规定时,夏季可近似取 20 ℃,冬季可近似取 25 ℃。

4. 室外环境温度 t_{out}

室外环境温度一般可取基本气温。对温度敏感的金属结构尚应根据结构表面的颜色深浅及朝向考虑太阳辐射的影响,对结构表面温度予以增加,增加值可参考表 7-1 确定。

表 7-1　考虑太阳辐射的围护结构表面温度的增加值　　　　　　　　　　单位:℃

朝向		平屋面	东向、南向、西向的垂直墙面	北向、东北向、西北向的垂直墙面
表面颜色	浅亮	6	3	2
	浅色	11	5	4
	深暗	15	7	6

对地下室与地下结构的室外环境温度,一般应考虑离地表面深度的影响。当离地表面深度超过 10 m 时,土体基本恒温,等于年平均气温。

7.1.3　结构的温度作用效应

当结构物所处环境的温度发生变化,且结构或构件的热变形受到边界条件的约束或相邻部分的制约,不能自由胀缩时,就会在结构或构件内形成一定的应力,称之为温度应力或温度作用效应,即因温度变化引起的结构变形和附加力。温度作用效应不仅取决于结构物所处环境的温度变化,还与结构或构件受到的约束条件有关。

当结构或构件在温度作用和其他可能组合的荷载共同作用下产生的效应(应力或变形)可能超过承载能力极限状态或正常使用极限状态时,例如结构某一方向的平面尺寸超过伸缩缝最大间距或温度区段长度、结构约束较大、房屋高度较大、室内外温差较大、沥青混凝土桥面沥青摊铺施工等,在结构设计中应适当考虑温度作用。当采取有效的构造措施减小结构的温度作用产生的效应时,如为结构设置活动支座或节点,采用保温、隔热层等,可以不考虑温度作用。

考虑温度作用效应的条件和措施,需根据工程结构的具体情况,按相关的结构设计规范确定。

需通过计算考虑工程结构的温度作用效应时,应根据结构类型、材料和约束条件进行计算。

1. 静定结构

静定结构在温度变化时能够自由变形,结构内无约束应力产生,故不产生内力。但由于任何材料都具有热胀冷缩的性质,因此,应考虑静定结构在满足其约束条件下产生的自由变形是否超过允许的范围。此变形可由变形体系的虚功原理按下式计算:

$$\Delta_{pt} = \sum (\pm) \alpha_T t_0 \omega_{\bar{N}p} + \sum (\pm) \alpha \Delta t \omega_{\bar{M}p} / h \tag{7-3}$$

式中　Δ_{pt} —— 结构中任意点 P 沿任意方向 p—p 的变形;

α_T —— 材料的线膨胀系数(1/℃),即温度每升高或降低 1℃,单位长度构件的伸长或缩短量,主要结构材料的线膨胀系数见表 7-2;

t_0 —— 杆件形心轴线处的温度升高值(℃);

Δt —— 杆件上、下侧温差的绝对值(℃);

h —— 杆件截面高度(m);

$\omega_{\bar{N}p}$ —— 杆件的 $\bar{N}_p$ 图的面积,$\bar{N}_p$ 图为虚拟状态下轴力大小沿杆件的分布图;

$\omega_{\bar{M}p}$ —— 杆件的 $\bar{M}_p$ 图的面积,$\bar{M}_p$ 图为虚拟状态下弯矩大小沿杆件的分布图。

表 7-2　常用材料的线膨胀系数 α_T　　　　　　单位:1/℃

材料	轻骨料混凝土	普通混凝土	钢、锻(铸)铁	不锈钢	铝、铝合金	砌体
α_T	0.7×10^{-5}	1.0×10^{-5}	1.2×10^{-5}	1.6×10^{-5}	2.4×10^{-5}	$(0.6 \sim 1.0) \times 10^{-5}$

设温度沿杆件截面高度 h 按直线变化,则在发生变形后,截面仍保持为平面。杆件形心轴线处的温度升高值 t_0 可按下式计算:

$$t_0 = \frac{t_1 h_1 + t_2 h_2}{h} \tag{7-4}$$

式中　t_1、t_2 —— 杆件上侧和下侧的温度升高值(℃);

h_1、h_2 —— 杆件形心轴至上、下边缘的距离(m)。

当杆件截面对称于形心轴时,$h_1 = h_2 = h/2$,则 $t_0 = (t_1 + t_2)/2$。

式(7-3)中的正负号(±)可通过比较虚拟状态的变形与实际状态由温度变化引起的变形来确定。若二者方向相同,取正号(+);反之,则取负号(-)。式中 t_0 和 Δt 均只取绝对值。

2. 超静定结构

超静定结构中存在多余约束或结构内部单元体之间存在相互制约,温度变化引起的变形将受到限制,从而导致结构中产生内力。其温度作用效应的计算,可根据变形协调条件,按弹性理论方法确定。举例如下。

1）受到均匀温差 ΔT 作用的两端嵌固于支座的梁（图 7-4）

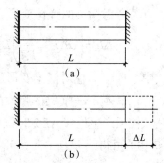

先将该梁右端解除约束，成为静定悬臂梁，则悬臂梁在温差 ΔT 的作用下产生的自由伸长量 ΔL 和相对变形 ε 可由下式求得：

$$\Delta L = \alpha \Delta TL \tag{7-5}$$

$$\varepsilon = \frac{\Delta L}{L} = \alpha \Delta T \tag{7-6}$$

图 7-4　温度作用下两端嵌固的梁
（a）两端嵌固梁　（b）解除约束后形成的静定悬臂梁

式中　ΔT——温差（℃）；

L——梁跨度（m）。

但实际梁右端受到嵌固不能自由伸长，相当于在悬臂梁右端施加压力 N，将自由伸长时产生的相对变形 ε 抵消，即

$$\varepsilon = \frac{\sigma}{E} = \frac{N}{EA} \tag{7-7}$$

于是，杆件约束应力 σ 和约束轴力 N 分别为

$$\sigma = -\varepsilon E = -\alpha \Delta TE \tag{7-8a}$$

$$N = -\varepsilon EA = -\alpha \Delta TEA \tag{7-8b}$$

式中　E——材料弹性模量（N/mm²）；

A——构件截面面积（mm²）。

由式（7-8a）可知，杆件约束应力只与温差、线膨胀系数和弹性模量有关，其数值等于温差引起的应变与弹性模量的乘积。

2）受到均匀温差 ΔT 作用的排架（图 7-5）

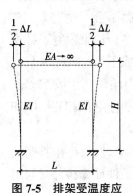

在图 7-5 所示的单跨排架中，若假定横梁（屋架）的轴向刚度无限大（$EA \to \infty$），则横梁受到均匀温差 ΔT 作用产生的伸长量 $\Delta L = \alpha\Delta TL$ 即为柱顶产生的水平位移。假设 K 为柱顶产生单位位移时所施加的力（柱的抗侧刚度），由结构力学可知

$$K = \frac{3EI}{H^3} \tag{7-9}$$

式中　I——柱截面惯性矩（m⁴）；

H——柱高（m）。

图 7-5　排架受温度应力示意

由于横梁伸长而使柱顶所受到的水平剪力为

$$V = \frac{1}{2}\Delta LK = \frac{1}{2}\alpha \Delta TLK \tag{7-10}$$

式中　L——横梁长（结构物长，m）。

由此可见，温度变化在柱中引起的约束内力与结构长度成正比，也与结构的刚度大小有关，这是超静定结构不同于静定结构的特征。

当结构单元长度很大时，必然在结构中产生较大的温度应力。为了减小温度应力，只能

缩短结构单元的长度,这就是过长的结构每隔一定距离必须设置伸缩缝的原因。

若考虑横梁的弹性变形,则横梁受温度影响的伸长量为

$$\Delta L = \left(\alpha \Delta T - \frac{V}{EA} \right) L \tag{7-11}$$

式中　V——柱对横梁变形的约束反力,也即柱顶的水平剪力(N);

　　　E、A——横梁的弹性模量(N/mm²)和截面面积(mm²)。

柱顶产生位移 $\Delta L/2$ 时位移与所施加的力 V 之间的关系仍为式(7-10),将式(7-11)代入式(7-10),可得

$$V = \frac{\alpha \Delta T L}{\dfrac{2}{K} + \dfrac{L}{EA}} = \frac{1}{2} \alpha \Delta T L K \frac{1}{1 + \dfrac{K}{2EA}} \tag{7-12}$$

对比式(7-10)和式(7-12)可知,假定横梁的轴向刚度无限大($EA \to \infty$)所求得的柱顶水平剪力较大,是偏于安全的。

7.2　变形作用

所谓变形作用,实质上是结构由种种原因引起的变形受到多余约束的阻碍而导致结构产生内力。主要原因有:①由于外界因素造成结构基础的移动或不均匀沉降;②混凝土结构由于自身原因(收缩或徐变)使构件发生伸缩变形。二者均可导致结构或构件产生应力和应变,这两种变形作用属于间接作用。

7.2.1　基础的移动或不均匀沉降

扫一扫:支座沉降演示

静定结构体系无多余约束,故当产生符合其约束条件的位移时,不会产生内力。对超静定结构体系,当其多余约束限制了结构自由变形(基础的移动或不均匀沉降)时,或当混凝土构件在空气中结硬产生收缩以及在不变荷载的长期作用下发生徐变时,由于构件与构件之间、钢筋与混凝土之间相互影响和相互制约,不能自由变形,都会引起结构内力。

超静定结构由变形作用引起的内力和位移的计算应遵循力学基本原理,可根据长期压实后的地基最终沉降量、收缩量、徐变量,由静力平衡条件和变形协调条件计算构件截面附加内力和附加变形。

7.2.2　收缩和徐变

混凝土结构的收缩和徐变均是随时间而增长的变形,故称为时随变形。

1. 收缩

混凝土在空气中结硬时体积减小的现象称为收缩。混凝土的收缩是一种随时间而增长

的变形,结硬初期收缩变形发展较快,两周可完成全部收缩的 1/4,一个月约可完成 1/2,三个月后增长缓慢,一般两年后趋于稳定,最终收缩应变为 $(2 \sim 5) \times 10^{-4}$。在进行核电站厂房设计时,若缺乏试验资料,混凝土的最终收缩值可近似采用 2.5×10^{-4};当计算预应力混凝土安全壳时,可近似考虑在钢束张拉时混凝土的收缩已完成一半,即收缩值采用 1.25×10^{-4}。

混凝土收缩的原因主要有以下两个方面。

1)水泥凝胶体本身体积减小(干缩)

混凝土的组成、配比是影响混凝土收缩的重要原因。水泥用量愈多,水灰比愈大,收缩就愈大。骨料级配愈好,弹性模量愈大,收缩就愈小。

2)混凝土失水(湿缩)

干燥失水是引起收缩的重要原因,所以构件养护条件,使用环境的温度、湿度以及影响混凝土中水分保持的因素,都对混凝土的收缩有影响。高温蒸养可加快水化作用,减少混凝土中的自由水分,因而可使收缩减小。使用环境的温度越高,相对湿度越低,收缩就越大。如混凝土处于饱和湿度情况下,不仅不会收缩,反而会发生体积膨胀。

由于钢筋和混凝土间存在黏结力,混凝土的收缩受到钢筋的约束。黏结力将迫使钢筋随混凝土的收缩而缩短,产生压应力,其作用相当于将自由收缩的混凝土拉长。而这时并无外荷作用,因此钢筋内力与混凝土截面应力处于平衡状态。混凝土的收缩应变愈大,收缩引起的钢筋压应力和混凝土拉应力就愈大。如果结构截面配筋过多,有可能导致收缩裂缝。在预应力混凝土结构中,收缩会导致预应力失效。

2. 徐变

混凝土在荷载的长期作用下,随时间而增长的变形称为徐变。混凝土受力后水泥凝胶体的黏性流动要持续一段很长的时间,这是徐变的主要原因。

影响混凝土徐变的因素可分为:内在因素、环境因素和应力条件。

1)内在因素

混凝土的组成、配比是影响徐变的内在因素。骨料的刚度(弹性模量)愈大,骨料的体积比愈大,徐变就愈小;水灰比愈小,水泥用量愈少,徐变愈小。

2)环境因素

养护条件和使用环境的温度、湿度是影响徐变的环境因素。受荷前养护的温度、湿度愈高,水泥水化作用愈充分,徐变就愈小,采用蒸汽养护可使徐变减小 20% ~ 35%。试件受荷后所处环境的温度愈高,徐变就愈大;环境的相对湿度愈低,徐变愈大。

3)应力条件

施加初应力的水平(初应力 σ 与 f_c 的比值)和加荷时混凝土的龄期是影响徐变的非常重要的因素。

当 $\sigma \leqslant 0.5 f_c$ 时,徐变与初应力成正比。

定义徐变变形 ε_{cr} 与弹性变形 ε_{el} 的比值为徐变系数 ϕ,即 $\phi = \varepsilon_{cr}/\varepsilon_{el}$,而弹性变形 $\varepsilon_{el} = \sigma/E_c$,则当 $\sigma \leqslant 0.5 f_c$ 时,$\phi = \varepsilon_{cr}/\varepsilon_{el} = E_c \varepsilon_{cr}/\sigma$,为常数。

徐变系数 ϕ 等于常数的情况称为线性徐变。线性徐变在两年以后趋于稳定。通常最终徐变系数为 2 ~ 4。

当初应力 $\sigma = (0.5 \sim 0.8)f_c$ 时,徐变与初应力不成比例,徐变系数随初应力增大而增大,这种情况称为非线性徐变。

当初应力 $\sigma \geqslant 0.8 f_c$ 时,徐变的发展是非收敛的,最终将导致混凝土的破坏,实际上 $\sigma = 0.8 f_c$ 即为混凝土的长期抗压强度。

受荷时混凝土的龄期愈长,混凝土水泥石中结晶体所占的比例愈大,胶体的黏性流动愈小,徐变也愈小。因此,过早受荷(即过早拆除底模)对混凝土是不利的。

钢筋混凝土轴心受压构件在保持不变的荷载长期作用下,由于混凝土的徐变,将产生随时间而增长的塑性变形。而钢筋在常温下并没有徐变,由于钢筋与混凝土共同变形,混凝土的徐变迫使钢筋的变形随之增大,钢筋应力也相应增大。但此时外荷并不增大,由平衡条件可知,混凝土压应力将减小,这样就发生了钢筋与混凝土之间内力分配的变化,这种变化称为徐变引起的应力重分布。

由于实际工程中大量的结构都属于超静定结构,当这类结构由变形作用引起的内力足够大时,可能引起诸如房屋开裂、影响结构正常使用甚至构件破坏等问题,因此在结构的设计计算中必须加以考虑。

7.3　预应力

以特定的方式在结构构件上预先施加的、能产生与构件所承受的作用效应相反的应力状态的力称为预应力,其目的是改善结构或构件在各种使用条件下的工作性能,提高其强度、刚度等。预应力属于永久性内应力,是永久作用的一种。

施加预应力的结构形式称为预应力结构。按结构主体的不同,预应力结构可分为预应力混凝土结构和预应力钢结构。

7.3.1　预应力混凝土结构的概念

预应力混凝土结构是布置有预应力钢筋、预应力纤维增强复合材料筋或预应力型钢,通过张拉或其他方法建立预应力的混凝土结构,它从本质上改善了混凝土结构的受力性能。

图 7-6 是一个矩形截面简支梁在外荷载作用前后截面的应力变化。可以看出,在外荷载作用下,由于预压应力的存在,梁截面下边缘受拉区的拉应力减小,有时甚至仍维持在压应力状态。

预应力混凝土结构除了应用在建筑结构和桥梁中之外,在混凝土路面中也有应用。预先在路面工作截面上施加压力,以提高受力性能的水泥混凝土路面称为预应力混凝土路面。预应力混凝土路面面板的力学模型如图 7-7 所示。预应力钢筋仅在锚固端与混凝土结合,在其他地方会发生纵向相对滑动。对路面面板施加预应力时,将预应力作为一种外力加在路面面板的锚固端,应扣除预应力钢筋与周围接触的混凝土或套管之间的摩阻损失。

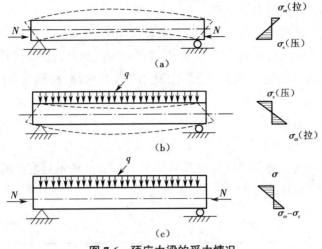

图 7-6 预应力梁的受力情况

（a）预压力作用 （b）荷载作用 （c）预压力与荷载共同作用

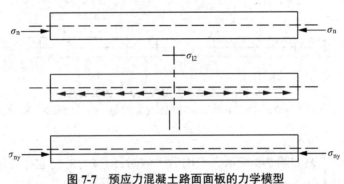

图 7-7 预应力混凝土路面面板的力学模型

σ_n—名义预压应力；σ_{l2}—预应力钢筋摩阻损失；σ_{ny}—扣除 σ_{l2} 的预压应力

与普通混凝土相比，预应力混凝土具有以下特点。

（1）构件的抗裂度和刚度提高。由于钢筋混凝土中预应力的作用，当构件在使用阶段外荷载作用下产生拉应力时，首先要抵消预压应力。这就推迟了混凝土裂缝的出现并限制了裂缝的发展，从而提高了混凝土构件的抗裂度和刚度。

（2）构件的耐久性增强。预应力混凝土能避免或延缓构件出现裂缝，而且能限制裂缝的扩大，构件内的预应力筋不容易锈蚀，延长了使用期限。

（3）自重减小，节省材料。由于采用高强度混凝土，构件截面尺寸相应减小，自重减小。同时，与高强度混凝土匹配的高强钢筋的强度得以充分发挥，钢材和混凝土的用量均可减少。

（4）预应力混凝土施工需要专门的材料和设备、特殊的工艺，造价较高。

7.3.2 预应力混凝土的分类

预应力混凝土按预加应力的方法可分为先张法预应力混凝土和后张法预应力混凝土；按预加应力的程度可分为全预应力混凝土和部分预应力混凝土；按预应力钢筋与混凝土的黏结状况可分为有黏结预应力混凝土和无黏结预应力混凝土；按预应力筋的位置可分为体

内预应力混凝土和体外预应力混凝土。

1. 先张法预应力混凝土和后张法预应力混凝土

钢筋混凝土构件中配有纵向受力钢筋,通过张拉纵向受力钢筋并使其产生回缩,对构件施加预应力。根据张拉预应力钢筋和浇筑混凝土的先后顺序,将建立预应力的方法分为先张法和后张法。

1)先张法预应力混凝土

先张法的主要工艺如图 7-8 所示。采用先张法时,预应力的建立主要依靠钢筋与混凝土之间的黏结力。该方法适用于以钢丝或直径小于 16 mm 的钢筋配筋的中、小型预应力构件,如预应力混凝土空心板等。

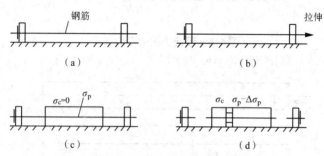

图 7-8　先张法预应力混凝土构件施工工艺
（a）钢筋就位　（b）张拉预应力钢筋　（c）临时锚固钢筋,浇筑混凝土　（d）切断预应力筋,混凝土受压图

2)后张法预应力混凝土

后张法的主要工艺如图 7-9 所示。采用后张法时,预应力的建立主要依靠构件两端的锚固装置。该方法适用于以钢筋或钢绞线配筋的大型预应力构件,如屋架、吊车梁、屋面梁。后张法施加预应力方法的缺点是:工序多,预留孔道占截面面积大,施工复杂,压力灌浆费时,造价高。

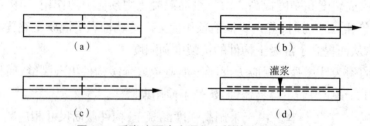

图 7-9　后张法预应力混凝土构件施工工艺
（a）制作构件,预留孔道（塑料管、铁管）　（b）穿筋　（c）张拉预应力钢筋　（d）锚固钢筋,孔道灌浆

2. 全预应力混凝土和部分预应力混凝土

1)全预应力混凝土

全预应力混凝土系指预应力混凝土结构在最不利荷载效应组合作用下,混凝土中不允许出现拉应力的预应力混凝土,相当于《混凝土结构设计规范（2015 年版）》（GB 50010—2010）中裂缝控制等级为一级,即严格要求不出现裂缝的构件。

全预应力混凝土具有抗裂性好和刚度大等优点,但也存在以下缺点。

（1）抗裂要求高。预应力钢筋的配筋量取决于抗裂要求，而不是取决于承载力的需要，导致预应力钢筋配筋量增大。

（2）反拱值往往过大。由于截面预加应力值高，尤其对永久荷载小、可变荷载大的情况，会使构件的反拱值过大，导致混凝土垂直于张拉方向产生裂缝。同时，在高压应力的作用下，随时间的延长，徐变和反拱增大，影响上部结构构件的正常使用。

（3）张拉应力大，对锚具和张拉设备要求高。锚具下的混凝土受到较大的局部压力，需配置较多的钢筋网片或螺旋筋以提高混凝土的局部承压承载力。

（4）延性较差。由于全预应力混凝土构件的开裂荷载与破坏荷载较为接近，致使构件破坏时的变形能力较差，对结构抗震不利。

2）部分预应力混凝土

部分预应力混凝土系指预应力混凝土结构在最不利荷载效应组合作用下，容许混凝土受拉区出现拉应力或裂缝的预应力混凝土，大致相当于《混凝土结构设计规范（2015 年版）》（GB 50010—2010）中裂缝控制等级为三级，即允许出现裂缝的构件。

部分预应力混凝土的特点如下。

（1）可合理控制裂缝与变形，节约钢材。因可根据结构构件的不同使用要求、可变荷载的作用情况及环境条件等对裂缝和变形进行合理的控制，降低了预应力，从而减少了锚具的用量，适当降低了费用。

（2）可控制反拱值不致过大。由于预加应力值相对较小，构件的初始反拱值小，徐变变形亦减小。

（3）延性较好。在部分预应力混凝土构件中，通常配置非预应力钢筋，因而其正截面受弯的延性较好，有利于结构抗震，并可改善裂缝分布，减小裂缝宽度。

（4）与全预应力混凝土相比，可简化张拉、锚固等工艺，获得较好的综合经济效果。

（5）计算较为复杂。部分预应力混凝土构件需按开裂截面分析，计算较烦冗，在部分预应力混凝土多层框架的内力分析中，除需计算由荷载及预应力作用引起的内力外，还需考虑框架在预应力作用下的轴向压缩变形引起的内力。此外，在超静定结构中还需考虑预应力次弯矩和次剪力的影响，并需计算配置非预应力筋。

有限预应力混凝土属于部分预应力混凝土。在使用荷载作用下，根据荷载效应组合情况，不同程度地保证混凝土不开裂的构件称为有限预应力混凝土，大致相当于《混凝土结构设计规范（2015 年版）》（GB 50010—2010）中裂缝控制等级为二级，即一般要求不出现裂缝的构件。

有限预应力混凝土和部分预应力混凝土介于全预应力混凝土和钢筋混凝土之间，有很大的选择范围，可根据结构的功能要求和环境条件选用不同的预应力值，以控制构件在使用条件下的变形和裂缝，并在破坏前具有必要的延性，因而是当前预应力混凝土结构的一个主要发展趋势。

3. 有黏结预应力混凝土和无黏结预应力混凝土

1）有黏结预应力混凝土

有黏结预应力混凝土系指预应力钢筋与其周围的混凝土有可靠的黏结强度，使得在荷载作用下预应力钢筋与其周围的混凝土有共同的变形的预应力混凝土。先张法预应力混凝土和后张灌浆的预应力混凝土均属于有黏结预应力混凝土。

2）无黏结预应力混凝土

无黏结预应力混凝土系指预应力钢筋与其周围的混凝土没有任何黏结强度，在荷载作用下预应力钢筋与其周围的混凝土各自变形的预应力混凝土。这种预应力混凝土采用的预应力钢筋全长涂有特制的防锈油脂，并套有防老化的塑料管保护。

无黏结预应力技术克服了一般后张法预应力构件施工工艺的缺点。因为后张法预应力混凝土构件有预留孔道、穿筋、灌浆等施工工序，而预留孔道（尤其是曲线形孔道）和灌浆都比较麻烦，灰浆不饱满或漏灌还易造成事故隐患。因此，若将预应力钢筋外表涂以防腐油脂并用油纸包裹，外套塑料管，它就可以像普通钢筋一样直接按设计位置放入钢筋骨架内，并浇灌混凝土，这种钢筋就是无黏结预应力钢筋。当混凝土达到规定的强度（如不低于混凝土设计强度的75%）时，即可对无黏结预应力钢筋进行张拉，建立预应力。

无黏结预应力钢筋外涂油脂的作用是减小摩擦力，并能防腐，故要求它具有良好的化学稳定性，温度高时不流淌，温度低时不硬脆。无黏结预应力钢筋一般采用工业化生产。无黏结预应力混凝土技术综合了先张法和后张法施工工艺的优点，因而具有广阔的发展前景。

4. 体内预应力混凝土和体外预应力混凝土

1）体内预应力混凝土

体内预应力混凝土系指预应力钢筋布置在混凝土构件体内，并且通过张拉结构中的高强钢筋使构件产生预压应力的预应力混凝土。先张法预应力混凝土和后张法预应力混凝土等均属此类。

2）体外预应力混凝土

体外预应力混凝土系指预应力钢筋布置在混凝土构件体外，并且结构构件中的预应力来自结构之外，仅在锚固及转向块处可能与结构相连的预应力混凝土（图7-10）。如利用桥梁的有利地形和地质条件，采用千斤顶对梁施加压力作用；在连续梁中利用千斤顶在支座处施加反力，使内力作有利分布。混凝土斜拉桥与悬索桥属此类特例。

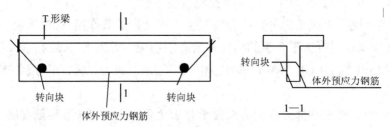

图 7-10　体外预应力混凝土结构

7.3.3　预应力钢结构

在钢结构承重体系中有意识地引入人为应力以抵消荷载应力、调整内力峰值、提高结构刚度及稳定性、改善结构其他属性以及利用预应力技术创建新结构体系的都可称为预应力钢结构。

预应力钢结构的主要特点如下。

（1）充分、反复地利用钢材弹性强度幅值,从而提高结构承载力。

（2）改善结构受力状态,节省钢材。例如,受弯构件中的部分弯矩可以施加预应力转换为轴拉力,降低弯矩峰值,从而可以缩小构件截面,降低用钢量。

（3）提高结构刚度及稳定性,改善结构的各种属性。

预应力结构产生的结构变形常与荷载下的变形反向,因而结构刚度得以提高;由于布索而改变结构边界条件,可以提高结构稳定性;预应力还可以调整结构循环应力特征而提高疲劳强度;由于降低结构自重而减小地震荷载,提高抗震性能等。

预应力钢结构种类繁多,大致可归纳为四类。

1）传统结构型

在传统的钢结构体系中,布置索系、施加预应力以改善应力状态,降低自重及成本。例如预应力桁架、网架、网壳、张弦桁架等。另一种是悬索结构,其结构由承重索与稳定索两组索系组成,施加预应力的目的不是降低与调整内力,而是提高与保证刚度。

2）吊挂结构型

结构由竖向支撑物（立柱、门架、拱脚架）、吊索及屋盖三部分组成。支撑物高出屋面,于其顶部下垂钢索吊挂屋盖。对吊索施加预应力以调整屋盖内力,减小挠度并形成屋盖结构的弹性支点。由于支撑物及吊索暴露于室外,所以又称为暴露结构。

3）整体张拉型

整体张拉型结构体系摈弃了传统的受弯构件,全部由受张索系、膜面和受压撑杆组成,屋面结构极轻,是目前最先进的新型结构体系。

4）张力金属膜型

金属膜片固定于边缘构件之上,既作为围护结构、又作为承重结构参与承受荷载。或在张力态下,将金属膜片固定于骨架结构之上,形成空间块体结构。两者都是在结构成型理论的指导下诞生的新型预应力体系。

7.4　施工荷载

在施工或检修过程中,结构或构件在人员、工具的作用下,其最不利位置产生的临时荷载被称为施工荷载。屋面板、檩条、挑檐、雨篷和预制小梁等小型、轻型构件对施工荷载比较敏感,应按规范的规定采用。在海洋工程中,施工荷载指结构物建造、装船、运输、下水和安装等阶段的临时性荷载。例如,平台建造和安装阶段的吊装力、结构物装船运往现场时的装船和运输力、结构物从驳船上沿甲板滑道滑向海中时的下水力等。施工荷载部分效应是暂时性的,体系转换后可以调整或消除;部分效应是永久性的。对施工及安装阶段可能产生的冲撞力、风力和温度影响以及寒冷地区的冰雪荷载等,应加以适当考虑。

7.4.1　建筑结构施工荷载

施工、检修荷载应按下列规定采用。

（1）设计屋面板、檩条、钢筋混凝土挑檐、雨篷和预制小梁时，施工、检修集中荷载标准值不应小于 1.0 kN，并应在最不利位置处进行验算。

（2）屋面板、檩条、钢筋混凝土挑檐和预制小梁，施工或检修集中荷载应取 1.0 kN，并应在最不利位置处进行验算。

（3）对于轻型构件或较宽构件，当施工荷载超过上述荷载时，应按实际情况验算，或采用加垫板、支撑等临时设计承受。

（4）在计算挑檐、悬挑雨篷的承载力时，应沿板宽每隔 1.0 m 取一个集中荷载；在验算挑檐、悬挑雨篷的抗倾覆能力时，应沿板宽每隔 2.5～3.0 m 取一个集中荷载。集中荷载作用于挑檐、雨篷端部，如图 7-11 所示。

施工、检修荷载的组合值系数取 0.7，频遇值系数取 0.5，准永久值系数取 0。

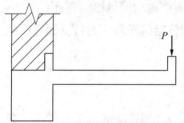

图 7-11　挑梁、雨篷集中荷载

1. 混凝土结构工程中的施工荷载

混凝土结构在施工过程中主要考虑模板工程中出现的施工荷载。

（1）模板及支架自重的标准值应根据模板施工图确定。有梁楼板和无梁楼板的模板及支架自重的标准值可按表 7-3 采用。

表 7-3　模板及支架自重的标准值　　　　　　　　　　　　　　　　单位：kN/m²

项目名称	木模板	定型组合钢模板
无梁楼板的模板及小楞	0.30	0.50
有梁楼板的模板（包含梁的模板）	0.50	0.75
楼板的模板及支架（楼层高度为 4 m 以下）	0.75	1.10

（2）新浇筑混凝土自重的标准值宜根据混凝土实际重度 γ_c 确定，普通混凝土 γ_c 可取 24 kN/m³。

（3）钢筋自重的标准值应根据施工图确定。一般梁结构，楼板的钢筋自重可取 1.1 kN/m³，梁的钢筋自重可取 1.5 kN/m³。

（4）采用插入式振动器且浇筑速度不大于 10 m/h、混凝土坍落度不大于 180 mm 时，新浇筑混凝土对模板的侧压力的标准值可按下列公式分别计算，并应取其中的较小值：

$$F = 0.28\gamma_c t_0 \beta V^{\frac{1}{2}} \qquad\qquad (7\text{-}13a)$$

$$F = \gamma_c H \qquad\qquad (7\text{-}13b)$$

式中　F —— 新浇筑混凝土作用于模板的最大侧压力标准值（kN/m²）；

　　　γ_c —— 混凝土的重度（kN/m³）；

　　　t_0 —— 新浇筑混凝土的初凝时间（h），可实测确定，当缺乏试验资料时，可采用 $t_0 = 200/(T+15)$ 计算，T 为混凝土的温度（℃）；

　　　β —— 混凝土坍落度影响修正系数，当坍落度大于 50 mm 且不大于 90 mm 时，β 取 0.85，当坍落度大于 90 mm 且不大于 130 mm 时，β 取 0.9，当坍落度大于 130

mm 且不大于 180 mm 时，β 取 1.0；

V——浇筑速度，取混凝土浇筑高度（厚度）与浇筑时间的比值（m/h）；

H——混凝土侧压力计算位置处至新浇筑混凝土顶面的总高度（m）。

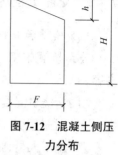

图 7-12　混凝土侧压力分布

h—有效压头；H—模板内混凝土总高度；F—最大侧压力

当浇筑速度大于 10 m/h 或混凝土坍落度大于 180 mm 时，侧压力的标准值可按式（7-13b）计算。

混凝土侧压力的计算分布图形如图 7-12 所示，图中 $h = F/\gamma_c$。

（5）施工人员及施工设备产生的荷载的标准值可按实际情况计算，且不应小于 2.5 kN/m²。

（6）混凝土下料产生的水平荷载的标准值可按表 7-4 采用，其作用范围可取在新浇筑混凝土侧压力的有效压头 h 之内。

表 7-4　混凝土下料产生的水平荷载的标准值　　　　　单位：kN/m²

下料方式	水平荷载
溜槽、串筒、导管或泵管下料	2
吊车配备斗容器下料或小车直接倾倒	4

（7）泵送混凝土或不均匀堆载等因素产生的附加水平荷载的标准值可取计算工况下竖向永久荷载标准值的 2%，并应作用在模板支架上端水平方向。

（8）风荷载的标准值可按《建筑结构荷载规范》（GB 50009—2012）的有关规定确定，此时基本风压可按 10 年一遇的风压取值，但基本风压不应小于 0.20 kN/m²。

2. 钢结构工程中的施工荷载

钢结构工程在进行施工阶段的结构分析和验算时，荷载应符合下列规定。

（1）恒荷载应包括结构自重、预应力等，其标准值应按实际计算。

（2）施工活荷载应包括施工堆载、操作人员和小型工具重量等，其标准值可按实际计算。

（3）风荷载可根据工程所在地和实际施工情况，按不小于 10 年一遇的风压取值，并按《建筑结构荷载规范》（GB 50009—2012）的有关规定执行；当施工期间可能出现大于 10 年一遇的风压时，应制定应急预案。

（4）雪荷载、覆冰荷载、起重设备和其他设备荷载的标准值可参考本书的相关内容。

（5）温度作用宜按当地气象资料所提供的温差变化计算；结构由日照引起的向阳面和背阳面的温差宜按《高耸结构设计规范》（GB 50135—2019）的有关规定执行。

钢结构屋架吊装工况演示可扫描右侧的二维码查看。

扫一扫：屋架吊装工况演示

7.4.2　交通工程施工荷载

1.公路桥涵中的施工荷载

公路桥涵施工过程中的普通模板荷载计算可参考上述混凝土结构工程,并补充以下内容。

(1)新浇筑混凝土的重度,对钢筋混凝土可采用 $25 \sim 26$ kN/m³(以体积计算的含筋量不大于 2% 时采用 25 kN/m³,大于 2% 时采用 26 kN/m³)。

(2)施工人员、施工机具和施工材料临时存放的荷载取值宜符合下列规定:

①计算模板及直接支承模板的小梁时,均布荷载可取 2.5 kN/m²,再用集中荷载 2.5 kN 进行验算,比较两者所得的弯矩值,取大者;

②计算直接支承小梁的主梁时,均布荷载可取 1.5 kN/m²;

③计算支架立柱及其他支承结构构件时,均布荷载可取 1.0 kN/m²。

(3)振捣混凝土时产生的荷载,对水平模板可采用 2.0 kN/m²,对垂直模板可采用 4.0 kN/m²,且作用范围在新浇筑混凝土侧压力的有效压头之内。

(4)倾倒混凝土时冲击力对垂直模板产生的水平荷载可按表 7-5 采用。

表 7-5　倾倒混凝土时产生的水平荷载　　　　　　　　单位:kN/m²

向模板中供料的方法	水平荷载
溜槽、串筒、导管或泵管下料	2
用容量小于 0.2 m³ 的运输器具倾倒	2
用容量为 0.2～0.8 m³ 的运输器具倾倒	4
用容量大于 0.8 m³ 的运输器具倾倒	6

(5)风荷载、流水压力、流冰压力以及车辆、船只或其他漂浮物的撞击力等荷载的计算可参考本书的相关内容。

2.铁路桥涵中的施工荷载

(1)结构构件就地建造或安装时,作用在构件上的施工荷载及在构件制造、运输、吊装时作用于构件上的临时荷载应根据施工阶段、施工方法和施工条件确定。

(2)计算施工荷载时,可根据具体情况采用有关的安全系数。

7.4.3　架空输电线路安装荷载

与水平面的夹角不大于 30° 且可以上人的铁塔构件应能承受施工或检修集中荷载的作用。施工或检修集中荷载的标准值不应小于 0.8 kN,且不应与其他荷载组合。

扶梯和走道上的竖直荷载应包括自重和可变荷载,其中可变荷载的标准值不宜小于 2.5 kN /m²,且不应与其他荷载组合。

1.悬垂型杆塔的安装荷载

(1)提升导线、地线及其附件时的作用荷载应包括提升导线、地线、绝缘子、金具等的重力荷载(一般取动力系数为 2.0)和安装工人、工具的附加荷载,动力系数宜取 1.1。一般线路附加荷载标准值可按表 7-6 的规定取值,大跨越线路附加荷载标准值可按一般线路的 1.5 倍取值。

表 7-6　一般线路附加荷载标准值　　　　单位:kN

| 电压等级(kV) | 导线 | | 地线 | | 跳线 |
	悬垂型杆塔	耐张型杆塔	悬垂型杆塔	耐张型杆塔	
110	1.5	2.0	1.0	1.5	1.5
220、330	3.5	4.5	2.0	2.0	2.0
500、750、±500	4.5	6.0	3.0	3.0	4.0
1 000、±660、±800、±1 100	8.0	12.0	4.0	4.0	6.0

(2)导线及地线进行锚线作业时的作用荷载。锚线对地夹角不宜大于 20°,正在锚线相的张力应考虑动力系数取 1.1。挂线点竖直荷载取锚线张力的竖直分量和导线、地线重力以及附加荷载之和,纵向不平衡张力分别取导线、地线张力与锚线张力的竖直分量之差。

2. 耐张型杆塔的安装荷载

临时拉线所产生的荷载:锚线塔和紧线塔宜计及临时拉线的作用,临时拉线对地夹角不应大于 45°,方向与导线、地线一致,临时拉线平衡地线、导线张力标准值可按表 7-7 的规定取值。大跨越线路的耐张塔可不计及临时拉线对地线、导线张力的平衡作用,但应计入临时拉线产生的竖直荷载。

表 7-7　临时拉线平衡地线、导线张力标准值

电压等级(kV)	地线	导线
110、220、330	30%·	30%·
500、750、±500	5 kN	30 kN(四分裂)、40 kN(六分裂)
1 000、±660、±800、±1 100	10 kN	40 kN

注:①带"·"的为地线或导线张力的百分数。
②紧线牵引绳产生的荷载:紧线牵引绳对地夹角宜不大于 20°,计算紧线张力时应计及地线、导线的初伸长、施工误差和过牵引的影响。
③动力系数应取 1.1。
④一般线路附加荷载标准值可按表 7-6 取值,大跨越线路附加荷载标准值可按一般线路的 1.5 倍取值。

7.5　撞击作用

本节仅介绍建筑结构和桥梁结构中的撞击作用,水利、港口、船舶工程结构物的撞击作用详见相关规范。

1. 电梯竖向撞击荷载

电梯竖向撞击荷载是指在偶然情况下作用于电梯底坑的撞击力。其作用方式有四种情况：①轿厢的安全钳通过导轨传至底坑；②对重的安全钳通过导轨传至底坑；③轿厢通过缓冲器传至底坑；④对重通过缓冲器传至底坑。这四种情况不可能同时发生，故撞击力取值为这四种情况下的最大值。

电梯竖向撞击荷载标准值 P_{vk}（kN）可取

$$P_{vk} = \beta G \tag{7-14}$$

式中　β —— 与电梯运行速度有关的撞击系数，可取 $\beta = 4 \sim 6$，当额定速度较大时，应取大值，额定速度不小于 2.5 m/s 的高速电梯宜取上限值；

　　　G —— 电梯总重力（kN），取电梯核定载重和轿厢自重之和，忽略电梯装饰荷载的影响。

2. 建筑结构的车辆撞击力

可能受到车辆撞击的建筑结构主要包括地下车库及通道、路边建筑物等。车辆撞击力可按下列规定采用。

（1）顺行方向的车辆撞击力标准值 P_k（kN）可按下式计算：

$$P_k = \frac{mv}{t} \tag{7-15}$$

式中　m —— 车辆质量（t），包括车辆自重和载重，宜按照实际情况采用，当无数据时，可取 $m = 15$ t；

　　　v —— 车速（m/s），宜按照实际情况采用，当无数据时，可取 $v = 22.2$ m/s（80 km/h）；

　　　t —— 撞击时间（s），宜按照实际情况采用，当无数据时，可取 $t = 1.0$ s。

（2）垂直于行车方向的撞击力标准值可取顺行方向撞击力标准值的 50%。

（3）撞击力作用点的位置可取路面以上 0.5 m 处（小型车）或 1.5 m 处（大型车）。

（4）顺行方向和垂直于行车方向的车辆撞击力不同时考虑。

（5）可根据建筑物所处环境、车辆质量、车速等实际情况对上述计算值进行调整。

3. 桥梁结构的车辆撞击力

《公路桥涵设计通用规范》（JTG D60—2015）规定，桥梁结构的车辆撞击力标准值在车辆行驶方向取 1 000 kN，在垂直于车辆行驶方向取 500 kN，不考虑两个方向的撞击力同时作用。撞击力作用于行车道以上 1.2 m 处，并直接分布于撞击涉及的构件上。

对于设有防撞设施的结构构件，可根据防撞设施的防撞能力对结构构件的车辆撞击力标准值予以折减，但折减后的车辆撞击力标准值不应低于上述规定值的 1/6。

4. 桥梁防撞护栏的车辆撞击力

桥梁防撞护栏受到的车辆撞击力与车重、车速、碰撞角度等因素有关。按道路等级、设计车速和车辆驶出桥外有可能造成的交通事故等级，《公路交通安全设施设计规范》（JTG D81—2017）将防撞护栏的防撞等级由低到高分为 B、A（Am）、SB（SBm）、SA（SAm）、SS 五级，见表 7-8。其中，m 指代中央分隔带。

表 7-8　护栏防撞等级

道路等级		设计车速（km/h）	车辆驶出桥外有可能造成的交通事故等级	
			重大事故或特大事故	二次重大事故或二次特大事故
城市桥梁	快速路	100、80、60	SB（SBm）	SS
	主干路	60		SA（SAm）
		50、40	A（Am）	SB（SBm）
	次干路	50、40、30	A	SB
	支路	50、40、30	B	A
公路桥梁	高速公路	120	SB（SBm）	SS
	一级公路	100、80		SA（SAm）
		60	A（Am）	SB（SBm）
	二级公路	80、60	A	SB
	三级公路	40、30	B	A
	四级公路	20		

护栏的碰撞荷载根据防撞等级和护栏的容许变形量按表 7-9 确定。碰撞荷载的作用点位置，对防撞栏杆，取防撞栏杆板的中心；对钢筋混凝土墙式护栏，取距护栏顶面 50 mm 处，并应按表 7-10 考虑碰撞荷载的分布宽度。

表 7-9　护栏的碰撞荷载　　　　　　　　　　　　　单位：kN

防撞等级		B	A（Am）	SB（SBm）	SA（SAm）	SS
护栏的容许变形量 Z（m）	$Z=0$	95	210	365	430	520
	$Z=0.3\sim0.6$	$60\sim75$	$140\sim170$	$250\sim295$	$310\sim360$	$375\sim435$

表 7-10　墙式护栏碰撞荷载的分布宽度　　　　　　　单位：m

防撞等级	B	A（Am）	SB（SBm）	SA（SAm）	SS
碰撞荷载的分布宽度（m）	—	4	4	5	5

5. 船舶的撞击作用

位于通航河流中的桥梁墩台设计时应考虑船舶的撞击作用，其撞击力可按下式计算，撞击力的作用高度应根据具体情况确定，缺乏资料时可采用通航水位的高度。

$$F = \gamma v \sin\alpha \sqrt{\frac{W}{C_1 + C_2}} \qquad (7\text{-}16)$$

式中　F——撞击力（kN）；

γ——动能折减系数（$s/m^{0.5}$），当船只或排筏斜向撞击墩台（指船只或排筏驶近方向与撞击点处墩台面法线方向不一致）时可采用 0.2，正向撞击（指船只或排筏驶近方向与撞击点处墩台面法线方向一致）时可采用 0.3，考虑采取吸能防护

措施时应适当折减,折减值应通过试验研究确定;

v —— 船只或排筏撞击墩台时的速度(m/s),此速度对于船只采用航运部门提供的数据,对于排筏可采用筏运期的水流速度;

α —— 船只或排筏驶近方向与墩台撞击点处的切线所形成的夹角,应根据具体情况确定,如有困难,可采用 $\alpha = 20°$;

W —— 船只重或排筏重(kN);

C_1、C_2 —— 船只或排筏的弹性变形系数和墩台圬工的弹性变形系数,缺乏资料时可假定 $C_1 + C_2 = 0.005$ m/kN。

6. 漂流物的撞击作用

有漂流物的水域中的桥梁墩台设计时应考虑漂流物的撞击作用,漂流物撞击产生的撞击作用主要为横桥向,其撞击力设计值可按下式计算,漂流物的撞击作用点假设在计算通航水位线上桥墩宽度的中点。

$$F = \frac{Wv}{gT} \tag{7-17}$$

式中　W —— 漂流物重力(kN),应根据河流中的漂流物情况,按实际调查结果确定;

v —— 水流速度(m/s);

T —— 撞击时间(s),应根据实际资料估计,在无实际资料时,可用 1 s;

g —— 重力加速度,$g = 9.81$ m/s²。

7. 直升机非正常着陆的撞击荷载

直升机非正常着陆的撞击荷载可按下列规定采用。

(1)竖向等效静力撞击力标准值 P_k(kN)可按下式计算:

$$P_k = C\sqrt{m} \tag{7-18}$$

式中　C —— 系数(kN·kg⁻⁰·⁵),取 3.0 kN·kg⁻⁰·⁵;

m —— 直升机的质量(kg),可参考相关规范确定。

(2)竖向撞击力的作用范围宜包括停机坪内的任何区域以及停机坪边缘线 7 m 以内的屋顶结构。

(3)竖向撞击力的作用区域宜取 2 m × 2 m。

7.6　爆炸荷载

爆炸是物质发生急剧的物理、化学变化,在瞬间释放出大量能量并伴有巨大声响的过程。在爆炸过程中,爆炸物质所含的能量快速释放,变为对爆炸物质本身、爆炸产物及周围介质的压缩能或运动能。物质爆炸时,大量能量在极短的时间、有限的体积内突然释放并聚积,造成高温高压,对邻近介质形成急剧的突变压力并引起随后的复杂运动。爆炸介质在压力作用下表现出不寻常的运动或机械破坏效应以及受振动而产生音响效应。

爆炸的破坏作用与爆炸物质的数量和性质、爆炸时的条件以及爆炸位置等因素有关。如果爆炸发生在均匀介质的自由空间,在以爆炸点为中心的一定范围内,爆炸力的传播是均匀的,并使这个范围内的物体粉碎、飞散。

爆炸发生时,爆炸力的冲击波最初使气压上升,随后气压下降使空气振动产生局部真空,呈现出所谓的吸收作用。由于爆炸的冲击波呈升降交替的波状气压向四周扩散,从而造成附近建(构)筑物的振动破坏。

7.6.1　爆炸的类型及特点

爆炸的种类很多,如核爆炸、炸药爆炸、气体爆炸(高压乙炔分解爆炸、燃气爆炸、矿井下瓦斯爆炸、蒸汽锅炉爆炸)、粉尘爆炸、熔盐池爆炸等。按照爆炸发生的机理和作用的性质,分类如下。

(1)物理爆炸。物理爆炸是指物质的物理状态发生急剧变化而引起的爆炸。例如蒸汽锅炉、压缩气体、液化气体过压等引起的爆炸等。物质的化学成分和化学性质在物理爆炸后均不发生变化。

(2)化学爆炸。化学爆炸是指物质发生急剧的化学反应,产生高温高压而引起的爆炸。例如炸药爆炸,爆炸性气体、蒸气或粉尘与空气的混合物爆炸。物质的化学成分和化学性质在化学爆炸后均发生质的变化。

(3)核爆炸。原子弹的核裂变和氢弹的核聚变。

核爆炸发生时,压力波在几毫秒内即可达到峰值,且压力峰值相当高,在正压作用后还有一段负压段,如图7-13(a)所示。化学爆炸和物理爆炸的压力升高速度相对于核爆炸较慢,如图7-13(b)、(c)所示,压力峰值亦较核爆炸低很多,但化学爆炸正压作用时间短,从几毫秒到几十毫秒,负压段更短。物理爆炸是一个缓慢衰减的过程,正压作用时间较长,负压段很短,甚至测不出负压段。

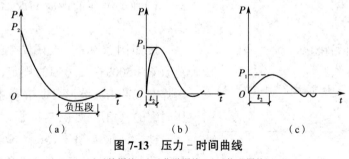

图 7-13　压力－时间曲线
(a)核爆炸　(b)化学爆炸　(c)物理爆炸

由于爆炸是在极短的时间内压力达到峰值,使周围气体迅猛地被挤压和推进,从而产生过高的运动速度,形成波的高速推进,这种使气体压缩而产生的压力称为冲击波。它会在瞬间压缩周围空气而产生超压(即爆炸压力超过正常大气压),核爆、化爆和燃爆都会产生不同程度的超压。冲击波的前锋犹如一道运动着的高压气体墙面,被称为波阵面,超压向发生超压的空间内的各表面施加挤压力,作用效应相当于静压。冲击波所到之处,除产生超压外,还带动波阵,而后空气质点高速运动引起动压,动压与物体形状和受力面方位有关,类似于风压。燃气爆炸的效应以超压为主,动压很小,可以忽略,所以燃气爆炸波属于压力波。

7.6.2　爆炸荷载计算

爆炸荷载是一种复杂的荷载,爆炸荷载对工程结构的破坏作用程度与爆炸类型、爆炸源能量大小、爆炸距离及周围环境、建筑物本身的振动特性等有关。爆炸物质数量越大,积聚和释放的能量越多,破坏作用也越剧烈。爆炸发生的环境或位置不同,其破坏作用也不同,在封闭的房间、密闭的管道内发生的爆炸,其破坏作用比在结构外部发生的爆炸要严重得多。

当冲击波作用在结构物上时,在冲击波超压和动压共同作用下,结构物受到巨大的挤压作用,加之前后压力差的作用,使得整个结构物受到超大水平推力,导致结构物平移和倾斜。对于烟囱、桅杆、塔楼及桁架等细长形结构物,由于它们的横向线性尺寸很小,则所受合力就只有动压作用,因此结构物容易被抛掷和弯折。

地面爆炸冲击波对地下结构物的作用与对地上结构物的作用有很大的不同。其主要影响因素有:①地面上空气冲击波压力参数,它引起岩土压缩波向下传播并衰减;②压缩波在自由场中传播时的参数变化;③压缩波作用于结构物时发生反射,反射压力取决于波与结构物的相互作用。

由炸药、燃气、粉尘等引起的爆炸荷载宜按等效静力荷载采用。

1. 常规炸药的爆炸荷载

根据《人民防空地下室设计规范》(GB 50038—2005),综合考虑各种因素,采用简化的综合反射系数法的半经验实用计算方法确定常规炸药的爆炸荷载。先求得地面爆炸空气冲击波的超压,然后计算结构物各构件的动载峰值,再换算成作用在结构物上的等效均布静荷载。

1) 确定爆炸冲击波的波形参数及等效动荷载

按照国家标准《人民防空地下室设计规范》(GB 50038—2005)的规定,常规炸药地面爆炸空气冲击波波形可取按等冲量简化的无升压时间的三角形,如图 7-14 所示。

冲击波最大超压 Δp_{cm} (N/mm^2)及按等冲量简化的无升压时间的三角形作用时间 t_0(s)可按下述公式计算:

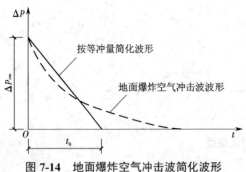

图 7-14　地面爆炸空气冲击波简化波形

$$\Delta p_{cm} = 1.316 \times \left(\frac{\sqrt[3]{C}}{R} \right)^3 + 0.369 \times \left(\frac{\sqrt[3]{C}}{R} \right)^{1.5} \tag{7-19}$$

$$t_0 = 4.0 \times 10^{-4} \times \Delta p_{cm}^{-0.5} \times \sqrt[3]{C} \tag{7-20}$$

式中　R —— 爆心至作用点的距离(m),爆心至外墙外侧的水平距离应按国家现行有关规定取值;

　　　C —— 等效三硝基甲苯(TNT)装药量(kg),应按国家现行有关规定取值。

冲击波超压 Δp_{cm} 直接作用在地上结构外墙上的水平均布动荷载最大压力 p_{c}（kN/m²）按下式计算：

$$p_{c} = \left(2\Delta p_{cm} + \frac{6\Delta p_{cm}^{2}}{\Delta p_{cm} + 0.7} \right) C_{e} \qquad (7\text{-}21)$$

式中　C_{e}——荷载均布化系数，可按表 7-11 采用。

表 7-11　外墙荷载均布化系数 C_{e}

外墙计算高度（m）	3	4	5	6	7	8
C_{e}	0.969	0.958	0.945	0.930	0.914	0.897

2）按单自由度体系强迫振动的方法分析求得构件的内力

研究表明，在动荷载作用下，结构构件振型与相应静荷载作用下的挠曲线很相近，且动荷载作用下结构构件的破坏规律与相应静荷载作用下的破坏规律基本一致，所以在进行动力分析时，可将结构构件简化为单自由度体系。运用结构动力学中对单自由度集中质量等效体系的分析结果，可获得相应的动力系数。

3）根据构件最大内力（弯矩、剪力或轴力）等效的原则确定等效均布静力荷载

在常规炸药爆炸动荷载作用下，结构构件的等效均布静力荷载标准值 q_{ce}（kN/m²）可按下式计算：

$$q_{ce} = K_{dc} p_{c} \qquad (7\text{-}22)$$

式中　p_{c}——作用在结构构件上的均布动荷载最大压力（kN/m²），对地上结构的外墙，可按式（7-21）确定，对地上结构的其他构件和覆土下的地下结构构件，应按《人民防空地下室设计规范》（GB 50038—2005）第 4.3.2 条、第 4.3.3 条的规定确定；

　　　K_{dc}——动力系数，根据构件在均布动荷载作用下的动力分析结果，按最大内力等效的原则确定。

2. 燃气的爆炸荷载

当燃气爆炸发生在密闭结构（如管道）中时，直接遭受冲击波的围护结构受到骤然增大的反射超压，并产生高压区。

如果燃气爆炸发生在生产车间、居民厨房等室内环境中，常常是窗玻璃被压碎，屋盖被气浪掀起，导致室内压力下降，反而起到了泄压保护的作用。室内理想化的燃气爆炸升压曲线模型如图 7-15 所示。图中 A 点是泄爆点，压力从 O 点开始上升，到 A 点出现泄爆（窗玻璃被压碎），泄爆后压力稍有上升，随即下降，在下降过程中有时出现短暂的负超压，经过一段时间，由于波阵面后的湍流及波的反射出现高频振荡。图中 p_{v} 为泄爆压力，p_{1} 为第一次压力峰值，p_{2} 为第二次压力峰值，p_{w} 为高频振荡峰值。若室内有家具或其他器物等障碍物，则振荡会大大减弱。

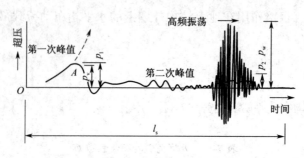

图 7-15　室内理想化的燃气爆炸升压曲线模型

对易爆建筑物在设计时需要估算压力峰值,作为确定窗户面积、屋盖轻重等的依据,使得易爆场所一旦发生燃爆能及时泄爆减压。最大爆炸压力的计算公式为

$$\Delta p = 3 + 0.5 p_v + 0.04 \phi^2 \tag{7-23}$$

式中　Δp —— 最大爆炸压力(kPa);

　　　　p_v —— 泄压时的压力(kPa);

　　　　ϕ —— 泄压系数,取泄压面积与房间体积之比。

据此,《建筑结构荷载规范》(GB 50009—2012)规定,对于具有通口板的房屋结构,当通口板面积 A_v 与爆炸空间体积 V 之比在 0.05 ~ 0.15 且 $V < 1\ 000\ m^3$ 时,燃气爆炸的等效均布静力荷载 p_k 可按下列公式计算并取较大值,以此确定关键构件的偶然荷载。

$$p_k = 3 + p_v \tag{7-24a}$$

$$p_k = 3 + 0.5 p_v + 0.04 \times \left(\frac{A_v}{V}\right)^2 \tag{7-24b}$$

式中　p_v —— 通口板(一般指窗口的平板玻璃)的额定破坏压力(kN/m²);

　　　　A_v —— 通口板面积(m²);

　　　　V —— 爆炸空间体积(m³)。

7.7　振动荷载

振动荷载是作用在结构体系上随时间变化的荷载,其作用力具有动力特性。本节所介绍的振动荷载为工业与民用建筑及构筑物承受人为振动作用时的振动荷载,不包括风振、地震等由自然现象引起的振动。

7.7.1　等效静力荷载

进行建筑结构动力计算时,根据荷载效应等效的原则将结构或设备的自重乘以动力系数后得到的荷载称为等效静力荷载。在有充分的依据时,振动荷载可简化为等效静力荷载,等效静力荷载可以按照静力计算方法进行设计。

当采用等效静力方法计算时,振动荷载的动力系数宜按下列公式计算:

$$\beta_v = 1 + \mu_v \tag{7-25a}$$

$$\mu_{v} = \frac{S_{v}}{S_{s}} \tag{7-25b}$$

式中　β_{v} —— 振动荷载的动力系数；

　　　μ_{v} —— 振动荷载效应比；

　　　S_{v} —— 振动荷载效应；

　　　S_{s} —— 静力荷载效应。

7.7.2　振动荷载的一般规定

建筑工程振动荷载应根据设计要求采用标准值、组合值作为代表值，其标准值宜由设备制造厂提供，当设备制造厂不能提供时，应按《建筑振动荷载标准》（GB/T 51228—2017）的有关规定，根据不同的振动机械采用相应的计算方法。

振动荷载的计算模型和基本假定应与设备的实际运行工况一致。

振动荷载应明确荷载最大值或荷载时间历程曲线、作用位置及方向、作用有效时间和作用有效频率等。

进行承载能力极限状态设计时，静力荷载与等效静力荷载效应组合、静力荷载与振动荷载效应组合应采用基本组合。验算结构承载力和疲劳强度的荷载代表值宜采用振动荷载与等效静力荷载效应的基本组合值。

进行正常使用极限状态设计时，静力荷载与等效静力荷载效应组合、静力荷载与振动荷载效应组合应采用标准组合。荷载代表值应符合以下规定：①计算结构振动加速度、速度和位移等振动响应与结构变形时，宜采用振动荷载效应标准值或标准组合值；②验算结构裂缝时，宜采用等效静力荷载效应的标准组合值。

7.8　覆冰荷载

覆冰荷载也称裹冰荷载，是包围在塔架杆件、缆索、拉绳、电线表面的结冰重量，在冬季或早春季节，处于特定气候条件下，在一些地区由冻雨、冻毛雨，气温低于 0 ℃的雾、云或融雪冻结形成。其值可根据覆冰厚度和覆冰容重确定。

在设计由小截面构件组成的塔桅及绳索结构时，覆冰是一个严重的问题。由于覆冰增大了杆件、缆索的截面，或封闭了某些格构间的较小空隙，不但使结构或构件的重量增大，而且由于结构挡风面积增大，显著地加大了风荷载，使结构受力更为不利。气温升高时，不均匀脱冰也将使结构受力不利。在覆冰严重地区，常发生结构倒塌或导线、绳索拉断等事故。2008 年初，我国南方贵州、湖南等地经历了长达一个月的大范围冻雨，通信线路、输电线路的覆冰厚度达 100 mm，局部区域达到 200 mm，造成交通瘫痪、电力及通信中断，直接经济损失超过 60 亿元人民币。为此，对覆冰荷载必须引起足够的重视。

扫一扫：2008 年南方雪灾覆冰荷载图片

结构或构件外边缘至冰壳外边缘的距离（即冰壳厚度），称为覆冰厚度 c（图 7-16）。

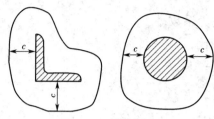

图 7-16　覆冰厚度

覆冰厚度取决于结构物在地面以上的高度和所在地区的气候情况。一般离地面越远，空气的湿度越大，覆冰厚度亦越大。

我国覆冰厚度分布地区见表 7-12。

表 7-12　我国覆冰厚度分布地区

名称	覆冰厚度（mm）	主要分布地区
无覆冰区	0	四川盆地、闽南地区、台湾和珠江流域及以南的大部分地区
轻覆冰区	0.1～5.0	内蒙古、新疆、甘肃、东北三省以及华北和华南的大部分地区
中覆冰区	5.1～10.0	甘肃新疆交界地区、内蒙古东北部、小兴安岭地区、鲁中和豫鄂交界地区
重覆冰区	10.1～15.0	天山山地、大兴安岭地区、秦岭南侧、豫皖鄂交界和浙中浙南地区
超重覆冰区	15.1～20.0	秦岭、武夷山、黄山两侧、两湖盆地附近和云贵高原边缘地区
特重覆冰区	>20.0	两湖盆地、云贵高原的大部分地区和秦巴山区的一部分地区

一般建筑物可不考虑覆冰荷载，但在新疆、青海、东北等严寒地区，结冰时间长，建筑物挑檐、雨篷等部分所冻结的冰凌、冰柱很重，有时可达 1 kN/m 以上，应根据实测资料考虑冰荷载，但冰荷载一般不与活荷载同时考虑。

《高耸结构设计规范》（GB 50135—2019）规定，设计电视塔、无线电塔桅和输电高塔等结构时，应考虑结构构件、架空线、拉绳表面覆冰后所引起的荷载及挡风面积增大的影响和不均匀脱冰时产生的不利影响。

7.8.1　基本覆冰厚度

《高耸结构设计规范》（GB 50135—2019）规定，基本覆冰厚度取当地离地 10 m 高度处的观测资料和设计重现期分析计算确定；当无观测资料时，应通过实地调查确定，或按下列经验数值分析采用。

（1）重覆冰区：基本覆冰厚度可取 20～50 mm。

（2）中覆冰区：基本覆冰厚度可取 15～20 mm。

（3）轻覆冰区：基本覆冰厚度可取 5～10 mm。

（4）覆冰气象条件：同时风压为 0.15 kN/m²；同时气温为 -5 ℃。

此外，覆冰还受地形和局部气候的影响，因此轻覆冰区内可能出现个别地点重覆冰或无覆冰的情况;同样,重覆冰区内也可能出现个别地点轻覆冰或超重覆冰的情况。

7.8.2　覆冰荷载的计算

管线及结构构件上的覆冰荷载按下列规定进行计算。

(1)圆截面构件、拉绳、缆索、架空线等单位长度上的覆冰荷载 q_1(kN/m)可按下式计算:

$$q_1 = \pi b \alpha_1 \alpha_2 (d + b \alpha_1 \alpha_2) \times \gamma \times 10^{-6} \qquad (7\text{-}26)$$

式中　b —— 基本覆冰厚度(mm);

　　　d —— 圆截面构件、拉绳、缆索、架空线的直径(mm);

　　　α_1 —— 与构件直径有关的覆冰厚度修正系数,按表 7-13 采用;

　　　α_2 —— 覆冰厚度的高度递增系数,按表 7-14 采用;

　　　γ —— 覆冰重度,一般取 9 kN/m²。

(2)非圆截面的其他构件单位表面积上的覆冰荷载 q_a(kN/m²)可按下式计算:

$$q_a = 0.6 b \alpha_2 \gamma \times 10^{-3} \qquad (7\text{-}27)$$

(3)重覆冰区输电导线、地线覆冰后,计算风荷载时,应乘以覆冰增大系数 $b_i = 1.2$。

(4)重覆冰区输电高塔覆冰后,计算风荷载时,应乘以覆冰增大系数 $b_i = 2.0$。

表 7-13　与构件直径有关的覆冰厚度修正系数 α_1

直径(mm)	5	10	20	30	40	50	60	≥70
α_1	1.1	1.0	0.9	0.8	0.75	0.7	0.63	0.6

表 7-14　覆冰厚度的高度递增系数 α_2

离地面高度(m)	10	50	100	150	200	250	300	≥350
α_2	1.0	1.6	2.0	2.2	2.4	2.6	2.7	2.8

需要注意的是,覆冰是在风较弱、气温剧变的情况下形成的,与大风同时出现的可能性很低。但为安全起见,在覆冰荷载与风荷载效应组合时,可采用 50% 的风荷载值,且不低于 0.20 kN/m²。

7.8.3　例题

【例 7-1】在我国秦岭地区有一条架空线,其离地面高度为 75 m,线的直径为 30 mm,已知该地区的基本覆冰厚度为 15 mm,覆冰重度 $\gamma = 9$ kN/m³。试求架空线单位长度上的覆冰荷载 q_1。

【解】从表 7-13 中查得,与架空线直径有关的覆冰厚度修正系数 $\alpha_1 = 0.8$。

从表 7-14 中查得,覆冰厚度的高度递增系数 $\alpha_2 = 1.8$。

架空线的覆冰厚度为

$$b \alpha_1 \alpha_2 = 15 \times 0.8 \times 1.8 = 21.60 \text{ mm}$$

架空线单位长度上的覆冰荷载 q_1 为

$$q_1 = \pi b \alpha_1 \alpha_2 (d + b \alpha_1 \alpha_2) \times \gamma \times 10^{-6} = \pi \times 21.60 \times (30 + 21.60) \times 9 \times 10^{-6} = 0.0315 \text{ kN/m}$$

7.9　栏杆荷载

图 7-17　栏杆水平荷载

设计楼梯、看台、阳台、上人屋面以及桥梁人行道等的栏杆时,考虑到人群拥挤可能会对栏杆产生侧向推力,应考虑栏杆顶部作用水平荷载,并进行验算(图 7-17)。栏杆水平荷载的取值与人群活动密集程度有关,可按下列规定采用。

(1)住宅、宿舍、办公楼、旅馆、医院、托儿所、幼儿园、化工石化建筑物,栏杆水平荷载应取 1.0 kN/m。

(2)中小学学校、食堂、剧场、电影院、车站、礼堂、展览馆或体育场,栏杆顶部的水平荷载应取 1.5 kN/m,竖向荷载应取 1.2 kN/m,水平荷载与竖向荷载应分别考虑。

(3)除中小学外的其他学校、食堂、剧场、电影院、车站、礼堂、展览馆或体育场,栏杆顶部的水平荷载应取 1.0 kN/m,竖向荷载应取 1.2 kN/m,水平荷载与竖向荷载应分别考虑。

(4)计算公路桥梁的人行道栏杆时,作用在栏杆立柱顶上的水平推力标准值取 0.75 kN/m;作用在栏杆扶手上的竖向力标准值取 1.0 kN/m。

(5)计算城市桥梁的人行道栏杆时,作用在栏杆扶手上的竖向荷载应取 1.2 kN/m,水平向外荷载应取 2.5 kN/m,两者应分别计算。

(6)对铁路桥梁,验算人行道栏杆立柱及扶手时,水平推力标准值取 0.75 kN/m;对于立柱,水平推力作用于立柱顶面处;立柱和扶手还应按 1.0 kN 的集中荷载验算。

(7)防撞栏杆应采用 80 kN 的横向集中力进行验算,作用点在防撞栏杆板的中心。

栏杆荷载的组合值系数应取 0.7,频遇值系数应取 0.5,准永久值系数应取 0。

【思考题】

1. 简述温度应力产生的原因及条件。

2. 举例说明地基不均匀沉降对结构的影响。

3. 爆炸有哪些种类?各以什么方式释放能量?

4. 采取何种措施能减轻燃爆对建筑物的破坏?

5. 为什么要在结构或构件中建立预应力?

第8章　荷载的统计分析

【本章提要】

本章介绍了荷载的概率模型,叙述了多种荷载同时出现时的荷载效应组合规则,对常遇荷载进行了分析,并介绍了《建筑结构荷载规范》(GB 50009—2012)中各种荷载代表值的确定原则和方法。

如前所述,按随时间的变异分类,结构上的荷载可分为三类:永久荷载、可变荷载和偶然荷载。这些荷载在数理统计学上可采用两种概率模型来描述。

(1)随机变量概率模型,用来描述与时间无关的永久荷载(如结构自重)以及结构上的作用在设计基准期内的最大值或最小值。

(2)随机过程概率模型,用来描述与时间有关的可变荷载(如楼面活荷载、雪荷载和风荷载等)。

设计基准期,是指在结构设计时,为确定可变荷载及与时间有关的材料性能等的取值而选用的时间参数,用 T 表示。各类工程结构的设计基准期见表 8-1。

表 8-1　各类工程结构的设计基准期 T

工程结构类型	房屋建筑结构	铁路桥涵结构	公路桥涵结构	水工建筑结构	港口工程结构
设计基准期(年)	50	100	100	1 级 100,其他 50	50

基于设计基准期的不同,同一荷载在不同工程结构中的取值可能是不同的。例如:房屋建筑结构中风荷载的设计基准期为 50 年;桥梁结构中风荷载的设计基准期为 100 年。

8.1　荷载的概率模型

在一个确定的设计基准期 T 内,对荷载随机过程做一次连续观测,所获得的依赖于观测时间的数据称为荷载随机过程的一个样本函数,每个随机过程由大量的样本函数构成。

荷载随机过程的样本函数十分复杂,它随荷载的种类不同而异,但目前对各类荷载随机过程的样本函数及其性质了解甚少。在以概率理论为基础的极限状态设计法中,各种基本变量均按随机变量考虑,且主要讨论的是结构设计基准期 T 内的荷载最大值 Q_T。为便于分析,必须把荷载随机过程 $Q(t)$ 转换为设计基准期最大荷载随机变量 $Q_T = \max\{Q(t), t \in [0, T]\}$。

8.1.1　平稳随机过程

通常将楼面活荷载、风荷载、雪荷载等处理成平稳二项随机过程 $\{Q(t),t \in [0,T]\}$。

平稳随机过程的特点是随机过程的统计特性（如概率分布、统计参数等）不随时间的推移而变化，即其分布函数与时间无关，在设计基准期 T 内均相同。当平稳随机过程 $\{Q(t),t \in [0,T]\}$ 满足下列假定时，称为平稳二项随机过程。

（1）荷载一次持续施加于结构上的时段长度为 t，设计基准期 T 可以分为 r 个相等的时段，即 $r = T/t$。

（2）在每一时段中，荷载出现的概率为 p，不出现的概率为 $q = 1-p$。

（3）在每一时段中，当荷载出现时，其幅值是非负随机变量，且在不同时段中其概率分布函数 $F_Q(x) = P[Q(\tau) \leqslant x, t \in \tau]$ 相同，这种概率分布称为任意时点荷载概率分布。

（4）不同时段中的幅值随机变量是相互独立的，且与在时段中荷载是否出现也相互独立。

根据上述假定，可将荷载随机过程的样本函数模型化为等时段的矩形波函数（图 8-1），并导出荷载在设计基准期 T 内最大值 Q_T 的概率分布函数 $F_{Q_T}(x)$。

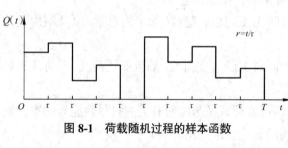

图 8-1　荷载随机过程的样本函数

由假设（2）和（3），可求得任一时段 $r_i(i = 1,2,\cdots,T/t)$ 内的概率分布函数

$$
\begin{aligned}
F_Q(x) &= P[Q(\tau) \leqslant x, t \in \tau] \\
&= pP[Q(\tau) \neq 0 \leqslant x, t \in \tau] + (1-p)P[Q(\tau) = 0 \leqslant x, t \in \tau] \\
&= pF_Q(x) + (1-p) \times 1 = 1 - p[1 - F_Q(x)]
\end{aligned} \tag{8-1}
$$

由假设（1）和（4），可求得整个设计基准期 T 内荷载最大值 Q_T 的概率分布函数

$$
F_{Q_T}(x) = P[Q_T \leqslant x, x \geqslant 0] = P\left[\max_{0 \leqslant t \leqslant T} Q(t) \leqslant x\right] = \prod_{j=1}^{r} P[Q(t) \leqslant x, t \in \tau_j]
$$

$$
= \prod_{j=1}^{r} \{1 - p[1 - F_Q(x)]\} = \{1 - p[1 - F_Q(x)]\}^r \tag{8-2}
$$

设荷载在设计基准期 T 内出现的平均次数为 N，则

$$
N = pr \tag{8-3}
$$

（1）当荷载在每一时段 t 中均必然出现时，显然有 $p = 1$，$N = r$，由式（8-2）得

$$
F_{Q_T}(x) = [F_Q(x)]^N \tag{8-4}
$$

（2）当荷载在每一时段 t 中非必然出现时，则 $p < 1$，若在式（8-2）中，$p[1-F_i(x)]$ 项充分小，则可利用近似关系式 $e^{-x} \approx 1 - x$（x 为很小的数），同样得到

$$
\begin{aligned}
F_{Q_T}(x) &= \{1 - p[1 - F_Q(x)]\}^r \\
&= \{e^{-p[1-F_Q(x)]}\}^r = \{e^{-[1-F_Q(x)]}\}^{pr}
\end{aligned}
$$

$$\approx \left\{ 1 - \left[1 - F_Q\left(x\right) \right] \right\}^{pr} = \left[F_Q\left(x\right) \right]^N \tag{8-5}$$

由此可见,设计基准期内最大荷载 Q_T 的概率分布函数 $F_{Q_T}(x)$ 等于任意时点荷载概率分布函数 $F_Q(x)$ 的 N 次方。

由上述内容可知,荷载统计时需确定 3 个统计参数:

(1)在设计基准期 T 内,荷载一次持续施加于结构上的时段长度 t,或总时段数 r;

(2)在任一时段 τ 内荷载 Q 出现的概率 p;

(3)任意时点荷载概率分布函数 $F_Q(x)$。

统计参数 t 和 p 可通过调查测定或经验判断确定;参数 $F_Q(x)$ 应根据实测数据,选择典型概率分布(参见附录 C)进行优度拟合,在检验的显著性水平统一取 0.05 的前提下,通过 $K\text{-}S$ 检验或 χ^2 检验确定,并通过矩法估计确定其统计参数:平均值、标准差和变异系数。

扫一扫:附录 C　随机变量的统计参数和概率分布

8.1.2　概率模型的统计参数

按照上述平稳二项随机过程模型,可以直接由任意时点荷载概率分布函数 $F_Q(x)$ 的统计参数推求设计基准期 T 内最大荷载的概率分布函数 $F_{Q_T}(x)$ 的统计参数。

1. $F_Q(x)$ 为正态分布

$$F_Q\left(x\right) = \int_{-\infty}^{x} \frac{1}{\sigma\sqrt{2\pi}} \exp\left[-\frac{\left(y-\mu\right)^2}{2\sigma^2} \right] \mathrm{d}y \tag{8-6}$$

式中　μ、σ —— 任意时点荷载的平均值和标准差。

若已知设计基准期 T 内荷载出现的平均次数为 N,由式(8-4)或式(8-5)可以证明 $F_{Q_T}(x)$ 也近似服从正态分布,即

$$F_{Q_T}\left(x\right) = \int_{-\infty}^{x} \frac{1}{\sigma_T\sqrt{2\pi}} \exp\left[-\frac{\left(y-\mu_T\right)^2}{2\sigma_T^2} \right] \mathrm{d}y \tag{8-7}$$

其统计参数的平均值 μ_T 和标准差 s_T 可按下式近似计算:

$$\begin{cases} \mu_T \approx \mu + 3.5 \times \left(1 - \dfrac{1}{\sqrt[4]{N}}\right)\sigma \\[3mm] \sigma_T \approx \dfrac{\sigma}{\sqrt[4]{N}} \end{cases} \tag{8-8}$$

2. $F_Q(x)$ 为极值 I 型分布

$$F_Q\left(x\right) = \exp\left\{ -\exp\left[-\alpha\left(x-u\right) \right] \right\} \tag{8-9}$$

式中　u —— 分布的位置参数,即分布的众值;

　　　α —— 分布的尺度参数。

α、u 与样本平均值 μ 和标准差 σ 的关系为

$$\begin{cases} \alpha = 1.282\,55/\sigma \\ u = \mu - 0.577\,22/\alpha \end{cases} \tag{8-10}$$

由式（8-4）得

$$F_{Q_T}(x) = \left[F_Q(x)\right]^N = \exp\left\{-N\exp\left[-\alpha(x-u)\right]\right\} = \exp\left\{-\exp(\ln N)\exp\left[-\alpha(x-u)\right]\right\}$$

$$= \exp\left\{-\exp\left[-\alpha\left(x-u-\frac{\ln N}{\alpha}\right)\right]\right\} \tag{8-11}$$

显然，$F_{Q_T}(x)$ 仍为极值 I 型分布，将其表达为

$$F_{Q_T}(x) = \exp\left\{-\exp\left[-\alpha_T(x-u_T)\right]\right\} \tag{8-12}$$

对比式（8-12）与式（8-11），参数 u_T、α_T 与 u、α 间的关系为

$$\begin{cases} \alpha_T = \alpha \\ u_T = u + \ln N/\alpha \end{cases} \tag{8-13}$$

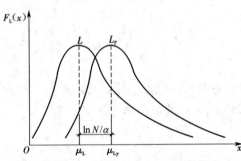

图 8-2　服从极值 I 型分布的荷载概率密度

L—概率密度函数；L_T—T 时段内的概率密度函数

$F_{Q_T}(x)$ 的平均值 μ_T、标准差 σ_T 与参数 u_T、α_T 间的关系仍可用式（8-10）的形式表达，因此可得

$$\begin{cases} \sigma_T = 1.282\,55/\alpha = \sigma \\ \mu_T = u_T + 0.577\,22/\alpha = \mu + \ln N/\alpha \end{cases}$$

$$(8-14)$$

由式（8-14）可知，任意时点荷载和设计基准期 T 内最大荷载的概率密度曲线（图 8-2）只是在 x 轴方向上平移了距离 $\ln N/\alpha$，两者的标准差相同，平均值相差 $\ln N/\alpha$。

8.2　荷载效应组合规则

结构在设计基准期 T 内可能经常会遇到同时承受恒载及两种以上可变荷载的情况，如活荷载、风荷载、雪荷载等。在进行结构分析和设计时，必须研究和考虑两种以上可变荷载同时作用而引起的荷载效应组合问题，以确保结构安全，即须考虑多个可变荷载是否相遇以及相遇的概率大小问题。一般来说，多种可变荷载在设计基准期内最大值相遇的概率不是很大。例如最大风荷载与最大雪荷载同时存在的概率，除个别情况外，一般是极小的。

8.2.1　特克斯特拉（Turkstra）组合规则

Turkstra 组合规则假定：在所有参与组合的可变荷载效应中，只有一个荷载效应达到设计基准期最大值，而其余荷载效应均为时点值。轮流进行组合，其中起控制作用的组合为所要求的组合。起控制作用的组合为可靠度分析中可靠指标最小的组合。

假定有 n 个可变荷载效应参与组合，其效应的随机过程可表示为 $\{S_i(t), t \in [0, T]\}$（$i = 1, 2, \cdots, n$），则共有 n 个组合，表示为

$$S_{C_i} = S_1(t_0) + \cdots + S_{i-1}(t_0) + \max_{t \in [0,T]} S_i(t) + S_{i+1}(t_0) + \cdots + S_n(t_0) \quad (i = 1, 2, \cdots, n) \quad (8\text{-}15)$$

式中　S_{C_i} —— 第 i 个荷载起控制作用的荷载效应组合；

$\displaystyle\max_{t \in [0,T]} S_i(t)$ —— 第 i 个荷载效应在设计基准期 T 内的最大值；

$S_i(t_0)$ —— 第 i 个荷载效应对应于 $S_i(t)$ 达到最大值的时刻 t_0 时的时点值，在实际应用中可取时段值。

在设计基准期 T 内，荷载效应组合的最大值 S_C 取式（8-15）组合的最大值，即

$$S_C = \max\left(S_{C_1}, \ S_{C_2}, \cdots, \ S_{C_n}\right) \tag{8-16}$$

Turkstra 组合规则是从工程经验出发提出的一种组合规则，没有严格的理论基础，但在多数情况下该规则都能给出合理的结果，因而被工程界广泛接受。港口工程、水利水电工程、铁路工程和公路工程均使用了该组合规则。

图 8-3 为三个荷载随机过程按 Turkstra 规则组合的情况。显然，该规则并不是偏于保守的，因为理论上还可能存在更不利的组合。这种组合规则比较简单，并且通常与当一种荷载达到最大值时失效的观测结果相一致。近年来，对荷载效应方面的研究表明，在许多实际情况下，Turkstra 组合规则是一种较好的近似方法。

8.2.2　国际结构安全度联合委员会（JCSS）组合规则

该规则是国际结构安全度联合委员会建议的荷载组合规则。其基本假定为：

（1）荷载 $Q(t)$ 是等时段的平稳二项随机过程；

（2）荷载 $Q(t)$ 与荷载效应 $S(t)$ 之间满足线性关系；

（3）不考虑相互排斥的随机荷载的组合，仅考虑在设计基准期 T 内可能相遇的各种可变荷载的组合；

（4）当一种荷载取设计基准期最大值或时段最大值时，其他参与组合的荷载仅在该最大值的持续时段内取相对最大值，或取任意时点值。

按照该规则，先假定可变荷载的样本函数为平稳二项随机过程，荷载效应的组合方式为：将某一个可变荷载 $Q_1(t)$ 在设计基准期 T 内的最大值效应 $\max S_1(t)\{t \in T$，持续时间为 $t_1\}$ 与另一个可变荷载 $Q_2(t)$ 在时间 t_1 内的局部最大值效应 $\max S_2(t)\{t \in t_1$，持续时间为 $t_2\}$ 以及第三个可变荷载 $Q_3(t)$ 在时间 t_2 内的局部最大值效应 $\max S_3(t)\{t \in t_2$，持续时间为 $t_3\}$ 组合，依此类推。图 8-4 所示阴影部分为三个可变荷载效应组合的示意图。

按该规则确定荷载效应组合的最大值时，可考虑所有可能的不利组合，取其中最不利者。对于 N 个荷载组合，一般有（$2N-1$）种可能的不利组合，因而组合数量较多。

JCSS 组合规则与考虑基本变量概率分布类型的一次二阶矩分析方法相符，《建筑结构可靠性设计统一标准》（GB 50068—2018）中采用了该方法。

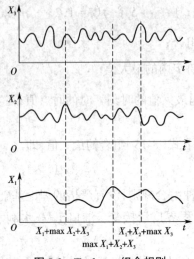

图 8-3　Turkstra 组合规则

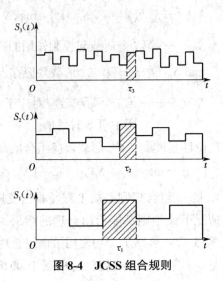

图 8-4　JCSS 组合规则

8.3　常遇荷载的概率模型统计参数

8.3.1　永久荷载

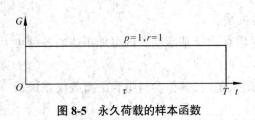

图 8-5　永久荷载的样本函数

永久荷载(恒载)在设计基准期 T 内必然出现,即概率 $p=1$;其作用时间与设计基准期 T 是相同的,即 $\tau=T$;且其量值基本上不随时间变化,故可认为时段数 $r=T/\tau=1$。从而,其模型化的样本函数为一条与时间轴 t 平行的直线,如图 8-5 所示。由于 $N=pr=1$,故恒载在设计基准期内的最大值分布与任意时点的最大值分布相同。

以无量纲参数 $\Omega_G=G/G_k$ 作为基本统计对象,其中 G 为实测重量,G_k 为《建筑结构荷载规范》(GB 50009—2012)规定的标准值(设计尺寸乘以容重标准值)。经 χ^2 统计假设检验拟合其分布函数后,认为 G 服从正态分布,统计参数为:平均值 $\mu=1.060G_k$,标准差 $\sigma=0.074G_k$。故根据式(8-6),其概率分布函数为

$$F_G(x)=\frac{1}{0.074G_k\sqrt{2\pi}}\int_{-\infty}^{x}\exp\left[\frac{(y-1.060G_k)^2}{0.011G_k^2}\right]\mathrm{d}y \qquad (8\text{-}17)$$

根据式(8-7)可知,设计基准期内最大恒载 F_{G_T} 的概率分布函数形式与式(8-17)相同。按式(8-8),取 $N=1$,得其统计参数为:平均值 $\mu_T=\mu=1.060G_k$,标准差 $\mu_T=\sigma=0.074G_k$,即统计参数不变。

8.3.2　民用建筑楼面活荷载

民用建筑楼面活荷载按其随时间变异的特点,可分为持久性活荷载 $L_i(t)$ 和临时性活荷

载 $L_r(t)$ 两部分。

持久性活荷载是指楼面上在某个时段内基本保持不变的荷载,如办公楼内的家具、设备、办公用具、文件资料等的重量以及正常办公人员的体重;住宅内的家具、日用品等的重量以及常住人员的体重;工业房屋内的机器、设备等的重量。这些荷载除非楼面(或房间)功能发生变化,一般变化不大。持久性活荷载可由现场实测得到。

临时性活荷载是指偶尔出现的短期荷载,如聚会时人群的会聚、维修时工具和材料的堆积、室内扫除时家具的集聚等。临时性活荷载一般通过口头询问调查,要求住户提供他们在使用期内的最大值。

持久性活荷载 $L_i(t)$ 在设计基准期 T 内任何时刻都存在,故出现概率 $p = 1$。经过对办公楼、住宅使用情况的调查,每次搬迁后的平均持续使用时间 τ 接近于 10 年,亦即在设计基准期 50 年内,总时段数 $r = 5$,荷载出现次数 $N = pr = 5$。据此,样本函数可模型化为图 8-6 所示的平稳二项随机过程。

临时性活荷载 $L_r(t)$ 在设计基准期 T 内的出现次数很多,持续时间较短,在每一时段内出现的概率 p 很小,其样本函数经模型化后如图 8-7 所示。根据临时荷载的统计特性,包括荷载的变化幅度、平均出现次数、持续时段长度 τ 等,要取得精确的资料是困难的。近似的方法是,了解用户在最近若干年(平均取 10 年)内一次最大的临时性活荷载,以此作为时段内的最大荷载 $L_r(t)$,并作为荷载统计的基础,同时采用与持久性活荷载相同的概率模型,即荷载出现概率 $p = 1$,总时段数 $r = 5$,荷载出现次数 $N = pr = 5$。

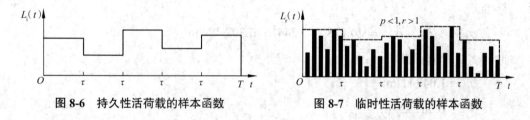

图 8-6　持久性活荷载的样本函数　　　　　图 8-7　临时性活荷载的样本函数

经 χ^2 统计假设检验,在任意时段内,持久性活荷载 $L_i(t)$ 和临时性活荷载 $L_r(t)$ 的概率分布均服从极值 I 型分布。因此,根据前述推导可知,在设计基准期 $T = 50$ 年内,持久性活荷载 $L_{iT}(t)$ 和临时性活荷载 $L_{rT}(t)$ 的最大值概率分布同样服从极值 I 型分布。

根据已有的统计资料,部分城市楼面活荷载统计参数详见表 8-2。

表 8-2　部分城市楼面活荷载统计参数

任意时段内荷载	办公楼(kN/m²)			住宅(kN/m²)			商店(kN/m²)		
	平均值 μ	标准差 σ	时段 t	平均值 μ	标准差 σ	时段 t	平均值 μ	标准差 σ	时段 t
持久性活荷载 L_i	0.386	0.178	10 年	0.504	0.162	10 年	0.580	0.351	1 年
临时性活荷载 L_r	0.355	0.244	10 年	0.468	0.252	10 年	0.955	0.428	1 年

按式(8-14)计算,可得在设计基准期 $T = 50$ 年内,持久性活荷载最大值 L_{iT} 和临时性活荷载最大值 L_{rT} 的统计参数 μ_T 和 σ_T,然后按 JCSS 组合规则可求得设计基准期内楼面活荷

载最大值 L_T 的统计参数,详见表 8-3。

表 8-3　设计基准期内楼面活荷载最大值统计参数

设计基准期内最大荷载	办公楼（kN/m²）		住宅（kN/m²）		商店（kN/m²）	
	平均值 μ_T	标准差 σ_T	平均值 μ_T	标准差 σ_T	平均值 μ_T	标准差 σ_T
持久性活荷载 L_{iT}	0.610	0.178	0.707	0.162	1.651	0.351
临时性活荷载 L_{rT}	0.661	0.244	0.784	0.252	2.260	0.428
楼面活荷载 L_T	1.047	0.302	1.288	0.300	2.840	0.554

以办公楼为例,表 8-3 中数据的计算过程如下。

组合方式 A: $L_{T1} = L_{iT} + L_r$。L_T 的统计参数如下。

平均值

$$\mu_{L_{T1}} = \mu_{L_{iT}} + \mu_{L_r} = 0.610 + 0.355 = 0.965 \ \text{kN/m}^2$$

标准差

$$\sigma_{L_{T1}} = \sqrt{\sigma_{L_{iT}}^2 + \sigma_{L_r}^2} = \sqrt{0.178^2 + 0.244^2} = 0.302 \ \text{kN/m}^2$$

组合方式 B: $L_{T2} = L_i + L_{rT}$。L_T 的统计参数如下。

平均值

$$\mu_{L_{T2}} = \mu_{L_i} + \mu_{L_{rT}} = 0.386 + 0.661 = 1.047 \ \text{kN/m}^2$$

标准差

$$\sigma_{L_{T2}} = \sqrt{\sigma_{L_i}^2 + \sigma_{L_{rT}}^2} = \sqrt{0.178^2 + 0.244^2} = 0.302 \ \text{kN/m}^2$$

取两者较大值,得

$$\mu_{L_T} = 1.047 \ \text{kN/m}^2$$

$$\sigma_{L_T} = 0.302 \ \text{kN/m}^2$$

用同样的方法可求得住宅和商店楼面活荷载统计参数。

8.3.3　风荷载和雪荷载

风荷载和雪荷载均以年最大值（年最大风速和年最大雪压）作为统计样本,因而荷载一次出现的持续时间 $t = T/50 = 1$ 年,设计基准期内的总时段数 $r = 50$,在每一时段内荷载出现的概率 $p = 1$,荷载出现的次数 $N = pr = 50$。

经 χ^2 统计假设检验,风速和雪压的年最大值的概率分布均服从极值 I 型分布,其分布函数仍为式（8-9）,则按式（8-12）,设计基准期 $T = 50$ 年内的年最大风速和最大雪压的概率分布函数为

图 8-8　风荷载和雪荷载的样本函数

$$F_T(x) = \exp\left\{-\exp\left[-\alpha_T(x - u_T)\right]\right\}$$

（8-18）

式中参数为

$$\begin{cases} \alpha_T = 1.282\,55/\sigma \\ u_T = \mu_T - 0.577\,22/\alpha_T \end{cases} \quad (8\text{-}19)$$

样本数量有限时,一般用有限样本的平均值 $\bar{x}$ 和标准差 σ_1 作为平均值 m 和标准差 σ 的近似估计值,取

$$\begin{cases} \alpha_T = C_1/\sigma_1 \\ u_T = \bar{x} - C_2/\alpha \end{cases} \quad (8\text{-}20)$$

式中,系数 C_1、C_2 见表 8-4。

表 8-4 系数 C_1、C_2

n	10	15	20	25	30	35	40	45	50
C_1	0.949 70	1.020 57	1.062 83	1.091 45	1.112 38	1.128 47	1.141 32	1.151 85	1.160 66
C_2	0.459 20	0.518 20	0.523 55	0.530 86	0.536 22	0.540 34	0.543 62	0.546 30	0.548 53
n	60	70	80	90	100	250	500	1 000	∞
C_1	1.174 65	1.185 36	1.193 85	1.206 49	1.206 49	1.242 92	1.258 80	1.268 51	1.282 55
C_2	0.552 08	0.554 77	0.556 88	0.558 60	0.560 02	0.568 78	0.572 40	0.574 50	0.577 22

8.3.4 基本气温

基本气温包括最高温度月的月平均最高气温值与最低温度月的月平均最低气温值,并假定均服从极值 I 型分布,基本气温取极值分布中平均重现期为 50 年的值。荷载一次出现的持续时间 $t = T/50 = 1$ 年,设计基准期内的总时段数 $r = 50$,在每一时段内荷载出现的概率 $p = 1$,荷载出现的次数 $N = pr = 50$。

8.4 荷载代表值的确定

荷载代表值是指设计中用以验算极限状态所采用的荷载量值,包括标准值、组合值、频遇值和准永久值。

在建筑结构设计中,不同荷载应采用不同的代表值。永久荷载采用标准值作为代表值;可变荷载应根据设计要求采用标准值、组合值、频遇值或准永久值作为代表值;偶然荷载应按建筑结构使用的特点确定其代表值。

《建筑结构荷载规范》(GB 50009—2012)规定,荷载标准值是荷载基本代表值,为设计基准期内最大荷载统计分布的特征值(如均值、众值、中值或某个分位值)。由于最大荷载值是随机变量,因此,原则上应由设计基准期($T = 50$ 年)内荷载最大值概率分布的某一分位数来确定。但是,有些荷载并不具备充分的统计参数,只能根据已有的工程经验确定,故实际上荷载标准值取值的分位数并不统一。

8.4.1　永久荷载标准值

永久荷载标准值一般相当于永久荷载概率分布(也是设计基准期内最大荷载概率分布)的 0.5 分位值,即正态分布的平均值。由统计分析可知,对易于超重的钢筋混凝土板类构件(屋面板、楼板等),其标准值相当于统计平均值的 95%。因而,对大多数截面尺寸较大的梁、柱等承重构件,其标准值按设计尺寸与材料重力密度标准值计算,必将更接近于重力概率分布的平均值。

对于某些重量变异较大的材料和构件(如屋面的保温材料、防水材料、找平层以及钢筋混凝土薄板等),为在设计表达式中采用统一的永久荷载分项系数而又使结构构件具有规定的可靠指标,其标准值应根据对结构的有利(或不利)状态,通过结构可靠度分析,取重力概率分布的某一分位值确定,例如取 $p_f = 0.95$(有利)或 $p_f = 0.05$(不利)分位值。其标准值 G_k 可按下式计算:

$$G_k = \mu_G + k_f \sigma_G = \mu_G (1 + k_f \delta_G) \tag{8-21}$$

式中　μ_G、σ_G、δ_G——永久荷载的平均值、标准差、变异系数;

　　　　k_f——永久荷载标准值标准正态分布概率函数 p_f 的反函数,即 $k_f = \Phi^{-1}(p_f)$。可通过扫描二维码查附录 D 确定。

 扫一扫:附录 D　标准正态分布函数表

计算分析表明,按给定的设计表达式设计,对以承受自重为主的屋盖结构,由保温、防水及找平层等产生的恒荷载宜取高分位值的标准值,具体数值应符合相关荷载规范的规定。

8.4.2　可变荷载标准值

可变荷载标准值是由设计基准期 T 内荷载最大值概率分布的指定分位值 p_f 确定的。上一节中分析的可变荷载均服从极值 I 型分布,则由式(8-12)可导出,可变荷载标准值 Q_k 按下式计算:

$$Q_k = \mu_Q - 0.450\,05\sigma_Q - 0.779\,70\ln\left[-\ln\Phi(k_f)\right]\sigma_Q$$

$$= \mu_Q\left\{1 - 0.450\,05\delta_Q - 0.779\,70\ln\left[-\ln\Phi(k_f)\right]\delta_Q\right\} \tag{8-22}$$

式中　μ_Q、σ_Q、δ_Q——可变荷载的平均值、标准差、变异系数;

　　　　k_f——可变荷载标准值标准正态分布概率函数 p_f 的反函数,即 $k_f = \Phi^{-1}(p_f)$。可通过扫描二维码查附录 D 确定。

1. 民用建筑楼面活荷载标准值 L_k

按式(8-22),将民用建筑楼面活荷载标准值 L_k 表达为设计基准期内最大活荷载 L_T 概率分布的平均值 μ_{L_T} 与 a 倍标准差 σ_{L_T} 之和,即

$$L_k = \mu_{L_T} + a\sigma_{L_T} \tag{8-23}$$

式中　a——保证率,按下式计算。

$$a = -0.450\,05 - 0.779\,70\ln\left[-\ln\,\varPhi\left(k_f\right)\right] \qquad (8\text{-}24)$$

根据统计资料,《建筑结构荷载规范》(GB 50009—2012)规定的办公楼、住宅及商店的楼面活荷载标准值 L_k 分别为 2.0 kN/m²、2.0 kN/m²、3.5 kN/m²。按表 8-3 中的统计参数,可得相应的保证率 a 分别为办公楼 a = 3.16、住宅 a = 2.37、商店 a = 1.19。按式(8-23)计算,可得楼面活荷载标准值的分位值分别为办公楼 p_f = 99.0%、住宅 p_f = 97.3%、商店 p_f = 88.5%。

2. 基本风压 w_0 和基本雪压 s_0

风荷载和雪荷载属于自然作用,其统计样本均为年最大值,故采用重现期 R 年来表达其标准值 x_k 比较方便。若假定风荷载(或雪荷载)的平均重现期为 R 年,设计基准期 R 年内最大值概率分布 $F_R(x_k) = 1-1/R$,由式(8-22)可得平均重现期为 R 年的年最大风压(或最大雪压)x_R 的计算式

$$x_R = \mu_R - 0.450\,05\sigma_R - 0.779\,70\ln\left(\ln\frac{R}{R-1}\right)\sigma_R \qquad (8\text{-}25a)$$

也可由统计参数得出 u_R 和 a_R,按式(8-18)计算,则

$$x_R = u_R - \frac{1}{\alpha_R}\ln\left(\ln\frac{R}{R-1}\right) \qquad (8\text{-}25b)$$

若已知重现期为 10 年和 100 年的风压(雪压)值,利用 $\ln(1-x) \approx -x$(x 为很小的数),用线性插值法得出重现期为 R 年的相应值,即

$$x_R = x_{10} + \left(x_{100} - x_{10}\right)\left(\frac{\ln R}{\ln 10} - 1\right) \qquad (8\text{-}26)$$

实际上,并非所有的荷载都能取得充分的统计资料,并以合理的统计分析来规定其特征值。因此,《建筑结构荷载规范》(GB 50009—2012)没有对分位值做具体的规定,但对性质类同的可变荷载,应尽可能使其取值在保证率上保持相同的水平。

3. 未列入《建筑结构荷载规范》(GB 50009—2012)的楼面活荷载标准值

在设计中遇到该情形时,可按下列方法确定标准值。

(1)对该种楼面活荷载的观测进行统计,当有足够的资料并能对其统计分布做出合理的估计时,则在房屋设计基准期(50 年)最大值的分布上,根据协定的百分位取其某分位值作为该种楼面活荷载的标准值。

所谓协定的百分位值,原则上可取荷载最大值分布上能表征其集中趋势的统计特征值,例如均值、中值或众值(概率密度最大值),当认为数据代表性不够充分或统计方法不够完善而没有把握时,也可取更完全的高分位值。

(2)对不能取得充分的资料进行统计的楼面活荷载,可根据已有的工程经验,通过分析判断协定一个可能出现的最大值作为该类楼面活荷载的标准值。

(3)对房屋内部设施比较固定的情况,设计时可直接按给定布置图式或按对结构安全产生最不利效应的荷载布置图式对结构进行计算。

(4)对使用性质类同的房屋,如内部配置的设施大致相同,一般可对其进行合理分类,在同一类别的房屋中,选取各种可能的荷载布置图式,经分析研究选出最不利的布置作为该类房屋楼面活荷载标准值的确定依据,采用等效均布荷载方法求出楼面活荷载标准值。

8.4.3　可变荷载组合值

可变荷载组合值主要用于承载能力极限状态的基本组合中,也用于正常使用极限状态的标准组合中。

当两种或两种以上可变荷载在结构上同时作用时,由于所有荷载同时达到其单独出现时可能达到的最大值的概率极小,因此,除主导荷载(产生最大荷载效应的荷载)仍可以用其标准值为代表值外,其他伴随荷载均取小于其标准值的组合值为荷载代表值。

荷载组合值记为 $\psi_c Q_k$,其中 $\psi_c(\leqslant 1.0)$ 称为组合值系数,是对荷载标准值 Q_k 的折减系数。其值可根据两个或两个以上可变荷载在组合后产生的总作用效应值在设计基准期内的超越概率与考虑单一作用时相应的概率趋于一致的原则确定,其实质是要求结构在单一可变荷载作用下的可靠度与在两个及以上可变荷载作用下的可靠度保持一致。

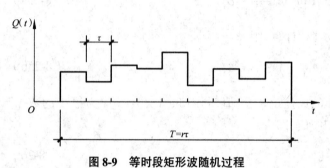

可变作用组合值系数 ψ_c 可按下述原则确定。

(1)可变作用近似采用等时段荷载组合模型,假设所有作用的随机过程 $Q(t)$ 都是由相等的时段 τ 组成的矩形波平稳各态历经过程(图8-9)。

图8-9　等时段矩形波随机过程

(2)根据各个作用在设计基准期内的时段数 r 的大小将作用按序排列,在诸作用的组合中必然有一个作用取其最大作用 Q_{max},而其他作用取各自的时段最大作用或任意时点作用,统称为组合作用 Q_c。

(3)按设计值方法的原理,最大作用的设计值 $Q_{max,d}$ 和组合作用 Q_{cd} 为

$$Q_{max,d} = F_{Q_{max}}^{-1}\left[\Phi(0.7\beta)\right] \tag{8-27a}$$

$$Q_{cd} = F_{Q_c}^{-1}\left[\Phi(0.28\beta)\right] \tag{8-27b}$$

由此得到

$$\psi_c = \frac{Q_{cd}}{Q_{max,d}} = \frac{F_{Q_c}^{-1}\left[\Phi(0.28\beta)\right]}{F_{Q_{max}}^{-1}\left[\Phi(0.7\beta)\right]} = \frac{F_{Q_{max}}^{-1}\left[\Phi(0.28\beta)^r\right]}{F_{Q_{max}}^{-1}\left[\Phi(0.7\beta)\right]} \tag{8-28a}$$

对极值 I 型作用,可导出

$$\psi_c = \frac{1 - 0.78\upsilon\left\{0.577 + \ln\left[-\ln\Phi(0.28\beta)\right] + \ln r\right\}}{1 - 0.78\upsilon\left\{0.577 + \ln\left[-\ln\Phi(0.7\beta)\right]\right\}} \tag{8-28b}$$

式中　υ —— 作用最大值的变异系数。

《建筑结构荷载规范》(GB 50009—2012)中规定,风荷载组合值系数取 $\psi_c = 0.6$,其余民用建筑中的可变荷载组合值系数均取 $\psi_c = 0.7$,工业建筑的楼面活荷载根据其使用性质取 $\psi_c \geqslant 0.7$。

8.4.4　可变荷载频遇值

可变荷载频遇值用于正常使用极限状态的频遇组合中。它是指在设计基准期 T 内,超越的总时间为规定的较小比率或超越频数为规定频率的荷载值。国际标准(ISO 2394:1998)中规定,频遇值是设计基准期内荷载达到和超过该值的总持续时间与设计基准期的比值小于 0.1 的荷载代表值。

可变作用频遇值可按下述方法确定。

1)按作用值被超越的总持续时间与设计基准期的规定比率确定频遇值

在可变作用的随机过程的分析中,用作用值超过某水平 Q_x 的总持续时间 $T_x = \sum t_i$ 与设计基准期 T 的比率 $\eta_x = T_x/T$ 来表征频遇值作用的短暂程度(图 8-10(a))。图 8-10(b)给出的是可变作用 Q 在非零时域内任意时点作用值 Q^* 的概率分布函数 $F_{Q^*}(x)$,超过 Q_x 水平的概率 p^* 可按下式确定:

$$p^* = 1 - F_{Q^*}(Q_x) \tag{8-29}$$

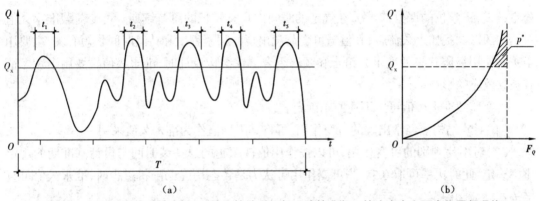

图 8-10　以作用值超过某水平 Q_x 的总持续时间与设计基准期 T 的比率定义可变作用频遇值
(a)可变作用的分布　(b)可变作用的概率分布函数

对各态历经的随机过程,存在下列关系式:

$$\eta_x = p^* q \tag{8-30}$$

式中　q ——作用 Q 的非零概率。

当 η_x 为规定值时,相应的作用水平 Q_x 可由式(8-12)的反函数求得,即

$$Q_x = F_{Q^*}^{-1}\left(1 - \frac{\eta_x}{q}\right) \tag{8-31}$$

对于与时间相关的正常使用极限状态,作用的频遇值可考虑按这种方式取值:若允许某些极限状态在一个较短的持续时间内被超越,或在总体上不长的时间内被超越,就可采用较小的 h_x 值(不大于 0.1),按式(8-31)计算作用的频遇值。

2)按作用值被超越的总频数或单位时间平均超越次数(跨阈率)确定频遇值

在可变作用的随机过程的分析中,用作用值超过某水平 Q_x 的次数 η_x 或单位时间内的平均超越次数(跨阈率)$u_x = \eta_x/T$ 来表征频遇值出现的疏密程度。

跨阈率可通过直接观察确定,一般也可应用随机过程的某些特性(如谱密度函数)间接确定。若任意时点作用 Q^* 的平均值 μ_{Q^*} 及其跨阈率 υ_m 已知,而且作用是高斯平稳各态历经的随机过程,则对应于跨阈率 υ_x 的作用水平 Q_x 可按下式计算:

$$Q_\mathrm{x} = \mu_{Q^*} + \sigma_{Q^*}\sqrt{\ln(\upsilon_\mathrm{m}/\upsilon_\mathrm{x})^2} \tag{8-32}$$

式中　　σ_{Q^*} —— 任意时点作用 Q^* 的标准差。

对于与作用超越次数相关的正常使用极限状态,作用的频遇值可考虑按这种方式取值:若结构振动时涉及人的舒适性、影响非结构构件的性能和设备的使用功能等,就可采用频遇值来衡量结构的适用性。

可变荷载频遇值记为 $\psi_\mathrm{f}Q_\mathrm{k}$,其中 $\psi_\mathrm{f}(\leqslant 1.0)$ 称为频遇值系数,可看作对荷载标准值 Q_k 的折减系数,即 $\psi_\mathrm{f}=$ 荷载频遇值 / 荷载标准值。

8.4.5　可变荷载准永久值

可变荷载准永久值是指可变荷载中偏于固定的部分(例如住宅中较为固定的家具、办公室的设备、学校的课桌椅等),在规定的时间内具有较长的总持续期。可变荷载准永久值对结构的影响犹如永久荷载,其值与可变荷载出现的频繁程度和持续时间长短有关,主要用于正常使用极限状态的准永久组合和频遇组合。在结构设计时,准永久值主要用于考虑荷载长期效应的影响。

可变荷载准永久值可按下述原则确定。

(1)对在结构上经常出现的可变作用,可将其平均值作为准永久值采用。

(2)对不易判别的可变作用,可以按作用值被超越的总持续时间与设计基准期的规定比率确定,此时比率可取 0.5。当可变作用可认为是各态历经的随机过程时,准永久值可直接按式(8-31)确定。

在《建筑结构荷载规范》(GB 50009—2012)中,荷载的准永久值都是根据在设计基准期内荷载达到和超过该值的总持续时间与设计基准期的比值为 0.5 确定的。对办公楼、住宅楼面活荷载及风荷载、雪荷载等,这相当于取其任意时点荷载概率分布的 0.5 分位数。

可变荷载准永久值记为 $\psi_\mathrm{q}Q_\mathrm{k}$,其中 $\psi_\mathrm{q}(\leqslant 1.0)$ 称为准永久值系数,同样可看作对荷载标准值 Q_k 的折减系数,即 $\psi_\mathrm{q}=$ 荷载准永久值 / 荷载标准值。

考虑到目前实际荷载取样的局限性,按严格的统计定义确定可变荷载的组合值、频遇值和准永久值是比较困难的,《建筑结构荷载规范》(GB 50009—2012)中给出的可变荷载的组合值系数 ψ_c、频遇值系数 ψ_f 和准永久值系数 ψ_q 主要是根据工程经验并参考国外标准的相关内容,偏于保守地确定的。三者之间的关系为: $\psi_\mathrm{c} \geqslant \psi_\mathrm{f} \geqslant \psi_\mathrm{q}$。

8.4.6　荷载设计值与荷载分项系数

荷载设计值等于荷载标准值与荷载分项系数的乘积。荷载分项系数一般大于 1.0。

荷载分项系数是在设计计算中反映荷载的不确定性并与结构可靠度相关联的一个参数。其取值按各类工程结构的相应规范进行,详见第 11 章。

　　不同性质的荷载,其荷载分项系数可能是不同的。此外,在同一工程结构中,在不同的设计状况下,同一种荷载的效应对工程结构的影响(有利或不利)也是不同的,因此其荷载分项系数可能有多个。

【思考题】

1. 为什么把荷载处理为平稳二项随机过程模型? 简述其基本假定。

2. 荷载的统计参数有哪些? 进行荷载统计时必须统计哪三个参数?

3. 简述 Turkstra 组合规则和 JCSS 组合规则的基本假定和组合方式。

4. 荷载统计时是如何处理荷载随机过程的? 几种常遇荷载各有什么统计特性。

5. 荷载的各种代表值是如何确定的? 有何意义?

第9章 结构构件抗力的统计分析

【本章提要】

本章分析了影响结构构件抗力的主要因素,介绍了结构构件抗力的概率模型及其统计参数,阐述了材料强度标准值的概念和取值标准。

结构抗力指结构承受作用效应的能力,如承载能力、刚度、抗裂度等。结构抗力与作用效应是对应的。当结构设计所考虑的作用效应是内力时,对应的抗力即为结构的承载能力;当结构设计所考虑的作用效应是变形时,对应的抗力即为结构的刚度。

结构抗力可分为四个层次:

(1)整体结构抗力,如整体结构承受风荷载效应或水平地震作用效应的能力;

(2)结构构件抗力,如结构构件在轴力、弯矩作用下的承载能力;

(3)构件截面抗力,构件截面抗弯、抗剪的能力;

(4)截面各点的抗力,截面各点抵抗正应力、剪应力的能力。

目前在结构设计中,变形验算可能针对结构构件(如受弯构件的挠度验算),也可能针对整体结构(如层间水平侧移验算)。承载力验算一般仅针对结构构件及构件截面。

直接对结构构件抗力进行统计,并确定其统计参数的概率分布类型是非常困难的。通常先对影响结构构件抗力的各种主要因素分别进行统计,确定其统计参数;然后通过抗力与各有关因素的函数关系,由各种因素的统计参数求出结构构件抗力的统计参数;最后根据各主要影响因素的概率分布类型,用数学分析方法或经验判断方法确定结构构件抗力的概率分布类型。

将影响结构构件抗力的各种主要因素作为相互独立的随机变量,结构构件抗力作为综合随机变量,统计参数之间的关系可利用附录 C 中的公式得出。

设综合随机变量 Y 为独立的随机变量 $X_i(i=1,2,\cdots,n)$ 的任意函数:

$$Y = \phi(X_1, X_2, \cdots, X_n) \tag{9-1}$$

则综合随机变量 Y 的统计参数如下。

平均值

$$\mu_Y = \phi(\mu_{X_1}, \mu_{X_2}, \cdots, \mu_{x_i}, \cdots, \mu_{X_n}) \tag{9-2a}$$

标准差

$$\sigma_Y = \sqrt{\sum_{i=1}^{n}\left[\left.\frac{\partial \phi}{\partial X_i}\right|_\mu \sigma_{X_i}\right]^2} \tag{9-2b}$$

变异系数

$$\delta_Y = \sigma_Y / \mu_Y \qquad (9\text{-}2c)$$

式中　μ_{X_i} —— 随机变量 X_i（$i = 1, 2, \cdots, n$）的平均值；

　　　σ_{X_i} —— 随机变量 X_i（$i = 1, 2, \cdots, n$）的标准差；

　　　μ —— 偏导数中的随机变量 X_i 均以其平均值 μ_{X_i} 赋值。

9.1　结构构件抗力的不定性

影响结构构件抗力的主要因素是结构构件的材料性能 m、截面几何参数 a 以及计算模式的精确性 p 等。这些因素都是相互独立的随机变量，因而结构构件抗力是多元随机变量的函数。

9.1.1　结构构件材料性能的不定性

结构构件的强度、弹性模量、泊松比等物理力学性能称为结构构件的材料性能。材料性能的不定性，主要是指材质因素以及工艺、加载制度、环境条件、尺寸等因素引起的结构构件材料性能的变异性。在工程问题中，材料性能一般是采用标准试件和标准试验方法确定的，并以一个时期内全国有代表性的生产单位（或地区）的材料性能的统计结果作为全国平均生产水平的代表。对于结构构件的材料性能，还要进一步考虑实际材料性能与标准试件材料性能的差别、实际工作条件与标准试验条件的差别等。

结构构件材料性能的不定性可用随机变量 X_m 表示：

$$X_m = \frac{f_c}{\omega_0 f_k} = \frac{1}{\omega_0} \frac{f_c}{f_s} \frac{f_s}{f_k} = \frac{1}{\omega_0} X_0 X_f \qquad (9\text{-}3)$$

式中　f_c —— 结构构件实际的材料性能值；

　　　f_s —— 试件材料性能值；

　　　f_k —— 规范规定的试件材料性能标准值；

　　　ω_0 —— 规范规定的反映结构构件材料性能与试件材料性能差别的系数，如考虑缺陷、外形、尺寸、施工质量、加载速度、试验方法、时间等因素的影响的各种系数或函数；

　　　X_0 —— 反映结构构件材料性能与试件材料性能差别的随机变量，$X_0 = f_c / f_s$；

　　　X_f —— 反映试件材料性能不定性的随机变量，$X_f = f_s / f_k$。

根据式（9-2），可得 X_m 的统计参数如下。

平均值

$$\mu_{X_m} = \frac{1}{\omega_0} \mu_{X_0} \mu_{X_f} = \frac{\mu_{X_0} \mu_{f_s}}{\omega_0 f_k} \qquad (9\text{-}4)$$

变异系数

$$\delta_{X_m} = \sqrt{\delta_{X_0}^2 + \delta_{f_s}^2} \qquad (9\text{-}5)$$

式中　μ_{f_s}、μ_{X_0}、μ_{X_f} —— 试件材料性能 f_s、随机变量 X_0、随机变量 X_f 的平均值；

δ_{f_s}、δ_{X_0}——试件材料性能 f_s、随机变量 X_0 的变异系数。

经过大量的统计研究,我国常用结构材料强度性能的有关统计参数见表 9-1。

表 9-1　我国常用结构材料强度性能的有关统计参数

结构材料	受力状况和材料品种		μ_{X_f}	δ_{X_f}	结构材料	受力状况	μ_{X_f}	δ_{X_f}
型钢	受拉	Q235 钢	1.08	0.08	砖砌体	轴心受压	1.15	0.20
		Q420(16Mn)钢	1.09	0.07		小偏心受压	1.10	0.20
薄壁型钢	受拉	Q235F 钢	1.12	0.10		齿缝受剪	1.00	0.22
		Q235 钢	1.27	0.08		受剪	1.00	0.24
		20Mn 钢	1.05	0.08	木材	轴心受拉	1.48	0.32
钢筋	受拉	HRB335(20MnSi)钢	1.14	0.07		轴心受压	1.28	0.22
		25MnSi 钢	1.09	0.06		受弯	1.47	0.25
		C20	1.66	0.23		顺纹受剪	1.32	0.22
混凝土	轴心受压	C30	1.41	0.19				
		C40	1.35	0.16				

9.1.2　结构构件几何参数的不定性

结构构件几何参数的不定性,主要是指由制作尺寸偏差和安装误差等引起的结构构件几何参数的变异性,它反映了所设计的结构构件与制作安装后的实际结构构件之间几何上的差异。根据对结构构件抗力的影响程度,一般结构构件可仅考虑截面几何参数(如宽度、有效高度、面积、面积矩、抵抗矩、惯性矩、箍筋平均间距及其函数等)的变异。

结构构件几何参数的不定性可用随机变量 X_a 表示:

$$X_a = a/a_k \tag{9-6}$$

式中　a、a_k——结构构件的几何参数值和几何参数标准值。

X_a 的平均值和变异系数为

$$\mu_{X_a} = \mu_a/a_k \tag{9-7}$$

$$\delta_{X_a} = \delta_a \tag{9-8}$$

式中　μ_a、δ_a——结构构件几何参数的平均值和变异系数。

结构构件实际几何参数的统计参数可根据正常生产情况下结构构件几何尺寸的实测数据,经统计分析得到。当实测数据不足时,也可根据有关标准中规定的几何尺寸公差,经分析判断确定。

经过大量的实测统计工作,我国各类结构构件几何尺寸的有关统计参数见表 9-2。

表 9-2　我国各类结构构件几何尺寸的有关统计参数

构件类型	统计项目	μ_{X_a}	δ_{X_a}	构件类型	统计项目	μ_{X_a}	δ_{X_a}
型钢构件	截面面积	1.00	0.05	钢筋混凝土构件	截面高度、宽度	1.00	0.02
薄壁型钢构件	截面面积	1.00	0.05		截面有效高度	1.00	0.03
砖砌体	单向尺寸（370 mm）	1.00	0.02		纵筋截面面积	1.00	0.03
	截面尺寸（370 mm×370 mm）	1.01	0.03		纵筋重心到截面近边距离（混凝土保护层厚度）	0.85	0.30
木构件	单向尺寸	0.98	0.03		箍筋平均间距	0.90	0.07
	截面面积	0.96	0.06		纵筋锚固长度	1.02	0.09
	截面模量	0.94	0.08				

　　一般来说，几何参数的变异系数随几何尺寸的增大而减小，故钢筋混凝土结构和砌体结构截面尺寸的变异系数通常小于钢结构和薄壁型钢结构的相应值。此外，结构构件截面几何特性的变异对其可靠度影响较大，不可忽视；而结构构件长度、跨度变异的影响则相对较小，有时可按确定量来考虑。

9.1.3　结构构件计算模式的不定性

　　结构构件计算模式的不定性，主要是指在抗力计算中，由采用的基本假定和计算公式不精确等引起的变异性。例如：在建立计算公式的过程中，常采用理想弹性、理想塑性、匀质性、各向同性、平面变形等假定；常采用矩形、三角形、梯形等简单、线性的应力图形来代替实际应力分布；常采用简支、固定支等典型边界条件来代替实际边界条件；常采用铰接、刚接来代替实际的连接条件；常采用线性方法来简化计算表达式等。所有这些近似的处理必然会导致按给定公式计算的结构构件抗力与实际的结构构件抗力之间的差异。例如，在计算钢筋混凝土受弯构件正截面强度时，通常用等效矩形应力图形来代替受压区混凝土实际的呈曲线分布的压应力图形。这种简化计算的假定同样会使实际强度与计算强度之间产生误差（虽然不是太大）。计算模式的不定性就反映了这种差异。

　　结构构件计算模式的不定性可用随机变量 X_p 表示：

$$X_p = R^0 / R^c \tag{9-9}$$

式中　R^0——结构构件的实际抗力值，可取试验实测值或精确计算值；

　　　　R^c——结构构件的计算抗力值，为排除 X_f、X_a 的变异性对分析 X_p 的影响，应根据材料性能和几何参数的实测值按规范给定的公式计算。

　　经过大量的统计研究，我国各种结构构件计算模式的有关统计参数见表 9-3。

　　上述三个随机变量 X_m、X_a、X_p 均为无量纲值，故按上述方法分析所得的统计参数适用于各地区和各种情况。

表 9-3　我国各种结构构件计算模式的有关统计参数

构件类型	受力状态	μ_{X_p}	δ_{X_p}	构件类型	受力状态	μ_{X_p}	δ_{X_p}
钢结构构件	轴心受拉	1.05	0.07	钢筋混凝土结构构件	轴心受拉	1.00	0.04
	轴心受压（Q235F）	1.03	0.07		轴心受压	1.00	0.05
	偏心受压（Q235F）	1.12	0.10		偏心受压	1.00	0.05
薄壁型钢结构构件	轴心受压	1.08	0.10		受弯	1.00	0.04
	偏心受压	1.14	0.11		受剪	1.00	0.15
砖结构砌体构件	轴心受压	1.05	0.15	木结构构件	轴心受拉	1.00	0.03
	小偏心受压	1.14	0.23		轴心受压	1.00	0.05
	齿缝受弯	1.06	0.10		受弯	1.00	0.05
	受剪	1.02	0.13		顺纹受剪	0.97	0.08

9.1.4　例题

【例 9-1】某钢筋材料屈服强度的平均值 $\mu_{f_y} = 280.3$ MPa，标准差 $\sigma_{f_y} = 21.3$ MPa。由于加荷速度及上、下屈服点的差别，构件材料的屈服强度低于试件材料的屈服强度，两者的比值 X_0 的平均值 $\mu_{X_0} = 0.92$，标准差 $\sigma_{X_0} = 0.032$。规范规定的构件材料屈服强度为 $\omega_0 f_k = 235$ MPa。试求该钢筋材料屈服强度 f_y 的统计参数。

【解】

（1）X_0 和 f_y 的变异系数。

$$\delta_{X_0} = \sigma_{X_0} / \mu_{X_0} = 0.032/0.92 = 0.035$$

$$\delta_{f_y} = \sigma_{f_y} / \mu_{f_y} = 21.3/280.3 = 0.076$$

（2）屈服强度 f_y 的统计参数。

由式（9-2）可得屈服强度 f_y 的统计参数如下。

平均值

$$\mu_{X_f} = \frac{\mu_{X_0} \mu_{f_y}}{\omega_0 f_k} = \frac{0.92 \times 280.3}{235} = 1.097$$

变异系数

$$\delta_{X_f} = \sqrt{\delta_{X_0}^2 + \delta_f^2} = \sqrt{0.035^2 + 0.076^2} = 0.084$$

【例 9-2】某预制梁截面尺寸标准值为 $b_k \times h_k = 200 \text{ mm} \times 500 \text{ mm}$。根据《混凝土结构工程施工质量验收规范》（GB 50204—2015），截面宽度和高度的允许偏差均为 ± 5 mm。假定截面尺寸服从正态分布，合格率应达到 95%。试求该梁截面宽度 b 和高度 h 的统计参数。

【解】根据所规定的允许偏差，截面尺寸平均值为

$$\mu_b = b_k + \frac{\Delta b^+ - \Delta b^-}{2} = 200 + \frac{5-5}{2} = 200 \text{ mm}$$

$$\mu_h = h_k + \frac{\Delta h^+ - \Delta h^-}{2} = 500 + \frac{5-5}{2} = 500 \text{ mm}$$

由正态分布函数的性质,当合格率为 95% 时,有 $b_{\min} = \mu_b - 1.645\sigma_b$, $h_{\min} = \mu_h - 1.645\sigma_h$,故

$$\sigma_b = \frac{\mu_b - b_{\min}}{1.645} = \frac{200 - 195}{1.645} = 3.04 \text{ mm}$$

$$\sigma_h = \frac{\mu_h - h_{\min}}{1.645} = \frac{500 - 495}{1.645} = 3.04 \text{ mm}$$

根据式(9-7)、式(9-8)可得截面尺寸的统计参数如下。

平均值

$$\mu_{X_b} = \frac{\mu_b}{b_k} = \frac{200}{200} = 1.0$$

$$\mu_{X_h} = \frac{\mu_h}{h_k} = \frac{500}{500} = 1.0$$

标准差

$$\delta_{X_b} = \delta_b = \frac{\sigma_b}{\mu_b} = \frac{3.04}{200} = 0.015\,2$$

$$\delta_{X_h} = \delta_h = \frac{\sigma_h}{\mu_h} = \frac{3.04}{500} = 0.006\,1$$

由此可见,允许偏差相同时,构件截面尺寸越大,则标准差越小。

9.2　结构构件抗力的统计特征

9.2.1　结构构件抗力的统计参数

对于由几种材料构成的结构构件,在考虑结构构件材料性能的不定性、结构构件几何参数的不定性、结构构件计算模式的不定性三种主要因素的情况下,其抗力可采用下列形式表达:

$$R = X_p R_p = X_p R(f_{c1}a_1, \cdots, f_{ci}, \cdots, a_i, \cdots, f_{cn}a_n) \tag{9-10a}$$

或写成

$$R = X_p R_p = X_p R(f_{c1}a_1, \cdots, f_{ci}a_i, \cdots, f_{cn}a_n) = X_p R(f_{ci}a_i)\,(i = 1, 2, \cdots, n) \tag{9-10b}$$

则

$$R = X_p R_p = X_p R\left[(X_{fi}\omega_{0i}f_{ki})(X_{ai}a_{ki})\right]\,(i = 1, 2, \cdots, n) \tag{9-11}$$

式中　R_p —— 由计算公式确定的结构构件抗力,$R_p = R(\cdot)$,其中 $R(\cdot)$ 为抗力函数;

　　　f_{ci} —— 结构构件中第 i 种材料的材料性能;

　　　a_i —— 与第 i 种材料相应的结构构件几何参数;

　　　X_{fi}、f_{ki} —— 结构构件中第 i 种材料的材料性能随机变量及其标准值;

　　　X_{ai}、a_{ki} —— 与第 i 种材料相应的结构构件几何参数随机变量及其标准值。

按式(9-2)计算,得出由计算公式确定的结构构件抗力 R_p 的统计参数:

$$\mu_{R_p} = R(\mu_{f_{ci}},\ \mu_{a_i})\,(i = 1, 2, \cdots, n) \tag{9-12a}$$

$$\sigma_{R_p} = \sqrt{\sum_{i=1}^{n}\left(\left.\frac{\partial R_p}{\partial X_i}\right|_{\mu}\sigma_{X_i}\right)^2} \tag{9-12b}$$

$$\delta_{R_p} = \frac{\sigma_{R_p}}{\mu_{R_p}} \tag{9-12c}$$

式中　X_i——抗力函数 $R(\cdot)$ 的有关变量,如材料性能 f_{ci}、几何参数 a_i ($i=1,2,\cdots,n$)等。

从而,结构构件抗力 R 的统计参数也可表达为

$$\kappa_R = \frac{\mu_R}{R_k} = \frac{\mu_{X_p}\mu_{R_p}}{R_k} \tag{9-13a}$$

$$\delta_R = \sqrt{\delta_{X_p}^2 + \delta_{R_p}^2} \tag{9-13b}$$

式中　R_k——按规范规定的材料性能和几何参数标准值以及抗力计算公式求得的结构构件抗力。

结构构件抗力标准值 R_k 可表达为

$$R_k = R(\omega_{0i}f_{ki}a_{ki})\ (\ i=1,2,\cdots,n\ ) \tag{9-14}$$

如果结构构件仅由单一材料构成,则抗力计算公式式(9-11)可简化为

$$R = X_p(X_f\omega_0 f_k)(X_a a_k) = X_p X_f X_a R_k \tag{9-15}$$

式中,$R_k = \omega_0 f_k a_k$,则

$$\kappa_R = \frac{\mu_R}{R_k} = \mu_{X_p}\mu_{X_f}\mu_{X_a} \tag{9-16a}$$

$$\delta_R = \sqrt{\delta_{X_p}^2 + \delta_{X_f}^2 + \delta_{X_a}^2} \tag{9-16b}$$

对于钢筋混凝土、钢骨混凝土、配筋砖砌体等由两种或两种以上材料构成的结构构件,可采用式(9-12)、式(9-13)计算抗力的统计参数。对于钢、木等由单一材料构成的结构构件,可采用式(9-16)计算抗力的统计参数。

综上所述,根据三个随机变量 X_m、X_a、X_p 的统计参数,即可求得各种结构构件在不同受力情况下的抗力的统计参数 κ_R、δ_R(表9-4)。

表 9-4　各种结构构件在不同受力情况下的抗力的统计参数

构件类型	受力状态	$\kappa_R = \mu_R/R_k$	δ_R	构件类型	受力状态	$\kappa_R = \mu_R/R_k$	δ_R
钢结构构件	轴心受拉(Q235F)	1.13	0.12	钢筋混凝土结构构件	轴心受拉(短柱)	1.10	0.10
	轴心受压(Q235F)	1.11	0.12		轴心受压(短柱)	1.33	0.17
	偏心受压(Q235F)	1.21	0.15		小偏心受压(短柱)	1.30	0.15
薄壁型钢结构构件	轴心受压(Q235F)	1.21	0.15		大偏心受压(短柱)	1.16	0.13
	偏心受压(16Mn)	1.20	0.15		受弯	1.13	0.10
					受剪	1.24	0.19
砖结构砌体构件	轴心受压	1.21	0.25	木结构构件	轴心受拉	1.42	0.33
	小偏心受压	1.26	0.30		轴心受压	1.23	0.23
	齿缝受弯	1.06	0.24		受弯	1.38	0.27
	受剪	1.02	0.27		顺纹受剪	1.23	0.25

9.2.2　例题

【例 9-3】试求钢筋混凝土短柱轴心受压承载力的统计参数 κ_R 和 δ_R。已知相关参数如下。

混凝土:强度等级 C30，$f_{ck} = 20.1$ MPa，$\mu_{X_{f_c}} = 1.41$，$\delta_{X_{f_c}} = 0.19$。

钢筋:强度等级 HRB335，$f_{yk} = 335$ MPa，$\mu_{X_{f_y}} = 1.14$，$\delta_{X_{f_y}} = 0.07$。

截面尺寸:$b_k \times h_k = 400$ mm $\times 400$ mm，$\mu_{X_b} = \mu_{X_h} = 1.0$，$\delta_{X_b} = \delta_{X_h} = 0.02$。

配筋率:$\rho'_s = 1.1\%$，$\mu_{X_{A'_s}} = 1.0$，$\delta_{X_{A'_s}} = 0.03$。

计算模式:$\mu_{X_p} = 1.0$，$\delta_{X_p} = 0.05$。

【解】按《混凝土结构设计规范（2015 年版）》（GB 50010—2010），轴心受压短柱的承载力计算公式为

$$N_p = f_c bh + f'_y A'_s$$

按式（9-2）和式（9-3），可得

$$\mu_{N_p} = \mu_{f_c}\mu_b\mu_h + \mu_{f_y}\mu_{A'_s} = \mu_{X_{f_c}} f_{ck}\mu_{X_b}b_k\mu_{X_h}h_k + \mu_{X_{f_y}} f_{yk}\mu_{X_{A'_s}}\rho'_s b_k h_k$$

$$= 1.41 \times 20.1 \times 1.0 \times 400 \times 1.0 \times 400 + 1.14 \times 335 \times 1.0 \times 0.011 \times 400 \times 400$$

$$= 5\,206.704 \text{ kN}$$

$$\sigma^2_{N_p} = \sigma^2_{f_c}\mu^2_b\mu^2_h + \mu^2_{f_c}\sigma^2_b\mu^2_h + \mu^2_{f_c}\mu^2_b\sigma^2_h + \mu^2_{f_y}\sigma^2_{A'_s} + \sigma^2_{f_y}\mu^2_{A'_s}$$

$$= \mu^2_{f_c}\mu^2_b\mu^2_h\left(\delta^2_{f_c} + \delta^2_b + \delta^2_h\right) + \mu^2_{f_y}\mu^2_{A'_s}\left(\delta^2_{f_y} + \delta^2_{A'_s}\right)$$

取

$$C = \frac{\mu_{f_y}\mu_{A'_s}}{\mu_{f_c}\mu_b\mu_h} = \rho'_s\frac{\mu_{X_{f_y}} f_{yk}}{\mu_{X_{f_c}} f_{ck}} = 0.011 \times \frac{1.14 \times 335}{1.41 \times 20.1} = 0.148\,2$$

则得

$$\delta^2_{N_p} = \frac{\sigma^2_{N_p}}{\mu^2_{N_p}} = \frac{\delta^2_{X_{f_c}}\delta^2_{X_b} + \delta^2_{X_h} + C^2\left(\delta^2_{X_{f_y}} + \delta^2_{X_{A'_s}}\right)}{(1+C)^2}$$

$$= \frac{0.19^2 + 0.02^2 + 0.02^2 + 0.148\,2^2 \times \left(0.07^2 + 0.03^2\right)}{(1+0.148\,2)^2} = 0.028\,1$$

再由式（9-13），可得

$$\kappa_R = \frac{\mu_N}{N_k} = \frac{\mu_{X_p}\mu_{N_p}}{f_{ck}b_k h_k + f'_{yk}A'_{sk}} = \frac{1.0 \times 5\,206.704 \times 10^3}{(20.1 + 335 \times 0.011) \times 400 \times 400} = 1.368$$

$$\delta_R = \sqrt{\delta^2_{X_p} + \delta^2_{N_p}} = \sqrt{0.05^2 + 0.028\,1^2} = 0.057\,4$$

9.2.3　结构构件抗力的分布类型

由式（9-10a）、式（9-15）可知,结构构件抗力 R 是多个随机变量的函数。即使每个随机

变量的概率分布函数已知,在理论上推导抗力 R 的概率分布函数也有很大的数学困难。在实际工程中,常根据概率论原理假定结构构件抗力的概率分布函数。

概率论的中心极限定理(详见附录 C)指出,若随机变量 $X_1, X_2, \cdots, X_n$ 相互独立,且其中任何一个均不占优势,当 n 充分大时,无论 $X_1, X_2, \cdots, X_n$ 服从哪种类型的概率分布,只要满足定理的条件,则各随机变量之和 $Y = \sum_{i=1}^{n} X_i$ 近似服从正态分布。

由概率论可知,若随机变量 Y 是由多个独立的随机变量 X_i 的乘积构成的,即 $Y = X_1 X_2 \cdots X_n$,则 $\ln Y = \ln X_1 + \ln X_2 + \cdots + \ln X_n$。由中心极限定理可知,当 n 充分大时,无论 $\ln X_1$, $\ln X_2, \cdots, \ln X_n$ 服从哪种类型的概率分布,$\ln Y$ 总是近似服从正态分布,从而 Y 的分布近似服从对数正态分布。

由于结构构件抗力 R 常由多个影响大小相近的随机变量相乘而得,其计算模式大多为 $Y = X_1 X_2 \cdots X_n$ 或 $Y = X_1 X_2 X_3 + X_4 X_5 X_6 \cdots X_n$ 等形式,因此,可近似认为无论 $X_1, X_2, \cdots, X_n$ 为何种分布,结构构件抗力 R 的概率分布函数均近似服从对数正态分布。这样处理比较简便,能满足一次二阶矩方法分析结构可靠度的精度要求。

9.3　材料强度标准值和设计值

材料强度标准值 f_k 是结构设计时所用的材料强度 f 的基本代表值,它不仅是设计表达式中材料性能取值的依据,而且是生产中控制材料性能质量的主要依据。

材料强度标准值应根据符合规定质量的材料性能的概率分布的某一分位值确定。统计结果表明,材料强度 f 一般服从正态分布,则其标准值 f_k 可按下式计算:

$$f_k = \mu_f - \alpha_f \sigma_f = \mu_f (1 - \alpha_f \delta_f) \tag{9-17a}$$

式中　μ_f、σ_f、δ_f —— 永久荷载的平均值、标准差、变异系数;

α_f —— 材料强度标准值标准正态分布概率函数 p_f 的反函数,即 $\alpha_f = \Phi^{-1}(p_f)$,可通过扫描二维码查附录 D 确定。

从当前的发展来看,一般将材料强度标准值 f_k 定义在设计限定质量相应的材料强度 f 概率分布的 0.05 分位值上,这时相应的偏低率 p_k 为 5%,查附录 D 得 $\alpha_f = 1.645$,则

$$f_k = \mu_f - \alpha_f \sigma_f = \mu_f - 1.645 \sigma_f \tag{9-17b}$$

当材料强度符合式(9-17b)所定义的标准值时,可近似地认为其在质量上等同于极限质量水平。

材料强度设计值是材料强度标准值除以材料分项系数后的值,即

材料强度设计值 = 材料强度标准值 / 材料分项系数　　　　　　　　(9-18)

其中,材料强度分项系数是结构设计时考虑材料性能的不定性并与结构可靠度相关联的分项系数。

常用材料强度设计值的定义如下。

1. 混凝土

混凝土轴心抗压强度设计值 f_c 和轴心抗拉强度设计值 f_t 分别为

$$
\begin{cases}
f_{c} = \dfrac{f_{ck}}{\gamma_{c}} \\[3mm]
f_{t} = \dfrac{f_{tk}}{\gamma_{c}}
\end{cases}
\tag{9-19}
$$

式中　f_{ck}、f_{tk} —— 混凝土轴心抗压和轴心抗拉强度标准值（N/mm²）；

　　　　γ_{c} —— 混凝土强度分项系数。

在现行的建筑结构规范和公路桥涵结构规范中,混凝土轴心抗压和轴心抗拉强度标准值是相同的。按照可靠度分析法和工程经验校准法计算,《混凝土结构设计规范（2015 年版）》（GB 50010—2010）规定,取 $\gamma_{c} = 1.40$;《公路钢筋混凝土及预应力混凝土桥涵设计规范》（JTG 3362—2018）规定,取 $\gamma_{c} = 1.45$;《公路圬工桥涵设计规范》（JTG D61—2005）规定,对轴心抗压,取 $\gamma_{c} = 1.45/0.85 = 1.71$;对弯曲抗拉,取 $\gamma_{c} = 1.45/0.75 = 1.93$。

2. 混凝土中的钢筋

混凝土中的钢筋强度设计值 f_{y} 定义为

$$
f_{y} = \frac{f_{yk}}{\gamma_{s}}
\tag{9-20}
$$

式中　f_{yk} —— 钢筋强度标准值（N/mm²）,对普通热轧钢筋,取其屈服强度标准值,对预应力筋,取其条件屈服强度标准值（$s_{p0.2}$）；

　　　　γ_{s} —— 钢筋强度分项系数。

钢筋强度标准值取自现行国家标准的钢筋屈服点,具有不低于 95% 的保证率。钢筋强度分项系数也按照可靠度分析法和工程经验校准法确定。由于钢筋材料质量的差别,各品种钢筋采用不同的强度分项系数。

《混凝土结构设计规范（2015 年版）》（GB 50010—2010）规定:对 HPB300 和 HRB400 级热轧钢筋,取 $\gamma_{s} = 1.10$;对 HRB500 级热轧钢筋,适当提高安全储备,取 $\gamma_{s} = 1.15$;对预应力钢丝、钢绞线,取 $\gamma_{s} = 1.20$;对中强度预应力钢丝和预应力螺纹钢筋,取 $\gamma_{s} = 1.20 \sim 1.21$。

《公路钢筋混凝土及预应力混凝土桥涵设计规范》（JTG 3362—2018）规定:对各类热轧钢筋,取 $\gamma_{s} = 1.25$;对无明显屈服台阶的钢绞线、碳素钢丝,取 $\gamma_{s} = 1.47$。

3. 砌体

各类砌体的各种强度设计值均按式（9-20）求得。在《砌体结构设计规范》（GB 50003—2011）中,依据施工质量的不同,材料分项系数取值为:B 级取 1.6,C 级取 1.8。在《公路圬工桥涵设计规范》（JTG D61—2005）中,各类砌体的材料分项系数均取 1.6。

4. 钢结构中的钢材

钢结构中的钢材强度设计值 f 定义为

$$
f = \frac{f_{y}}{\gamma_{R}}
\tag{9-21}
$$

式中　f_{y} —— 钢材屈服强度值（N/mm²）；

　　　　γ_{R} —— 钢材抗力（钢构件抗力）分项系数。

《钢结构设计标准》（GB 50017—2017）根据钢材应力种类对不同牌号的钢材采用不同

的抗力分项系数,详见表 9-5。

表 9-5　钢材抗力分项系数 γ_R

钢材牌号	厚度分组(mm)	
	6 ~ 40	40 ~ 100
Q235 钢	1.090	
Q355 钢	1.125	
Q390 钢		
Q420 钢	1.125	1.180
Q460 钢		

【思考题】

1. 简述结构抗力的定义、分类及影响因素。

2. 结构构件材料性能的不定性是由什么原因引起的?

3. 什么是结构构件计算模式的不定性? 如何统计?

4. 结构构件几何参数的不定性主要包括哪些?

5. 结构构件的抗力分布可近似为什么类型? 其统计参数如何计算?

6. 材料强度标准值和设计值如何确定?

【习题】

1. 试求 16Mn 钢筋屈服强度的统计参数。

已知:试件钢筋屈服强度的平均值 $\mu_{f_y} = 380$ MPa,变异系数 $\delta_{f_y} = 0.053$。由于加荷速度及上、下屈服点的差别,构件材料的屈服强度低于试件材料的屈服强度,经统计,两者的比值 K_0 的平均值 $\mu_{K_0} = 0.975$,变异系数 $\delta_{K_0} = 0.011$。钢筋轧制时截面面积变异,其平均值 $\mu_{K_0} = 1.015$,变异系数 $\delta_{K_0} = 0.024\ 7$;设计选取规格引起钢筋截面面积变异,其平均值 $\mu_{K_0} = 1.025$,变异系数 $\delta_{K_0} = 0.05$。规范规定的构件材料屈服强度为 $K_0 f_k = 335$ MPa。

2. 求优良等级钢筋混凝土预制板截面宽度和高度的统计参数。

已知:根据钢筋混凝土工程施工及验收规范,预制板截面宽度允许偏差 D_b 为(-5 mm, 3 mm),截面高度允许偏差 D_h 为(-3 mm, 25 mm),截面尺寸标准值为 $b_k \times h_k = $ 500 mm × 100 mm,假定截面尺寸符合正态分布,合格率应达到 90%。

3. 求钢筋混凝土斜压抗剪强度计算公式不精确性的统计参数。对 10 根梁进行试验,相关数据见表 9-6。

表 9-6　10 根梁构件抗力的统计参数

序号	f_a^s(MPa)	$b_k \times h_k$(mm × mm)	a^s/h_0^s	Q_p^s	Q_p	Q_p^s/Q_p
1	385	79 × 180	0.8	12.2	15.1	0.807
2	194	101 × 549	1.0	29.9	33.1	0.905
3	252	75 × 554	1.0	29.9	32.6	0.916
4	256	66 × 545	1.0	24.9	27.7	0.900
5	195	51 × 545	1.0	16.9	16.8	1.015
6	266	51 × 551	1.5	20.0	21.4	0.936
7	266	50 × 545	1.5	21.7	20.7	1.048
8	230	62 × 548	2.0	17.5	20.8	0.840
9	282	55 × 450	2.0	18.5	18.6	0.983
10	282	61 × 452	3.6	17.3	18.3	0.946

第10章 结构可靠度的分析与计算

【本章提要】

本章首先介绍了结构可靠度的基本概念,包括结构的功能要求、极限状态和结构功能函数;在此基础上,详细阐述了结构可靠度计算的中心点法和验算点法;最后简述了相关随机变量的结构可靠度和结构体系的可靠度分析及计算方法。

10.1 结构可靠度的基本概念

10.1.1 结构的功能要求

工程结构设计的基本目的是:在一定的经济条件下,结构的设计、施工和维护应使结构在设计使用年限内以可靠度适当且经济的方式满足各项规定的功能要求。

《工程结构可靠性设计统一标准》(GB 50153—2008)规定,结构在规定的设计使用年限内应满足下列功能要求:①能承受在施工和使用期间可能出现的各种作用;②保持良好的使用性能;③具有足够的耐久性能;④当发生火灾时,在规定的时间内可保持足够的承载力;⑤当发生爆炸、撞击、人为错误等偶然事件时,能保持必需的整体稳固性,不出现与起因不相称的破坏后果,防止连续倒塌。

上述第①、④、⑤项为结构的安全性要求,第②项为结构的适用性要求,第③项为结构的耐久性要求。

这些功能要求概括起来称为结构的可靠性,即结构在规定的时间(如设计基准期 50年)内、在规定的条件(正常设计、正常施工、正常使用维护)下完成预定功能(安全性、适用性和耐久性)的能力。显然,增大结构设计的余量,如加大结构构件的截面尺寸或钢筋数量,或提高对材料性能的要求,总是能够提升或改善结构的可靠性,但这将使结构造价提高,不符合经济的要求。因此,结构设计要根据实际情况解决好结构可靠性与经济性之间的矛盾,既要保证结构具有适当的可靠性,又要尽可能降低造价,做到经济合理。

10.1.2 结构的极限状态

整个结构或结构的一部分超过某一特定状态就不能满足设计规定的某一功能要求,此特定状态称为该功能的极限状态。

极限状态是区分结构工作状态可靠或失效的标志。结构失效形式包括:功能失效、服务失效、几何组成失效、传递失效、稳定失效、材料过应力失效。

根据结构的功能要求,《工程结构可靠性设计统一标准》(GB 50153—2008)将结构的极限状态分为两类:承载能力极限状态和正常使用极限状态。

1. 承载能力极限状态

承载能力极限状态对应于结构或结构构件达到最大承载能力或产生不适于继续承载的变形。结构或结构构件出现下列状态之一,应认为超过了承载能力极限状态。

(1)结构构件或连接因超过材料强度而破坏,或因过度变形而不适于继续承载。

(2)整个结构或结构的一部分作为刚体失去平衡。

(3)结构转变为机动体系。

(4)结构或结构构件丧失稳定。

(5)结构因局部破坏而连续倒塌。

(6)地基丧失承载力而破坏。

(7)结构或结构构件疲劳破坏。

承载能力极限状态分为构件层次和结构层次,各种承载能力极限状态分别基于规定的结构破坏模式进行计算。

此外,同一结构或构件可能存在对应上述不同状态的承载能力极限状态,此时应以承载能力最小的情况作为该结构或构件的承载能力极限状态。

2. 正常使用极限状态

这种极限状态对应于结构或结构构件达到正常使用或耐久性能的某项规定限值。结构或结构构件出现下列状态之一,应认为超过了正常使用极限状态。

(1)影响正常使用或外观的变形,如挠度过大。

(2)影响正常使用或耐久性能的局部损失,如不允许出现裂缝的结构开裂,允许出现裂缝的构件裂缝宽度超过了允许的限值。

(3)影响正常使用的振动。

(4)影响正常使用的其他特定状态,如水池渗漏、钢材腐蚀、混凝土冻害等。

虽然超越正常使用极限状态的后果一般不如超越承载能力极限状态那样严重,但是也不可忽视,例如过大的变形会造成房屋内粉刷剥落、门窗变形、填充墙和隔断墙开裂及屋面积水等后果;在多层精密仪表车间中,过大的楼面变形还可能影响到产品的质量;水池和油罐等结构开裂会引起渗漏;混凝土构件出现过大的裂缝会影响使用寿命。此外,结构或构件出现过大的变形和裂缝将引起用户心理上的不安全感。当然,正常使用极限状态被超越后,其后果的严重程度比承载能力极限状态被超越要轻一些,因此对其出现概率的控制可放宽一些。

对于结构的各种极限状态,均应规定明确的标志及限值。

10.1.3 结构功能函数

按极限状态进行结构设计时,可以根据结构预定功能所要求的各种结构性能(如强度、刚度、应力、裂缝等)建立包括各种变量(如荷载、材料性能、几何参数等)的函数,该函数称为结构功能函数,用 Z 来表示:

$$Z = g(X_1, X_2, \cdots, X_i, \cdots, X_n)(i = 1, 2, \cdots, n) \tag{10-1}$$

其中，$X_i(i=1,2,\cdots,n)$为影响结构性能的基本变量，包括结构上的各种作用和环境影响，如荷载、材料性能、几何参数等。

在进行可靠度分析时，一般将各种基本变量X_i从性质上归纳为两类综合基本变量，即结构抗力R和荷载效应S，则结构功能函数Z可简化为

$$Z=g(R,S)=R-S \tag{10-2}$$

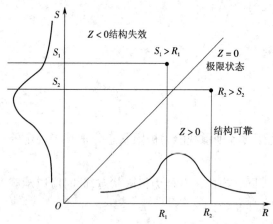

图 10-1　结构完成预定功能的工作状态

按式（10-2）表达的结构功能函数，结构完成预定功能的工作状态可分为以下三种情况（图 10-1）：

（1）当$Z>0$时，即$R>S$，结构能够完成预定功能，处于可靠状态；

（2）当$Z<0$时，即$R<S$，结构不能完成预定功能，处于失效状态；

（3）当$Z=0$时，即$R=S$，结构处于临界的极限状态。

因此，结构的极限状态可采用下列方程描述：

$$Z=R-S=g(X_1,X_2,\cdots,X_i,\cdots,X_n)=0\ (i=1,2,\cdots,n) \tag{10-3}$$

式（10-3）称为结构的极限状态方程，它是结构可靠与失效的临界点，要保证结构处于可靠状态，结构功能函数Z应符合下列要求：

$$Z=g(X_1,X_2,\cdots,X_n)\geqslant 0 \tag{10-4a}$$

或

$$Z=R-S\geqslant 0 \tag{10-4b}$$

由第 8 章和第 9 章的分析可知，荷载（作用）、材料性能、几何参数等均为随机变量，故作用效应S和结构抗力R也是随机变量，结构处于可靠状态（$Z\geqslant 0$）显然也具有随机性。

10.1.4　结构可靠度和可靠指标

结构在规定的时间内、在规定的条件下完成预定功能的概率称为结构可靠度，即结构可靠度是对结构可靠性的概率度量。

结构完成预定功能的概率称为可靠概率p_s；反之，则称为失效概率p_f。显然，二者是互补的，即$p_s+p_f=1.0$。由于结构的失效概率比可靠概率有更明确的物理意义，习惯上用结构的失效概率来度量结构可靠性，失效概率p_f越小，则表明结构可靠度越大。

若已知结构抗力R和荷载效应S的概率密度函数分别为$f_R(r)$和$f_S(s)$，可得失效概率p_f为

$$p_f=P(Z=R-S<0)=\iint\limits_{r<s}f_R(r)f_S(s)\mathrm{d}r\mathrm{d}s \tag{10-5}$$

按式（10-5）求解失效概率p_f涉及复杂的概率运算，还需要做多重积分。而且在实际工

程中,结构功能函数 Z 的基本变量并不是两个,即使将这些变量归纳为结构抗力 R 和荷载效应 S,R 和 S 的分布也不一定是简单函数。因而,除了特别重要的和新型的结构外,一般不采用直接计算 p_f 的设计方法。《工程结构可靠性设计统一标准》(GB 50153—2008)和一些国外标准均采用可靠指标 β 代替失效概率 p_f 来度量结构可靠性。

下面以结构功能函数只包含两个综合基本变量(结构抗力 R 和荷载效应 S)为例,说明如何建立可靠指标与失效概率之间的关系。

1. 基本变量 R 和 S 均服从正态分布

假设结构抗力 R 和荷载效应 S 都是服从正态分布的随机变量,且 R 和 S 是相互独立的,则结构功能函数 $Z = R - S$ 也是服从正态分布的随机变量。Z 的概率分布曲线如图 10-2 所示。

结构处于失效状态时,$Z = R - S < 0$,其出现的概率就是失效概率 p_f(图 10-2 中的阴影面积),即

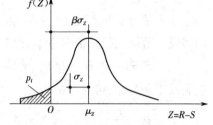

图 10-2　结构功能函数 Z 的概率分布曲线

$$p_f = P(Z = R - S < 0) = \int_{-\infty}^{0} f(Z)\mathrm{d}Z \qquad (10\text{-}6)$$

式中　$f(Z)$——结构功能函数 Z 的概率分布函数。

取结构抗力 R 的平均值为 μ_R,标准差为 σ_R;荷载效应的平均值为 μ_S,标准差为 σ_S,则结构功能函数 Z 的平均值 μ_Z 及标准差 σ_Z 分别为

$$\mu_Z = \mu_R - \mu_S \qquad (10\text{-}7)$$

$$\sigma_Z = \sqrt{\sigma_R^2 + \sigma_S^2} \qquad (10\text{-}8)$$

根据正态分布的概率分布函数,式(10-6)可写为

$$p_f = \int_{-\infty}^{0} f(Z)\mathrm{d}Z = \frac{1}{\sigma_Z\sqrt{2\pi}} \int_{-\infty}^{0} \exp\left[-\frac{(Z - \mu_Z)^2}{2\sigma_Z^2} \right]\mathrm{d}Z \qquad (10\text{-}9)$$

取 $\mu_Z = \beta\sigma_Z$,并令 $X = (Z - \mu_Z)/\sigma_Z$,将式(10-9)化为标准正态分布函数,可得

$$p_f = \frac{1}{\sqrt{2\pi}} \int_{-\infty}^{-\beta} \exp\left(-\frac{1}{2}X^2 \right)\mathrm{d}X = 1 - \frac{1}{\sqrt{2\pi}} \int_{\beta}^{\infty} \exp\left(-\frac{1}{2}X^2 \right)\mathrm{d}X = 1 - \Phi(\beta) \qquad (10\text{-}10)$$

由图 10-2 可见,结构失效概率 p_f 与结构功能函数 Z 的平均值 μ_Z 到坐标原点的距离有关,$\mu_Z = \beta\sigma_Z$。β 越大,失效概率 p_f 就小;反之则越大。因此,β 与 p_f 一样可作为度量结构可靠度的指标,故称 β 为结构的可靠指标。β 值可按下式计算:

$$\beta = \frac{\mu_Z}{\sigma_Z} = \frac{\mu_R - \mu_S}{\sqrt{\sigma_R^2 + \sigma_S^2}} \qquad (10\text{-}11)$$

再由式(10-10)计算,可得对应的失效概率 p_f,见表 10-1。式(10-10)中的函数 $\Phi(\beta)$ 可由概率理论的相关计算得到(参见附录 D)。显然,β 与 p_f 之间存在着一一对应关系,分析表 10-1 中的计算结果可知,β 值相差 0.5,失效概率 p_f 大致相差一个数量级;不论 β 值多大,p_f 都不可能为零。

因此,失效概率 p_f 总是存在的,要使结构设计做到绝对可靠($R > S$)是不可能的。从概率的角度,结构设计的目的就是使 $Z < 0$ 的概率 p_f 足够小,以达到人们接受的程度。

表 10-1　可靠指标 β 与失效概率 p_f 的对应关系

可靠指标 β	1.0	1.5	2.0	2.5	2.7	3.0
失效概率 p_f	15.90×10^{-2}	6.68×10^{-2}	2.28×10^{-2}	6.21×10^{-3}	3.50×10^{-3}	1.35×10^{-3}
可靠指标 β	3.2	3.5	3.7	4.0	4.2	4.7
失效概率 p_f	6.90×10^{-4}	2.33×10^{-4}	1.10×10^{-4}	3.17×10^{-5}	1.30×10^{-5}	1.30×10^{-6}

2. 基本变量 R 和 S 均服从对数正态分布

在上述计算过程中,可靠指标 β 的导出基于结构抗力 R 和荷载效应 S 都服从正态分布的假设。若结构抗力 R 和荷载效应 S 都服从对数正态分布,且相互独立,则结构功能函数

$$Z = \ln(R/S) = \ln R - \ln S \tag{10-12}$$

也服从正态分布,可靠指标为

$$\beta = \frac{\mu_Z}{\sigma_Z} = \frac{\mu_{\ln R} - \mu_{\ln S}}{\sqrt{\sigma_{\ln R}^2 + \sigma_{\ln S}^2}} \tag{10-13}$$

由附录 C 所列的对数正态分布函数及其数学特征,可得出 $\ln X$ 的统计参数($\mu_{\ln X}$、$\sigma_{\ln X}$)与 X 的统计参数(μ_X、σ_X)之间有如下关系:

$$\mu_{\ln X} = \ln \mu_X - \ln \sqrt{1 + \delta_X^2} \tag{10-14}$$

$$\sigma_{\ln X} = \sqrt{\ln(1 + \delta_X^2)} \tag{10-15}$$

由此得到可靠指标的表达式为

$$\beta = \frac{\mu_Z}{\sigma_Z} = \frac{\ln \dfrac{\mu_R \sqrt{1 + \delta_S^2}}{\mu_S \sqrt{1 + \delta_R^2}}}{\sqrt{\ln(1 + \delta_R^2) + \ln(1 + \delta_S^2)}} \tag{10-16}$$

当变异系数 σ_R、σ_S 都很小(小于 0.3)时,利用 $\ln(1+x) \approx x$,式(10-16)可简化为

$$\beta = \frac{\mu_Z}{\sigma_Z} = \frac{\ln \mu_R - \ln \mu_S}{\sqrt{\delta_R^2 + \delta_S^2}} \tag{10-17}$$

由式(10-11)和式(10-17)可见,采用结构的可靠指标 β 度量结构可靠性,几何意义明确、直观,并且计算过程只涉及随机变量的统计参数,计算方便,因而在实际计算中得到广泛应用。

10.1.5　例题

【例 10-1】某热轧 H 型钢轴心受压短柱,截面面积 $A = 12\,040\ \text{mm}^2$,材质为 Q235B。设荷载服从正态分布,轴力 N 的平均值 $\mu_N = 2\,200\ \text{kN}$,变异系数 $\delta_N = 0.10$。钢材屈服强度 f 服从正态分布,其平均值 $\mu_f = 280\ \text{MPa}$,变异系数 $\delta_f = 0.08$。不考虑构件截面尺寸的变异和计算模式的不定性,试计算该短柱的可靠指标 β。

【解】

(1)荷载效应 S 的统计参数。

$$\mu_S = \mu_N = 2\,200 \text{ kN}$$

$$\sigma_S = \sigma_N = \delta_N \mu_N = 0.10 \times 2\,200 = 220 \text{ kN}$$

（2）结构抗力 R 的统计参数。

短柱的抗力为 $R = \varphi A$，抗力的统计参数为

$$\mu_R = \mu_f A = 280 \times 12\,040 \times 10^{-3} = 3\,371.2 \text{ kN}$$

$$\sigma_R = \delta_R \mu_R = \delta_f \mu_f A = 3\,371.2 \times 0.08 = 269.696 \text{ kN}$$

（3）可靠指标 β。

$$\beta = \frac{\mu_R - \mu_S}{\sqrt{\sigma_R^2 + \sigma_S^2}} = \frac{3\,371.2 - 2\,200}{\sqrt{269.696^2 + 220^2}} = 3.365$$

查标准正态分布函数表（附录 D），可得 $\Phi(\beta) = 0.999\,6$，相应的失效概率 $p_f = 1 - 0.999\,6$ $= 4.0 \times 10^{-4}$。

10.2 结构可靠度的计算

在实际工程中，结构功能函数通常是由多个随机变量组成的非线性函数，而且这些随机变量并不都服从正态分布，因此不能简单地用上述方法计算其可靠指标。

当组成结构功能函数的多个随机变量相互独立时，可采用下面的方法计算其可靠指标。

10.2.1 中心点法

中心点法是在结构可靠度研究初期提出的一种方法。其基本思路是：利用随机变量的统计参数（平均值和标准差）的数学模型分析结构可靠度，并将极限状态功能函数在平均值（即中心点）处展开为泰勒（Taylor）级数，使之线性化，然后求解可靠指标。

设 $X_1, X_2, \cdots, X_n$ 是相互独立的随机变量，由这些随机变量组成的结构功能函数为

$$Z = g(X_1, X_2, \cdots, X_i, \cdots, X_n) \quad (i = 1, 2, \cdots, n)$$

将 Z 在随机变量 X_i 的平均值（即中心点）处展开为 Taylor 级数，并保留至一次项，即

$$Z = g(\mu_{X_1}, \ \mu_{X_2}, \cdots, \ \mu_{X_n}) + \sum_{i=1}^{n} \frac{\partial g}{\partial X_i}\bigg|_{\mu} (X_i - \mu_{X_i}) \tag{10-18}$$

式中　μ_{X_i} —— 随机变量 X_i 的平均值，$i = 1, 2, \cdots, n$；

$\dfrac{\partial g}{\partial X_i}\bigg|_{\mu}$ —— 结构功能函数 Z 对 X_i 的偏导数在平均值 μ_{X_i} 处赋值。

结构功能函数 Z 的平均值和标准差可分别近似表示为

$$\mu_Z = g(\mu_{X_1}, \ \mu_{X_2}, \cdots, \ \mu_{X_n}) \tag{10-19}$$

$$\sigma_Z = \sqrt{\sum_{i=1}^{n} \left(\frac{\partial g}{\partial X_i}\bigg|_{\mu} \sigma_{X_i} \right)^2} \tag{10-20}$$

式中　σ_{X_i} —— 随机变量 X_i 的标准差，$i = 1, 2, \cdots, n$。

则结构的可靠指标为

$$\beta = \frac{\mu_Z}{\sigma_Z} = \frac{g\left(\mu_{X_1}, \ \mu_{X_2}, \cdots, \ \mu_{X_n}\right)}{\sqrt{\sum_{i=1}^{n}\left(\left.\frac{\partial g}{\partial X_i}\right|_{\mu} \sigma_{X_i}\right)^2}} \quad\quad (10\text{-}21)$$

当结构功能函数为结构中 n 个相互独立的随机变量 X_i 组成的线性函数时,则得式(10-1)的解析表达式为

$$Z = a_0 + \sum_{i=1}^{n} a_i X_i \quad\quad (10\text{-}22)$$

式中　a_i —— 常数, $i = 1, 2, \cdots, n$。

将 Z 在随机变量 X_i 的平均值处展开为 Taylor 级数,并保留至一次项,即

$$Z = a_0 + \sum_{i=1}^{n} a_i \mu_{X_i} + \sum_{i=1}^{n} a_i \left(X_i - \mu_{X_i}\right) \quad\quad (10\text{-}23)$$

Z 的平均值和标准差分别为

$$\mu_Z = a_0 + \sum_{i=1}^{n} a_i \mu_{X_i} \quad\quad (10\text{-}24)$$

$$\sigma_Z = \sqrt{\sum_{i=1}^{n} a_i^2 \sigma_{X_i}^2} \quad\quad (10\text{-}25)$$

根据概率论的中心极限定理(附录 C),当随机变量的数量 n 足够大时,可以认为 Z 近似服从正态分布,则可靠指标可按下式计算:

$$\beta = \frac{\mu_Z}{\sigma_Z} = \frac{a_0 + \sum_{i=1}^{n} a_i \mu_{X_i}}{\sqrt{\sum_{i=1}^{n} a_i^2 \sigma_{X_i}^2}} \qu\quad\quad (10\text{-}26)$$

由上述计算可以看出,中心点法概念清楚,计算比较简单,可直接给出可靠指标 β 与随机变量的统计参数之间的关系,分析问题方便、灵活。但它也存在着以下缺点。

(1)未考虑随机变量的概率分布类型,而只采用其统计特征值进行运算。若基本变量的概率分布为非正态分布或非对数正态分布,则可靠指标的计算结果与其标准值有较大差异,不能采用。

(2)将非线性结构功能函数在随机变量的平均值处展开不合理,由于随机变量的平均值不在极限状态曲面上,展开后的线性极限状态平面可能较大程度地偏离原来的极限状态曲面。可靠指标 β 依赖于展开点的选择。

(3)对有相同力学含义但数学表达式不同的非线性结构功能函数,应用中心点法不能求得相同的可靠指标。具体见【例 10-4】和【例 10-5】的分析。

【例 10-2】某悬臂梁,长度 $l = 3.0$ m,端部承受集中荷载 P,梁根部所承受的极限弯矩为 M_u。已知:集中力 P 的平均值 $\mu_P = 20$ kN,标准差 $\sigma_P = 2.4$ kN;极限弯矩 M_u 的平均值 $\mu_{M_u} = 80$ kN·m,标准差 $\sigma_{M_u} = 4.0$ kN·m。试用中心点法计算该梁的可靠指标 β。

【解】悬臂梁为静定结构,由集中荷载产生的根部弯矩 $M = Pl > M_u$ 时,梁即失效,故取

其受弯承载力功能函数为

$$Z = g(M_u, P) = M_u - Pl$$

由式（10-19）和式（10-20）可得 Z 的平均值 μ_Z 和标准差 σ_Z 为

$$\mu_Z = \mu_{M_u} - \mu_P l = 80 - 20 \times 3.0 = 20 \text{ kN·m}$$

$$\sigma_Z = \sqrt{\sigma_{M_u}^2 + \sigma_P^2 l^2} = \sqrt{4.0^2 + 2.4^2 \times 3.0^2} = 8.24 \text{ kN·m}$$

可靠指标 β 为

$$\beta = \frac{\mu_Z}{\sigma_Z} = \frac{20}{8.24} = 2.427$$

【例 10-3】某钢筋混凝土轴心受压短柱，截面尺寸为 $b \times h = 400 \text{ mm} \times 400 \text{ mm}$，配筋为 HRB335 级，$8\Phi20 (A_s = 2\,512 \text{ mm}^2)$。设荷载服从正态分布，轴力 N 的平均值 $\mu_N = 2\,000$ kN，变异系数 $\delta_N = 0.10$。钢筋屈服强度 f_y 服从正态分布，其平均值 $\mu_{f_y} = 380 \text{ MPa}$，变异系数 $\delta_{f_y} = 0.06$。混凝土轴心抗压强度 f_c 也服从正态分布，其平均值 $\mu_{f_c} 24.8 \text{ MPa}$，变异系数 $\delta_{f_c} = 0.20$。不考虑结构尺寸的变异和计算模式的不定性，试计算该短柱的可靠指标 β。

【解】取抗力作为功能函数（单位为 kN）。

$$Z = f_c bh + f_y A_s - N = 160 f_c + 2.512 f_y - N$$

按式（10-24）和式（10-25）计算，Z 的平均值和标准差分别为

$$\mu_Z = a_0 + \sum_{i=1}^{n} a_i \mu_{X_i} = 160 \times 24.8 + 2.512 \times 380 - 2\,000 = 2\,922.56 \text{ kN}$$

$$\sigma_Z = \sqrt{\sum_{i=1}^{n} a_i^2 \sigma_{X_i}^2}$$

$$= \sqrt{160^2 \times 0.20^2 \times 24.8^2 + 2.512^2 \times 0.06^2 \times 380^2 + 2\,000^2 \times 0.10^2} = 820.42 \text{ kN}$$

按式（10-26）计算，可靠指标 β 为

$$\beta = \frac{\mu_Z}{\sigma_Z} = \frac{2\,922.56}{820.42} = 3.56$$

【例 10-4】已知某钢梁截面的塑性抵抗矩 W 服从正态分布，$\mu_W = 8.5 \times 10^5 \text{ mm}^3$，$\delta_W = 0.05$；钢梁材料的屈服强度 f 服从正态分布，$\mu_f = 270 \text{ MPa}$，$\delta_f = 0.10$。钢梁承受确定性的弯矩 $M = 140.0 \text{ kN·m}$。试用中心点法计算该梁的可靠指标 β。

【解】

（1）取抗力作为功能函数（单位为 N·mm）。

$$Z = fW - M = fW - 140.0 \times 10^6$$

由式（10-19）至式（10-21）得

$$\mu_Z = \mu_f \mu_W - M = 270 \times 8.5 \times 10^5 - 140.0 \times 10^6 = 8.95 \times 10^7 \text{ N·mm}$$

$$\sigma_Z = \sqrt{\sum_{i=1}^{n} \left(\frac{\partial g}{\partial X_i} \bigg|_\mu \sigma_{X_i} \right)^2} = \sqrt{\mu_f^2 \sigma_W^2 + \mu_W^2 \sigma_f^2} = \sqrt{\mu_f^2 \mu_W^2 \left(\delta_W^2 + \delta_f^2 \right)}$$

$$= \sqrt{270^2 \times 8.5^2 \times 10^{10} \times \left(0.05^2 + 0.10^2 \right)} = 2.566 \times 10^7 \text{ N·mm}$$

$$\beta = \frac{\mu_Z}{\sigma_Z} = \frac{8.95 \times 10^7}{2.566 \times 10^7} = 3.49$$

（2）取应力作为功能函数（单位为 N/mm²）。

$$Z = f - M / W$$

由式（10-19）至式（10-21）得

$$\mu_Z = \mu_f - M / \mu_W = 270 - \frac{140.0 \times 10^6}{8.5 \times 10^5} = 105.29 \ \text{N/mm}^2$$

$$\sigma_Z = \sqrt{\sum_{i=1}^{n} \left(\frac{\partial g}{\partial X_i} \bigg|_{\mu} \sigma_{X_i} \right)^2} = \sqrt{\left(\frac{M}{\mu_W^2} \right)^2 \sigma_W^2 + \sigma_f^2} = \sqrt{\left(\frac{M}{\mu_W} \right)^2 \delta_W^2 + \mu_f^2 \delta_f^2}$$

$$= \sqrt{\left(\frac{140.0 \times 10^6}{8.5 \times 10^5} \right)^2 \times 0.05^2 + 270^2 \times 0.10^2} = 28.23 \ \text{N/mm}^2$$

$$\beta = \frac{\mu_Z}{\sigma_Z} = \frac{105.29}{28.23} = 3.73$$

【例 10-5】某轴心受拉的无缝钢管，材质为 Q235，规格为 D159×10，试用均值一次二阶矩法计算其可靠指标 β。已知各变量的平均值和标准差，即材料屈服强度 f 服从正态分布，$\mu_f = 280 \ \text{MPa}$，$\delta_f = 0.08$；钢管截面直径 D 服从正态分布，$\mu_D = 159 \ \text{mm}$，$\delta_D = 0.05$；钢管截面壁厚 t 服从正态分布，$\mu_t = 10 \ \text{mm}$，$\delta_t = 0.05$；承受的拉力 P 服从正态分布，$\mu_P = 720 \ \text{kN}$，$\delta_P = 0.15$。

【解】

（1）采用以承载力形式表达的功能函数。

$$Z = g(f, D, t, P) = Af - P = \pi t (D - t) f - P$$

$$\mu_Z = \pi \mu_t (\mu_D - \mu_t) \mu_f - \mu_P = \pi \times 10 \times (159 - 10) \times 280 - 720 \times 10^3 = 590 \ 672.5 \ \text{N}$$

$$\frac{\partial g}{\partial f} \bigg|_{\mu} \sigma_f = \pi \mu_t (\mu_D - \mu_t) \mu_f \delta_f = \pi \times 10 \times (159 - 10) \times 280 \times 0.08 = 104 \ 853.8 \ \text{N}$$

$$\frac{\partial g}{\partial D} \bigg|_{\mu} \sigma_D = \pi \mu_t \mu_f \mu_D \delta_D = \pi \times 10 \times 280 \times 159 \times 0.05 = 69 \ 931.9 \ \text{N}$$

$$\frac{\partial g}{\partial t} \bigg|_{\mu} \sigma_t = \pi (\mu_D - 2\mu_t) \mu_f \mu_t \delta_t = \pi \times (159 - 2 \times 10) \times 280 \times 10 \times 0.05 = 61 \ 135.4 \ \text{N}$$

$$\frac{\partial g}{\partial P} \bigg|_{\mu} \sigma_P = -\mu_P \delta_P = -720 \ 000 \times 0.15 = -108 \ 000 \ \text{N}$$

$$\sigma_Z = \sqrt{\sum_{i=1}^{n} \left(\frac{\partial g}{\partial X_i} \bigg|_{\mu} \sigma_{X_i} \right)^2} = 176 \ 879.4 \ \text{N}$$

可靠指标 β 为

$$\beta = \frac{\mu_Z}{\sigma_Z} = \frac{590 \ 672.5}{176 \ 879.4} = 3.34$$

（2）采用以应力形式表达的功能函数。

$$Z = g(f, D, t, P) = f - \frac{P}{A} = f - \frac{P}{\pi t(D - t)}$$

$$\mu_Z = \mu_f - \frac{\mu_P}{\pi \mu_t(\mu_D - \mu_t)} = 280 - \frac{720 \times 10^3}{\pi \times 10 \times (159 - 10)} = 126.19 \text{ MPa}$$

$$\left.\frac{\partial g}{\partial f}\right|_\mu \sigma_f = \mu_f \delta_f = 280 \times 0.08 = 22.4 \text{ MPa}$$

$$\left.\frac{\partial g}{\partial P}\right|_\mu \sigma_P = \frac{\mu_P \delta_P}{\pi \mu_t(\mu_D - \mu_t)} = \frac{720 \times 10^3 \times 0.15}{\pi \times 10 \times (159 - 10)} = 23.07 \text{ MPa}$$

$$\left.\frac{\partial g}{\partial D}\right|_\mu \sigma_D = \frac{\mu_P \mu_D \delta_D}{\pi \mu_t(\mu_D - \mu_t)^2} = \frac{720 \times 10^3 \times 159 \times 0.05}{\pi \times 10 \times (159 - 10)^2} = 8.21 \text{ MPa}$$

$$\left.\frac{\partial g}{\partial t}\right|_\mu \sigma_t = \frac{\mu_P}{\pi} \frac{\mu_D - 2\mu_t}{\mu_t^2(\mu_D - \mu_t)^2} \mu_t \delta_t$$

$$= \frac{720 \times 10^3}{\pi} \frac{159 - 2 \times 10}{10^2 \times (159 - 10)^2} \times 10 \times 0.05 = 7.17 \text{ MPa}$$

$$\sigma_Z = \sqrt{\sum_{i=1}^{n}\left(\left.\frac{\partial g}{\partial X_i}\right|_\mu \sigma_{X_i}\right)^2} = \sqrt{22.4^2 + 23.07^2 + 8.21^2 + 7.17^2} = 33.95 \text{ MPa}$$

可靠指标 β 为

$$\beta = \frac{\mu_Z}{\sigma_Z} = \frac{126.19}{33.95} = 3.72$$

通过【例 10-4】和【例 10-5】可知,对于同一问题,由于所取的功能函数不同,计算出的可靠指标不同。其主要原因是尽管随机变量服从正态分布,但功能函数不是线性函数,不服从正态分布。

10.2.2 验算点法

中心点法只能针对随机变量服从正态分布且极限状态方程为线性方程的情况进行结构可靠指标的计算。

但通过前面几章对荷载与抗力的统计分析可知,永久荷载一般服从正态分布,截面抗力一般服从对数正态分布,而风荷载(风压)、雪荷载(雪压)、楼面活荷载等一般服从极值 Ⅰ 型分布。因而,在工程结构可靠度分析中,需要一种能计算随机变量服从任意类型分布且极限状态方程为非线性方程的情况时的可靠指标 β 值的方法。《工程结构可靠性设计统一标准》(GB 50153—2008)中采用了国际结构安全度联合委员会(JCSS)推荐的方法,该方法又称验算点法(JC 法)。

针对中心点法的主要缺点,验算点法进行了如下改进。

(1)对于非线性的功能函数,线性化近似不是选在中心点处,而是以通过极限状态方程 $Z = 0$ 上某一点 $P^*(X_1^*, X_2^*, \cdots, X_n^*)$ 的切平面作为近似的线性失效面,即把线性化近似选在失效边界上,以减小误差。

(2)当基本变量 X_i 具有分布类型的信息时,将非正态分布的变量 X_i 在 X_i^* 处当量化为正态分布,使可靠指标能真实反映结构的可靠性。

这里特定的点 P^* 即称为设计验算点,其几何意义是标准化空间中极限状态曲面到原点的最近距离点。它与结构最大可能的失效概率相对应,并且根据该点可导出实用设计表达式中的各种分项系数,因而在近似概率法中有着重要的作用。

下面仍以两个正态基本变量 R、S 的情况说明验算点法的基本概念。

假设基本变量 R、S 都服从正态分布,且相互独立,则结构的极限状态方程为

$$Z = g(R, S) = R - S = 0 \tag{10-27}$$

将基本变量 R、S 标准化,使其成为标准正态变量,即取

$$\begin{cases} \hat{R} = \dfrac{R - \mu_R}{\sigma_R} \\ \hat{S} = \dfrac{S - \mu_S}{\sigma_S} \end{cases} \tag{10-28}$$

于是结构的极限状态方程式(10-27)变为

$$Z = \hat{R}\sigma_R - \hat{S}\sigma_S + \mu_R - \mu_S = 0 \tag{10-29}$$

将式(10-29)乘以法线化因子 $\dfrac{-1}{\sqrt{\sigma_R^2 + \sigma_S^2}}$,得其法线式方程

$$\hat{R} \frac{-\sigma_R}{\sqrt{\sigma_R^2 + \sigma_S^2}} + \hat{S} \frac{\sigma_S}{\sqrt{\sigma_R^2 + \sigma_S^2}} - \frac{\mu_R - \mu_S}{\sqrt{\sigma_R^2 + \sigma_S^2}} = 0 \tag{10-30}$$

式中,前两项的系数为直线的方向余弦,最后一项即为可靠指标 β,则极限状态方程简化为

$$\hat{R}\cos\theta_R + \hat{S}\cos\theta_S - \beta = 0 \tag{10-31}$$

$$\begin{cases} \cos\theta_R = -\dfrac{\sigma_R}{\sqrt{\sigma_R^2 + \sigma_S^2}} \\ \cos\theta_S = \dfrac{\sigma_S}{\sqrt{\sigma_R^2 + \sigma_S^2}} \end{cases} \tag{10-32}$$

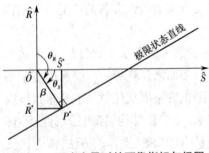

图 10-3　两个变量时的可靠指标与极限状态方程

由解析几何(图 10-3)可知,法线式方程中的常数项等于原点 $\hat{O}$ 到直线的距离 $\hat{O}P^*$。在标准化正态坐标系中,原点到极限状态直线的最短距离等于可靠指标 β(β 的几何意义)。

法线的垂足 P^* 即为设计验算点,它是满足极限状态方程的最可能使结构失效的一组变量值,其坐标值为

$$\begin{cases} \hat{S}^* = \beta\cos\theta_S \\ \hat{R}^* = \beta\cos\theta_R \end{cases} \tag{10-33}$$

将式(10-33)代入式(10-28),即还原到原坐标系中,得验算点 P^* 的坐标值为

$$\begin{cases} R^* = \mu_R + \hat{R}^*\sigma_R = \mu_R + \sigma_R\beta\cos\theta_R \\ S^* = \mu_S + \hat{S}^*\sigma_S = \mu_S + \sigma_S\beta\cos\theta_S \end{cases} \tag{10-34}$$

因 P^* 点在极限状态直线上,其坐标值必然满足式(10-27),即

$$Z = g\left(R^*, S^*\right) = R^* - S^* = 0 \tag{10-35}$$

在已知随机变量 R、S 的统计参数后,由式(10-32)、式(10-34)和式(10-35)即可求得可靠指标 β 和设计验算点 P^* 的坐标 R^*、S^*。

在此基础上,把两个正态分布随机变量的情况推广到多个随机变量的情况。

1. 多个正态随机变量的情况

设结构功能函数中包含多个相互独立的正态分布随机变量,极限状态方程为

$$Z = g\left(X_1, X_2, \cdots, X_n\right) = 0 \tag{10-36}$$

该方程可能是线性的,亦可能是非线性的,它代表以基本变量 X_i ($i = 1, 2, \cdots, n$)为坐标的 n 维欧氏空间中的一个曲面(当式(10-36)为线性方程时,为平面)。

做标准化变换,将线性化点选在设计验算点 $P^*\left(X_1^*, X_2^*, \cdots, X_n^*\right)$ 上,取

$$\hat{X}_i = \frac{X_i - \mu_{X_i}}{\sigma_{X_i}} \tag{10-37}$$

则在标准正态空间坐标系中,极限方程可表示为

$$Z = g\left(\mu_{X_1} + \hat{X}_1 \sigma_{X_1}, \mu_{X_2} + \hat{X}_2 \sigma_{X_2}, \cdots, \mu_{X_n} + \hat{X}_n \sigma_{X_n}\right) = 0 \tag{10-38}$$

此时,可靠指标 β 是坐标系中原点 $\hat{O}$ 到极限状态曲面在 P^* 点的切平面的最小距离,即法线长度 $\hat{O}P^*$。图 10-4 所示为三个正态变量的情况,设计验算点 P^* 的坐标为($\hat{X}_1^*, \hat{X}_2^*, \hat{X}_3^*$)。

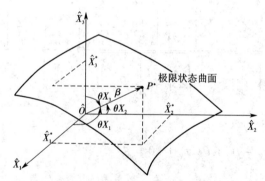

图 10-4 多个变量时的可靠指标与极限状态方程

将式(10-38)在验算点 P^* 处按 Taylor 级数展开,并仅保留一次项,得

$$g\left(\mu_{X_1} + \hat{X}_1^* \sigma_{X_1}, \mu_{X_2} + \hat{X}_2^* \sigma_{X_2}, \cdots, \mu_{X_n} + \hat{X}_n^* \sigma_{X_n}\right) + \sum_{i=1}^{n} \left(\hat{X}_i - \hat{X}_i^*\right) \frac{\partial g}{\partial \hat{X}_i}\bigg|_{P^*} = 0 \tag{10-39a}$$

验算点 P^* 为极限状态曲面上的一点,因此有

$$g\left(\mu_{X_1} + \hat{X}_1^* \sigma_{X_1}, \mu_{X_2} + \hat{X}_2^* \sigma_{X_2}, \cdots, \mu_{X_n} + \hat{X}_n^* \sigma_{X_n}\right) = 0$$

再将式(10-39a)的第二项分离,并乘以法线化因子 $\dfrac{-1}{\sqrt{\sum\limits_{i=1}^{n}\left(\dfrac{\partial g}{\partial \hat{X}_i}\bigg|_{P^*}\right)^2}}$,得

$$\frac{\sum_{i=1}^{n}\left(-\dfrac{\partial g}{\partial \hat{X}_i}\bigg|_{P^*}\hat{X}_i\right)}{\sqrt{\sum_{i=1}^{n}\left(\dfrac{\partial g}{\partial \hat{X}_i}\bigg|_{P^*}\right)^2}}-\frac{\sum_{i=1}^{n}\left(-\dfrac{\partial g}{\partial \hat{X}_i}\bigg|_{P^*}\hat{X}_i^*\right)}{\sqrt{\sum_{i=1}^{n}\left(\dfrac{\partial g}{\partial \hat{X}_i}\bigg|_{P^*}\right)^2}}=0 \tag{10-39b}$$

同二维的情形一样，可以证明，式（10-39b）中 $\hat{X}_i$ 的系数就是极限状态曲面在 P^* 点处的切平面法线 $\hat{O}P^*$ 对各坐标向量 $\hat{X}_i$ 的方向余弦，即

$$\cos\theta_{X_i}=\frac{-\dfrac{\partial g}{\partial \hat{X}_i}\bigg|_{P^*}}{\sqrt{\sum_{i=1}^{n}\left(\dfrac{\partial g}{\partial \hat{X}_i}\bigg|_{P^*}\right)^2}}=\frac{-\dfrac{\partial g}{\partial X_i}\bigg|_{P^*}\sigma_{X_i}}{\sqrt{\sum_{i=1}^{n}\left(\dfrac{\partial g}{\partial X_i}\bigg|_{P^*}\sigma_{X_i}\right)^2}} \tag{10-40a}$$

式（10-39b）中第二项为常数项，就是法线 $\hat{O}P^*$ 的长度，即可靠指标 β。

$$\beta=\frac{\sum_{i=1}^{n}\left(-\dfrac{\partial g}{\partial \hat{X}_i}\bigg|_{P^*}\hat{X}_i^*\right)}{\sqrt{\sum_{i=1}^{n}\left(\dfrac{\partial g}{\partial \hat{X}_i}\bigg|_{P^*}\right)^2}} \tag{10-40b}$$

将上述关系通过式（10-37）还原到原坐标系中，并引入式（10-40a），则可靠指标 β 表示为

$$\beta=\frac{\sum_{i=1}^{n}\left(-\dfrac{\partial g}{\partial \hat{X}_i}\bigg|_{P^*}\hat{X}_i^*\right)}{\sqrt{\sum_{i=1}^{n}\left(\dfrac{\partial g}{\partial \hat{X}_i}\bigg|_{P^*}\right)^2}}=\frac{\sum_{i=1}^{n}\left[-\dfrac{\partial g}{\partial X_i}\bigg|_{P^*}\left(X_i^*-\mu_{X_i}\right)\right]}{\sqrt{\sum_{i=1}^{n}\left(\dfrac{\partial g}{\partial X_i}\bigg|_{P^*}\sigma_{X_i}\right)^2}}=\frac{\sum_{i=1}^{n}\left[-\dfrac{\partial g}{\partial X_i}\bigg|_{P^*}\left(X_i^*-\mu_{X_i}\right)\right]}{\sum_{i=1}^{n}\left(-\dfrac{\partial g}{\partial X_i}\bigg|_{P^*}\sigma_{X_i}\cos\theta_{X_i}\right)}$$

将上式整理后，可得

$$\frac{\partial g}{\partial X_i}\bigg|_{P^*}\left(X_i^*-\mu_{X_i}-\beta\cos\theta_{X_i}\sigma_{X_i}\right)=0$$

由于 $\dfrac{\partial g}{\partial X_i}\bigg|_{P^*}\neq 0$，故必有

$$X_i^*-\mu_{X_i}-\beta\cos\theta_{X_i}\sigma_{X_i}=0$$

从而可得设计验算点 P^* 的坐标为

$$X_i^*=\mu_{X_i}+\beta\cos\theta_{X_i}\sigma_{X_i} \tag{10-41}$$

P^* 点位于失效边界上，故其坐标必然满足式（10-36），即

$$g\left(X_1^*,X_2^*,\cdots,X_n^*\right)=0 \tag{10-42}$$

求解由式（10-40）、式（10-41）和式（10-42）组成的方程组，可解得 $\cos q_{X_i}$、X_i^* 及 β 共 $(2n+1)$ 个未知数。但由于结构功能函数 $g(\cdot)$ 一般为非线性函数，而且在求得 β 以前 P^* 点

是未知的,偏导数在 P^* 点的赋值当然也就无法确定,因此,通常采用迭代法解上述方程组。迭代步骤如图 10-5 所示。

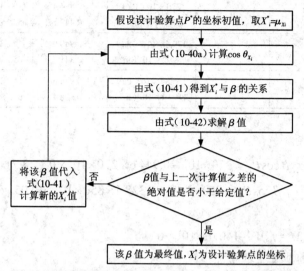

图 10-5　求解多个正态变量的可靠指标 β 的迭代框图

【**例 10-6**】已知条件同【例 10-4】,试用验算点法计算该梁的可靠指标 β。

【**解**】取抗力作为功能函数(单位为 N·m),极限状态方程为

$$Z = fW - M = fW - 140.0 \times 10^3 = 0$$

f 和 W 均服从正态分布,进行坐标变换,取

$$\hat{f} = \frac{f - \mu_f}{\sigma_f}$$

$$\hat{W} = \frac{W - \mu_W}{\sigma_W}$$

在标准正态坐标系中,极限状态方程为

$$Z = \left(\sigma_f \hat{f} + \mu_f\right)\left(\sigma_W \hat{W} + \mu_W\right) - 140.0 \times 10^3 = 0$$

$$\alpha_1 = \cos\theta_f = -\frac{W^* \sigma_f}{\sqrt{\left(W^* \sigma_f\right)^2 + \left(f^* \sigma_W\right)^2}}$$

$$\alpha_2 = \cos\theta_W = -\frac{f^* \sigma_W}{\sqrt{\left(W^* \sigma_f\right)^2 + \left(f^* \sigma_W\right)^2}}$$

第一次迭代,f^* 和 W^* 均赋平均值 μ_f、μ_W,按图 10-5 所示的迭代步骤进行计算求出 β,计算过程见表 10-2。迭代过程中的极限状态方程为

$$\left(\mu_f + \alpha_1 \beta \sigma_f\right)\left(\mu_W + \alpha_2 \beta \sigma_W\right) - M = 0$$

表 10-2　求解可靠指标 β 的迭代计算过程

迭代步数	X_i	β	X_i^*	α_i	β	$\Delta\beta$
1	f W	0	$270 \times 10^6 (\text{Pa})$ $850 \times 10^{-6} (\text{m}^3)$	$-0.894\,4$ $-0.447\,2$	3.74 52.16（舍去）	3.74
2	f W	3.74	$179.68 \times 10^6 (\text{Pa})$ $778.92 \times 10^{-6} (\text{m}^3)$	$-0.940\,0$ $-0.341\,3$	3.71 65.53（舍去）	-0.03
3	f W	3.71	$175.84 \times 10^6 (\text{Pa})$ $796.19 \times 10^{-6} (\text{m}^3)$	$-0.944\,6$ $-0.328\,4$	3.71 67.78（舍去）	0.00

验算点为

$$f^* = \mu_f + \sigma_f \beta \cos\theta_f = 270 \times 10^6 - 0.944\,6 \times 270 \times 10^6 \times 0.1 \times 3.71 = 175.380 \times 10^6$$

$$W^* = \mu_W + \sigma_W \beta \cos\theta_W = 850 \times 10^{-6} - 0.328\,4 \times 850 \times 10^{-6} \times 0.05 \times 3.71 = 798.220 \times 10^{-6}$$

f^* 和 W^* 满足

$$Z = f^* W^* - M = f^* W^* - 140.0 \times 10^3 = 0$$

2. 多个非正态随机变量的情况

在实际工程中，并不是所有的变量都是正态分布的。计算结构可靠度时，需先将非正态分布的变量 X_i 当量化为正态分布的变量 X_i'，并确定其平均值和标准差。当量正态化的条件（图 10-6）如下。

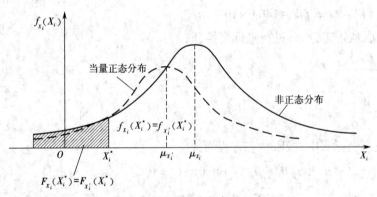

图 10-6　当量正态化条件示意

（1）在设计验算点 X_i^* 处有相同的分布函数值，即

$$F_{X_i'}\left(X_i^*\right) = F_{X_i}\left(X_i^*\right) \tag{10-43}$$

式中　$F_{X_i'}\left(X_i^*\right)$、$F_{X_i}\left(X_i^*\right)$ —— 当量正态变量 X_i' 和原非正态变量 X_i 的分布函数值。

（2）在设计验算点 X_i^* 处有相同的概率密度函数值，即

$$f_{X_i'}\left(X_i^*\right) = f_{X_i}\left(X_i^*\right) \tag{10-44}$$

式中　$f_{X_i'}\left(x_i^*\right)$、$f_{X_i}\left(x_i^*\right)$ —— 当量正态变量 X_i' 和原非正态变量 X_i 的概率密度函数值。

由条件（1）可得

$$F_{X_i}\left(X_i^*\right) = \Phi\left(\frac{X_i^* - \mu_{X_i'}}{\sigma_{X_i'}}\right) \tag{10-45}$$

$$\mu_{X_i'} = X_i^* - \Phi^{-1}\left[F_{X_i}\left(X_i^*\right)\right]\sigma_{X_i'} \tag{10-46}$$

由条件（2）可得

$$f_{X_i}\left(X_i^*\right) = \frac{1}{\sigma_{X_i'}}\varphi\left[\frac{X_i^* - \mu_{X_i'}}{\sigma_{X_i'}}\right] = \frac{1}{\sigma_{X_i'}}\varphi\left\{\Phi^{-1}\left[F_{X_i}\left(X_i^*\right)\right]\right\} \tag{10-47}$$

$$\sigma_{X_i'} = \frac{\varphi\left\{\Phi^{-1}\left[F_{X_i}\left(X_i^*\right)\right]\right\}}{f_{X_i}\left(X_i^*\right)} \tag{10-48}$$

式中　$\Phi(\cdot)$、$\Phi^{-1}(\cdot)$——当量正态变量 X_i' 的概率分布函数及其反函数；

$\quad\quad\varphi(\cdot)$——当量正态变量 X_i' 的概率密度函数；

$\quad\quad\mu_{X_i'}$、$\sigma_{X_i'}$——当量正态变量 X_i' 的平均值、标准差。

至此，即可用验算点法计算结构的可靠指标。

若随机变量 X_i 服从对数正态分布，且已知其统计参数 μ_{X_i}、σ_{X_i}，可根据上述当量正态化条件以及式（10-14）和式（10-15），得

$$\mu_{X_i'} = X_i^*\left(1 + \ln X_i^* - \ln\frac{\mu_{X_i}}{\sqrt{1+\delta_{X_i}^2}}\right) \tag{10-49a}$$

$$\sigma_{X_i'} = X_i^*\sqrt{\ln\left(1+\delta_{X_i}^2\right)} \tag{10-49b}$$

在极限状态方程中，求得非正态变量的当量正态化参数（平均值及标准差）后，即可根据多个正态随机变量的情况迭代求解可靠指标和设计验算点 P^* 的坐标 X_i'。但应注意，每次迭代时，由于验算点的坐标不同，故需重新构造出新的当量正态分布。

在多个非正态随机变量的情况下，可靠指标 β 和设计验算点 P^* 的计算过程如图 10-7 所示。

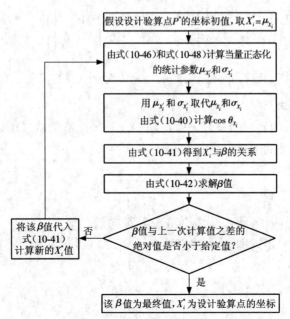

图 10-7　求解任意分布类型变量的可靠指标 β 的迭代框图

10.3　相关随机变量结构可靠度的计算

以上讨论的都是基本变量相互独立(即互不相关)条件下可靠指标 β 的计算方法。在实际工程中,某些随机变量之间存在着一定的相关性。如地震作用效应与重力荷载效应之间、雪荷载与风荷载之间、结构构件截面尺寸与材料强度之间等,均存在一定的相关性。结构重力荷载的增大会加大地震作用,这属于正相关;由于风对雪具有飘积作用,风荷载的增大会减小雪荷载(不考虑局部堆雪),这属于负相关。研究表明,随机变量间的相关性对结构可靠度有着明显的影响。因此,若随机变量相关,则在结构可靠度分析中应予以考虑。

10.3.1　正交变换法

对于相关随机变量的结构可靠度问题,早期采用正交变换的方法进行计算。其原理是:首先将相关随机变量变换为不相关的随机变量,然后用验算点法进行计算。

1. 变量相关的概念

由概率论可知,两个相关随机变量 X_1 和 X_2 的相关性可用相关系数 ρ_{12} 表示,即

$$\rho_{12} = \frac{\mathrm{Cov}(X_1, X_2)}{\sigma_{X_1}\sigma_{X_2}} \tag{10-50}$$

式中　$\mathrm{Cov}(X_1, X_2)$——X_1 和 X_2 的协方差;

　　　σ_{X_1}、σ_{X_2}——X_1 和 X_2 的标准差。

相关系数 ρ_{12} 的值域为 $[-1, 1]$。若 $\rho_{12} = 0$,则 X_1 和 X_2 不相关;若 $\rho_{12} = 1$,则 X_1 和 X_2 完全相关。

n 个基本变量 $X_1, X_2, \cdots, X_n$ 之间的相关性可用相关矩阵表示,即

$$\boldsymbol{C}_X = \begin{pmatrix} \mathrm{Var}[X_1] & \mathrm{Cov}[X_1, X_2] & \cdots & \mathrm{Cov}[X_1, X_n] \\ \mathrm{Cov}[X_2, X_1] & \mathrm{Var}[X_2] & \cdots & \mathrm{Cov}[X_2, X_n] \\ \vdots & \vdots & & \vdots \\ \mathrm{Cov}[X_n, X_1] & \mathrm{Cov}[X_n, X_2] & \cdots & \mathrm{Var}[X_n] \end{pmatrix} \tag{10-51}$$

2. 相关变量的变换

考虑一组新的变量 $\{Y\} = (Y_1, Y_2, \cdots, Y_n)$ 是 $X_1, X_2, \cdots, X_n$ 的线性函数,通过适当的变换可使 $\{Y\}$ 成为一组不相关的随机变量,做变换:

$$\{Y\} = \boldsymbol{A}^{\mathrm{T}}\{X\} \tag{10-52}$$

$$\{X\} = (\boldsymbol{A}^{\mathrm{T}})^{-1}\{Y\} \tag{10-53}$$

其中,$\boldsymbol{A}$ 是正交矩阵,其列向量 $\boldsymbol{C}_X$ 为标准正交特征向量。

这时 $\{Y\}$ 的协方差矩阵即为对角矩阵。

$$\boldsymbol{C}_Y = \begin{pmatrix} \mathrm{Var}[Y_1] & & & \\ & \mathrm{Var}[Y_2] & & \\ & & \ddots & \\ & & & \mathrm{Var}[Y_n] \end{pmatrix} \tag{10-54}$$

并且有

$$C_Y = A^T C_X A \tag{10-55}$$

C_Y 的对角线元素就等于 C_X 的特征值。

3. 相关变量可靠指标的计算

对于彼此相关的变量 $\{X\} = (X_1, X_2, \cdots, X_n)^T$，可以把它们转换为互不相关的变量 $\{Y\} = (Y_1, Y_2, \cdots, Y_n)^T$，然后将不相关的正态变量 $\{Y\} = (Y_1, Y_2, \cdots, Y_n)^T$ 标准化，得到标准正态化的不相关变量 $\{Z\} = (Z_1, Z_2, \cdots, Z_n)^T$，最后按变量独立且服从正态分布的方法计算可靠指标 β。

从原理上讲，这种方法是正确的，但计算过于烦琐，特别是需要求矩阵的特征值，不便于应用。下面介绍直接在广义空间（仿射坐标系）内建立求解可靠指标的迭代公式，这种方法应用简单。

10.3.2　广义空间法

解析几何中研究量与量之间的关系时，通常建立直角坐标系，如果各坐标轴之间是正交的，称为笛卡尔空间；如果坐标轴之间不正交，则称为广义空间。若广义空间中的量为随机变量，则称这种空间为广义随机空间。显然笛卡尔随机空间是广义随机空间的一种特例。

在广义随机空间和笛卡尔随机空间中，都可以用结构的可靠指标 β 表示失效概率。

假设 R 和 S 均为服从正态分布的随机变量，其平均值和标准差分别为 μ_R、μ_S 和 σ_R、σ_S，相关系数为 ρ_{RS}，结构功能函数为 $Z = R - S$，则 Z 也服从正态分布，其平均值和标准差分别为

$$\mu_Z = \mu_R - \mu_S \tag{10-56}$$

$$\sigma_Z = \sqrt{\sigma_R^2 - 2\rho_{RS}\sigma_R\sigma_S + \sigma_S^2} \tag{10-57}$$

则结构的可靠指标为

$$\beta = \frac{\mu_Z}{\sigma_Z} = \frac{\mu_R - \mu_S}{\sqrt{\sigma_R^2 - 2\rho_{RS}\sigma_R\sigma_S + \sigma_S^2}} \tag{10-58}$$

用式（10-58）计算的结构可靠指标与失效概率同样具有一一对应的关系。

同独立随机变量的可靠度分析情况类似，结构中的随机变量并不全部服从正态分布，结构功能函数也不一定是线性的，因而不能直接求得结构的可靠指标。下面介绍广义随机空间内可靠指标的计算方法。

1. 相关变量可靠度计算的中心点法

设 $X_1, X_2, \cdots, X_n$ 为广义随机空间内的 n 个随机变量，平均值为 $\mu_{X_i}(i = 1, 2, 3, \cdots, n)$，标准差为 $\sigma_{X_i}(i = 1, 2, 3, \cdots, n)$，$X_i$ 与 $X_j(i \neq j)$ 间的相关系数为 ρ_{ij}。结构功能函数为非线性函数，即

$$Z = g(X_1, X_2, \cdots, X_n)$$

在各个变量的平均值点（即中心点）处将 Z 展开为 Taylor 级数，并仅取线性项，即

$$Z = g(\mu_{X_1}, \mu_{X_2}, \cdots, \mu_{X_n}) + \sum_{i=1}^{n} \frac{\partial g}{\partial X_i}\bigg|_{\mu} (X_i - \mu_{X_i})$$

则结构功能函数 Z 的平均值和标准差近似为

$$\mu_Z = g(\mu_{X_1}, \mu_{X_2}, \cdots, \mu_{X_n})$$

$$\sigma_Z = \sqrt{\sum_{i=1}^{n} \sum_{j=1}^{n} \frac{\partial g}{\partial X_i}\bigg|_{\mu} \frac{\partial g}{\partial X_j}\bigg|_{\mu} \rho_{ij} \sigma_{X_i} \sigma_{X_j}} \tag{10-59}$$

由此计算可靠指标为

$$\beta = \frac{\mu_Z}{\sigma_Z} = \frac{g(\mu_{X_1}, \mu_{X_2}, \cdots, \mu_{X_n})}{\sqrt{\sum_{i=1}^{n} \sum_{j=1}^{n} \frac{\partial g}{\partial X_i}\bigg|_{\mu} \frac{\partial g}{\partial X_j}\bigg|_{\mu} \rho_{ij} \sigma_{X_i} \sigma_{X_j}}} \tag{10-60}$$

可以证明,当 $g(\cdot)$ 为线性函数且各随机变量 X_i 均为正态变量时,式(10-60)为精确计算公式,否则为近似计算公式。广义随机空间中的中心点法具有与笛卡尔随机空间中的中心点法同样的缺点,因而,一般用于可靠度要求不高的情况($\beta \leqslant 2$)。

2. 相关变量可靠度计算的验算点法

相关变量可靠度计算的验算点法利用笛卡尔空间中的正态随机变量验算点法,引入灵敏系数 a_i 代替方向余弦,在广义随机空间内引入设计验算点 x^* 求解结构的可靠指标。

1)正态随机变量和线性结构功能函数

设 $X_1, X_2, \cdots, X_n$ 为广义随机空间内的 n 个正态随机变量,平均值为 μ_{X_i}($i = 1, 2, \cdots, n$),标准差为 σ_{X_i}($i = 1, 2, \cdots, n$),结构功能函数为 n 个正态随机变量的线性函数,表示为

$$Z = a_0 + \sum_{i=1}^{n} a_i X_i \tag{10-61}$$

其中,$a_0, a_1, \cdots, a_n$ 为常数。由正态随机变量的特性可知,Z 也服从正态分布,其平均值和标准差为

$$\mu_Z = a_0 + \sum_{i=1}^{n} a_i \mu_{X_i} \tag{10-62}$$

$$\sigma_Z = \sqrt{\sum_{i=1}^{n} \sum_{j=1}^{n} \rho_{ij} a_i a_j \sigma_{X_i} \sigma_{X_j}} \tag{10-63}$$

相应的结构可靠指标为

$$\beta = \frac{\mu_Z}{\sigma_Z} = \frac{a_0 + \sum_{i=1}^{n} a_i \mu_{X_i}}{\sqrt{\sum_{i=1}^{n} \sum_{j=1}^{n} \rho_{ij} a_i a_j \sigma_{X_i} \sigma_{X_j}}} \tag{10-64}$$

为确定设计验算点,把 σ_Z 展开成 $a_i \sigma_{X_i}$ 的线性组合,即式(10-63)可改写成

$$\sigma_Z = -\sum_{i=1}^{n} \alpha_i a_i \sigma_{X_i} \tag{10-65}$$

式中　α_i —— 灵敏系数,可表示为

$$\alpha_i = -\frac{\sum\limits_{j=1}^{n} \rho_{ij} a_j \sigma_{X_j}}{\sqrt{\sum\limits_{j=1}^{n}\sum\limits_{k=1}^{n} \rho_{ij} a_j a_k \sigma_{X_j} \sigma_{X_k}}} \qquad (10\text{-}66)$$

可以证明，由式（10-66）定义的灵敏系数反映了 Z 与 X_i 之间的线性相关性。

结合式（10-63）至式（10-66），有

$$a_0 = \sum_{i=1}^{n} a_i X_i = \mu_Z - \beta \sigma_Z = 0 \qquad (10\text{-}67)$$

即

$$\sum_{i=1}^{n} a_i (X_i - \mu_{X_i} - \beta \alpha_i \sigma_{X_i}) = 0 \qquad (10\text{-}68)$$

根据式（10-68），可在广义随机空间内引入设计验算点 $\boldsymbol{x}^* = (x_1^*, x_2^*, \cdots, x_i^*, \cdots, x_n^*)$，其中

$$x_i^* = \mu_{X_i} + \beta \alpha_i \sigma_{X_i} \qquad (10\text{-}69)$$

由式（10-69）计算出的设计验算点为失效面上距标准化坐标原点最近的点，同时也是失效面上对失效概率贡献最大的点。

2）非正态随机变量和非线性结构功能函数

对于非线性结构功能函数以及非正态随机变量的情况，常用方法是将非线性结构功能函数在验算点处线性展开并保留至一次项，通过当量正态化，将非正态随机变量的可靠度分析问题转化为正态随机变量的可靠度分析问题。非正态随机变量的当量正态化不改变随机变量间的线性相关性，即 $\rho_{ij}' \approx \rho_{ij}$，其中的方向余弦用灵敏系数代替，计算步骤与变量不相关时的迭代计算过程一样。

10.4　结构体系可靠度的计算

上节介绍的结构可靠度分析方法计算的是结构在某种失效模式下一个构件或一个截面的可靠度，其极限状态是唯一的。

结构体系失效是结构整体行为，单个构件失效并不一定能代表整个体系失效。在结构设计中最关心的是结构体系的可靠性。由于整体结构失效总是由结构构件失效引起的，因此，由各结构构件的失效概率估算整体结构的失效概率成为结构体系可靠度分析的主要研究内容。

在实际工程中，结构的构成是复杂的。从构成的材料来看，有脆性材料和延性材料；从力学的图式来看，有静定结构和超静定结构；从结构构件组成的系统来看，有串联系统、并联系统和混联系统等。不论从何种角度来研究其构成，它总是由许多构件组成的一个体系，根据结构的力学图式、不同材料的破坏形式、不同系统等来研究它的体系可靠度才能较真实地反映其可靠度。

10.4.1　结构体系的基本模型

组成结构体系的各个构件(包括连接)由于材料和受力性质的不同,可以分成脆性构件和延性构件两类。

脆性构件是指一旦失效立即完全丧失功能的构件。例如,钢筋混凝土受压柱一旦破坏,就完全丧失承载力。

延性构件是指失效后仍能维持原有功能的构件。例如,钢筋混凝土适筋梁(采用具有明显屈服点的钢筋)在达到受弯屈服承载力后,仍能保持该承载力而继续变形直至达到受弯极限承载力。

构件失效的性质不同,其对结构体系可靠度的影响也不同。如果按照结构体系失效和构件失效之间的逻辑关系将结构体系的各种失效方式模型化,一般均可归结为三种基本形式,即串联模型、并联模型、混联模型。

1. 串联模型

若结构中任一构件失效,则整个结构体系失效,具有这种逻辑关系的结构体系可用串联模型表示,如图 10-8(a)所示。所有静定结构的失效分析均可采用串联模型。例如,桁架结构是典型的静定结构,其中每个杆件均可看成串联系统的一个元件,只要其中一个元件失效,整个系统就失效。对于静定结构,其构件的脆性或延性性质对结构体系的可靠度没有影响。

2. 并联模型

若结构中有一个或一个以上构件失效,剩余的构件或失效的延性构件仍能维持整体结构的功能,具有这种逻辑关系的结构体系可用并联模型表示,如图 10-8(b)所示。

超静定结构的失效可用并联模型表示。例如,一个多跨的排架结构,每个柱子都可以看成并联系统的一个元件,只有所有柱子均失效,该结构体系才失效;一个两端固定的刚梁,只有梁两端和跨中都形成了塑性铰(塑性铰截面当作一个元件),整个梁才失效。

对于并联模型,构件的脆性或延性性质将影响体系的可靠度及计算模型。脆性构件在失效后将逐个从体系中退出工作,因此在计算体系的可靠度时,要考虑构件的失效顺序。而延性构件在失效后仍将在体系中维持原有的功能,因此只需考虑体系最终的失效形态。

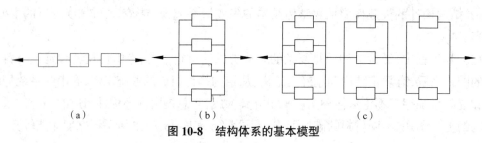

图 10-8　结构体系的基本模型

(a)串联模型　(b)并联模型　(c)混联模型

3. 混联模型(串－并联系统)

在实际工程中,超静定结构通常有多种破坏模式,每一种破坏模式可简化为一个并联系统,而多种破坏模式又可简化为串联系统,这就构成了混联模型,如图 10-8(c)所示。图 10-9(a)所示的超静定梁为混联模型,图 10-9(b)所示为该模型在荷载作用下可能出现塑性铰的位置,图 10-9(c)为该模型的逻辑图。该超静定梁最可能出现的失效模式有两种,只要出现其中一种,就意味着结构体系失效,则该结构可模拟为由两个并联模型组成的串联模型,即混联模型。此时,同一失效截面可能出现在不同的失效模式中。

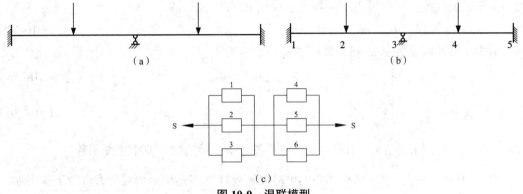

图 10-9　混联模型
(a)超静定梁　(b)可能出现塑性铰的位置　(c)逻辑图

对于由脆性元件组成的超静定结构,若超静定程度不高,当其中一个构件失效而退出工作后,后继的其他构件失效概率就会大大提高,几乎不影响结构体系的可靠度,这类结构的并联子系统可简化为一个元件,因而可按串联模型处理。

10.4.2　结构体系中功能函数的相关性

构件的可靠度取决于构件的荷载效应和抗力。在同一结构中,各构件的荷载效应最大值可能来源于同一荷载工况,因而不同构件的荷载效应之间可能具有高度的相关性;另一方面,结构中的部分或全部构件可能由同一批材料制成,因而各构件的抗力之间也有一定的相关性。

由图 10-9 可知,超静定结构的不同失效形式可能包含相同构件的失效,因此评价结构体系的可靠性还要考虑各失效形式间的相关性。

相关性的存在使结构体系可靠度的分析问题变得非常复杂,这也是结构体系可靠度计算理论的难点所在。

10.4.3　结构体系可靠度计算

不同构件或不同构件集合失效将构成不同的体系失效模式。设结构体系有 k 种失效模式,不同的失效模式有不同的功能函数。各功能函数表示为

$$g_j(X) = g_j(X_1, X_2, \cdots, X_n) \quad (j = 1, 2, \cdots, k) \tag{10-70}$$

式中　$X_1, X_2, \cdots, X_n$ —— 基本变量。

若用 E_j 表示第 j 种失效模式出现这一事件,则有

$$E_j = \left[g_j(X) < 0 \right] \tag{10-71}$$

E_j 的逆事件为与第 j 种失效模式相应的安全事件,则有

$$\bar{E}_j = \left[g_j(X) > 0 \right] \tag{10-72}$$

于是结构体系安全这一事件可表示为各失效模式均不出现的交集,即

$$\bar{E} = \bar{E}_1 \cap \bar{E}_2 \cap \cdots \cap \bar{E}_k \tag{10-73}$$

而结构体系失效这一事件可表示为各失效模式出现的并集,即

$$E = E_1 \cup E_2 \cup \cdots \cup E_k \tag{10-74}$$

结构体系的可靠概率 p_s 和失效概率 p_f 可表示为

$$p_s = \int_{\bar{E}_1 \cap \cdots \cap \bar{E}_k} \cdots \int_{X_1, X_2, \cdots, X_n} f(x_1, x_2, \cdots, x_n) \mathrm{d}x_1 \cdots \mathrm{d}x_n \tag{10-75a}$$

$$p_f = \int_{E_1 \cup \cdots \cup E_k} \cdots \int_{X_1, X_2, \cdots, X_n} f(x_1, x_2, \cdots, x_n) \mathrm{d}x_1 \cdots \mathrm{d}x_n \tag{10-75b}$$

式中 $\int_{X_1, X_2, \cdots, X_n} f(x_1, x_2, \cdots, x_n) \mathrm{d}x_1 \cdots \mathrm{d}x_n$ —— 各基本变量的联合概率密度函数。

由式(10-75)可见,求解结构体系的可靠度需要计算多重积分。对于大多数工程实际问题而言,不但各随机变量的联合概率难以得到,而且计算这一多重积分也非易事。所以,对于一般结构体系,并不直接利用上述公式求其可靠度,而是采用近似方法计算。

10.4.4　结构体系可靠度的上下界

在特殊情况下,结构体系的可靠度可仅利用各构件的可靠度按概率论方法进行计算。以下假定各构件的可靠状态为 X_i,失效状态为 $\bar{X}_i$,各构件的失效概率为 p_{fi},结构体系的失效概率为 p_f。

1. 串联系统

对串联系统,设系统有 n 个元件,当各元件的工作状态完全独立时,有

$$p_f = 1 - p\left(\prod_{i=1}^{n} X_i \right) = 1 - \prod_{i=1}^{n} (1 - p_{fi}) \tag{10-76}$$

当各元件的工作状态完全(正)相关时,有

$$p_f = 1 - p\left(\min_{i \in [1,n]} X_i \right) = 1 - \min_{i \in [1,n]} (1 - p_{fi}) = \max_{i \in [1,n]} p_{fi} \tag{10-77}$$

在一般情况下,实际结构的构件之间既不完全独立,也不完全相关,结构体系处于上述两种极端情况之间,因此,一般串联系统的失效概率也介于上述两种极端情况的计算结果之间,即

$$\max_{i \in [1,n]} p_{fi} \leqslant p_f \leqslant 1 - \prod_{i=1}^{n} (1 - p_{fi}) \tag{10-78}$$

由此可见,对于静定结构,结构体系的可靠度总小于或等于构件的可靠度。

2. 并联系统

对并联系统,当各元件的工作状态完全独立时,有

$$p_f = p\left(\prod_{i=1}^{n} \bar{X}_i \right) = \prod_{i=1}^{n} p_{fi} \tag{10-79}$$

当各元件的工作状态完全（正）相关时，有

$$p_{\mathrm{f}} = p\left(\min_{i\in[1,n]} \bar{X}_i\right) = \min_{i\in[1,n]} p_{\mathrm{f}i} \tag{10-80}$$

因此，在一般情况下

$$\prod_{i=1}^{n} p_{\mathrm{f}i} \leqslant p_{\mathrm{f}} \leqslant \min_{i\in[1,n]} p_{\mathrm{f}i} \tag{10-81}$$

显然，对于超静定结构，当结构的失效状态唯一时，结构体系的可靠度总大于或等于构件的可靠度；而当结构的失效状态不唯一（属于串 - 并联系统）时，结构的每一失效状态对应的可靠度总大于或等于构件的可靠度，而结构体系的可靠度总是小于或等于每一失效状态对应的可靠度。

【思考题】

1. 结构的功能要求有哪些？

2. 简述结构功能函数的意义。

3. 何谓结构的可靠性和可靠度？结构的可靠度与可靠性之间有什么关系？

4. 可靠指标与失效概率有什么关系？说明可靠指标的几何意义。

5. 试说明用验算点法计算具有服从任意类型分布的随机变量的结构可靠指标的步骤。

6. 简述结构体系的基本模型。

7. 简述结构体系可靠度的定义及其与结构构件可靠度间的关系。

第11章 概率极限状态设计法

【本章提要】

本章介绍了极限状态设计和基于可靠性理论的概率极限状态设计法；详细阐述了目标可靠指标和分项系数的概念、取值原则及二者之间的关系；以结构设计的目标为基础，简述了直接概率设计法，给出了建筑结构和桥梁结构概率极限状态的实用设计表达式。

《工程结构可靠性设计统一标准》（GB 50153—2008）规定，工程结构设计宜采用以概率理论为基础、以分项系数表达的概率极限状态设计方法。当缺乏统计资料时，工程结构设计可根据可靠的工程经验或必要的试验研究进行，也可采用容许应力或单一安全系数等经验方法进行。

11.1 极限状态设计

11.1.1 设计要求

工程结构设计应满足的各项功能要求包括以下几方面。

1. 安全性要求

安全性要求，是指工程结构设计必须保证结构在正常施工和正常使用时，能承受可能出现的各种作用，包括直接施加在结构上的作用（荷载）和引起结构外加变形或约束变形的原因（如温度、地基不均匀沉降等）；同时还要求保证在偶然事件（如强烈地震、爆炸、撞击等）发生时及发生后，结构仍然保持必需的整体稳定性（即结构仅产生局部的损坏而不发生连续倒塌）。

为使结构具有合理的安全性，根据工程结构破坏所造成后果（即危害人的生命、造成经济损失、对社会或环境产生影响等）的严重程度而划分的设计等级，称为安全等级。

安全等级分为三级，大量的一般结构应列入二级，重要的结构应提高一级，次要的结构应降低一级（表11-1）。基于铁路桥涵结构的重要性，其安全等级均为一级。

对特殊的工程结构（如海底隧道、跨海大桥等），其安全等级可根据相关规范（规程）另行确定或经专门研究确定。

工程结构中各类结构构件的安全等级宜与整个结构的安全等级相同，但也允许对部分结构构件根据其重要程度和综合经济效益进行适当调整。若提高某一结构构件的安全等级所需额外费用很少，又能减轻整个结构的破坏，从而大大减少人员伤亡和财产损失，则可将该结构构件的安全等级比整个结构的安全等级提高一级；相反，如果某个结构构件的破坏并不影响整个结构或其他结构构件的安全性,则其安全等级可降低一级,但最低不低于三级。

表 11-1 工程结构的安全等级

安全等级		一级	二级	三级
破坏后果		很严重	严重	不严重
结构类型	房屋建筑结构	重要的房屋,如大型的公共建筑等	一般的房屋,如普通的住宅和办公楼等	次要的房屋,如小型的或临时性的贮存建筑等
	公路桥涵结构	重要结构,如特大桥、大桥、中桥、重要小桥	一般结构,如小桥、重要涵洞、重要挡土墙	次要结构,如涵洞、挡土墙、防撞护栏
	港口工程结构	有特殊要求的结构	一般结构	临时性结构
	水工建筑结构	1 级水工建筑物	2、3 级水工建筑物	4、5 级水工建筑物

2. 适用性要求

工程结构设计的适用性要求指的是结构在正常使用时应具有良好的工作性能,如不发生过大的变形、过宽的裂缝以及影响正常使用的振动等。

建筑结构的水平侧移过大可能使建筑装修层开裂、影响观瞻;也可能导致电梯无法正常运行;甚至引起结构构件的破坏。楼面结构的挠度过大以及振动异常可能引起居住者的不适。在工业厂房中,吊车梁挠度过大会影响吊车的正常运行。水池出现裂缝便不能蓄水。

因此,需要对变形、裂缝宽度、振动加速度、振幅等进行必要的限制。

3. 耐久性要求

结构耐久性是指在设计确定的环境作用和维修、使用条件下,结构构件在设计使用年限内保持其安全性和适用性的能力。

耐久性要求,是指结构在正常维护条件下具有足够的耐久性能,不发生钢筋(钢材)锈蚀、木材腐朽和虫蛀以及混凝土严重风化等现象。耐久性设计主要解决环境作用与材料抵抗环境作用的能力的问题,应根据具体工程结构的设计使用年限、所处的环境类别及环境作用等级确定相应的构造措施。

1)设计使用年限

设计使用年限是指设计规定的结构或构件不需进行大修即可按预定目的使用的年限,即结构在正常设计、正常施工、正常使用和维护下所应达到的使用年限。在这个年限内,结构能够在自然和人为环境的化学和物理作用下,不出现无法接受的承载力减小、使用功能降低和不能接受的外观破损等耐久性问题。

设计使用年限与设计基准期在概念上是不同的,但在量值上可以相同,也可以不同。各类工程结构的设计使用年限见表 11-2。

表 11-2　各类工程结构的设计使用年限

工程结构类别	设计使用年限（年）	示例
房屋建筑工程	5	临时性建筑结构
	25	易于替换的结构构件
	50	普通房屋和构造物
	100	标志性建筑和特别重要的建筑结构
公路桥涵结构	30	小桥、涵洞
	50	中桥、重要小桥
	100	特大桥、大桥、重要中桥
水工建筑结构	5～15	临时性建筑物
	50	Ⅱ、Ⅲ级永久性建筑物
	100	Ⅰ级建筑物
港口工程结构	5～10	临时性港口建筑物
	50	永久性港口建筑物
铁路桥涵结构	100	各类铁路桥涵结构

　　如果结构的实际使用年限达不到设计使用年限，则意味着在设计、施工、使用和维护中的某一环节上出现了不正常情况，应查找并分析原因；当结构的实际使用年限超过设计使用年限后，则认为结构的可靠度降低，或失效概率高于设计时的预期值，但并不意味着该结构立即丧失功能或报废。

　　2）环境类别

　　混凝土结构所处的环境类别可分为一般环境、冻融环境、氯化物环境、化学腐蚀环境等，并按照《混凝土结构耐久性设计标准》（GB/T 50476—2019）规定的环境作用等级进行耐久性设计。这里的环境作用是指温度、湿度及其变化以及二氧化碳、氧、盐、酸等环境因素对结构的作用。

　　高温高湿环境、微生物腐蚀环境、电磁环境、高压环境、杂散电流以及极端恶劣自然环境作用下的耐久性问题应另外考虑。

　　特殊腐蚀环境下混凝土结构的耐久性设计可按现行国家标准《工业建筑防腐蚀设计标准》（GB/T 50046—2018）等专用标准进行。

　　4. 鲁棒性要求

　　结构的鲁棒性，是指当遭遇意外偶然事件和极端灾害时，结构系统仍能保持其必要的整体性的能力。此时不应发生与其原因不相称的严重破坏，造成不可接受的重大人员伤亡和财产损失。在 2001 年美国 9·11 事件中，纽约世界贸易中心遭遇飞机撞击，发生爆炸、燃烧，最终整体倒塌，就是一个非常典型的案例。鲁棒性与安全性既有联系，又有区别。

　　一方面，两者关心的都是结构安全问题。结构的安全性是针对正常施工和可预期的正常使用而言的；而鲁棒性则针对不可预期的意外荷载和极端灾害的作用，因而两者所考虑的荷载（作用）的特征和量值有显著的差异。在设计使用年限内，工程结构可能遭遇一些不可预见的意外偶然事件和极端灾害,如爆炸、意外撞击、强烈台风、恐怖袭击、特大地震等。由于意外偶然事件具有极大的不确定性,在正常设计中通常是不考虑的。因此,当遭遇不可预见的意外偶然事件和极端灾害时,允许工程结构破坏,即不满足安全性的要求,但其破坏程度应控制在可接受的范围内,即应满足鲁棒性的要求。

另一方面,两者的目标不同。安全性仅关注结构构件,通常以保证结构构件可正常使用的最大承载能力为目标;而鲁棒性则关注整体结构,以意外偶然事件和极端灾害下整体结构不可接受的破坏程度为目标,此时结构中已有部分构件超出其承载能力极限状态,甚至完全破坏,但整体结构仍有足够的生存空间,即整体结构不完全倒塌。

对于简单的结构,构件的最大承载力与结构的最大承载力相近,而对于复杂的结构,结构的最大承载力并不简单地等于构件的最大承载力。

由于意外偶然事件和极端灾害难以估计,同时对结构的鲁棒性不可能有过高的预期,故应在结构满足正常安全度的前提下和经济许可的范围内,根据可能遭遇的意外荷载(作用)的类型、特征和等级,确定恰当的鲁棒性目标。

5. 可维护修复性要求

除上述要求外,近年来对结构在使用期间的维护、维修以及在遭受意外作用破坏后的修复也提出了要求,称为可维护修复性。这是因为工程经济的概念不仅包括工程项目第一次建设费用,还应考虑其维护、修复及损失费用。例如,救灾指挥中心、医院、通信、桥梁等工程一旦在遭遇灾害时发生破坏,造成的损失将不仅仅是工程本身;而一般工程则往往要求在遭受破坏后能尽快修复,以恢复正常的生活和生产活动。

为满足上述各项设计要求,进行工程结构设计时,应根据下列要求采取适当的措施,使结构不出现或少出现可能的损坏:

(1)避免、消除或减少结构可能受到的危害;

(2)采用对可能受到的危害反应不敏感的结构类型;

(3)采用当单个构件或结构的有限部分被意外移除或结构出现可接受的局部损坏时,结构的其他部分仍能保存的结构类型;

(4)不宜采用无破坏预兆的结构体系;

(5)使结构具有整体稳固性;

(6)采用适当的材料、合理的设计和构造,并对结构的设计、制作、施工和使用等制定相应的控制措施。

11.1.2　设计状况和设计方法

设计状况是代表一定时段内的实际情况的一组设计条件,工程结构设计应做到在该条件下结构不超越有关的极限状态。根据结构在施工和使用中的环境条件和影响,《工程结构可靠性统一标准》(GB 50153—2008)将设计状况分为下列 4 种。

(1)持久设计状况,即在结构使用过程中一定出现且持续期很长的状况,其持续期一般与设计使用年限属同一数量级,适用于结构使用时的正常情况。

(2)短暂设计状况,即在结构施工和使用过程中出现概率较大,而与设计使用年限相比持续时间很短的状况,适用于结构出现的临时情况,如结构施工和维修时承受堆料和施工荷载的状况。

（3）偶然设计状况,即在结构使用过程中出现概率很小且持续期很短的状况,适用于结构出现的异常情况,如结构遭受火灾、爆炸、撞击的状况。

（4）地震设计状况,即结构遭受地震时的设计状况。在抗震设防地区必须考虑地震设计状况。本书中未对地震作用进行详细的介绍,不同结构的抗震设计要求需参考相应的规范条文。

由于结构物在建造和使用过程中所承受的作用和所处的环境不同,进行工程结构设计时,对于不同的设计状况应采用相应的结构体系、可靠度水平、设计方法、基本变量和作用组合等。我国目前普遍采用的设计方法是概率极限状态设计法,在结构设计时,应考虑到所有可能的极限状态,以保证结构具有足够的安全性、适用性和耐久性,并按不同的极限状态采用相应的可靠度水平进行设计。

对于上述4种不同的设计状况,均应进行承载能力极限状态设计,以确保结构的安全性。对持久设计状况,尚应进行正常使用极限状态设计,以保证结构的适用性和耐久性;对短暂设计状况和地震设计状况,可根据需要进行正常使用极限状态设计。对偶然设计状况,可不进行正常使用极限状态设计,允许主要承重结构因出现设计规定的偶然事件而局部破坏,但其剩余部分应在一段时间内不发生连续倒塌。

进行承载能力极限状态设计时,应根据不同的设计状况采用下列作用组合。

（1）基本组合,用于持久设计状况或短暂设计状况。

（2）偶然组合,用于偶然设计状况。在每一种偶然组合中,只考虑一个偶然作用。

（3）地震组合,用于地震设计状况。

进行正常使用极限状态设计时,可采用下列作用组合。

（1）标准组合,宜用于不可逆正常使用极限状态设计。

（2）频遇组合,宜用于可逆正常使用极限状态设计。

（3）准永久组合,宜用于长期效应是决定性因素的正常使用极限状态设计。

在这里,可逆极限状态,是指产生超越状态的作用被移去后,将不再保持超越状态的一种极限状态;不可逆极限状态,是指产生超越状态的作用被移去后,仍将永久保持超越状态的一种极限状态。例如,某简支梁在某一数值的荷载作用后,其挠度超过了允许值,卸去该荷载后,若梁的挠度小于允许值,则为可逆极限状态,若梁的挠度还是超过允许值,则为不可逆极限状态。

设计状况、极限状态及作用组合之间的关系汇总于表 11-3。

表 11-3　设计状况、极限状态及作用组合之间的关系

极限状态	承载能力极限状态			正常使用极限状态		
				不可逆	可逆	长期效应是决定性因素
作用组合	基本组合	偶然组合	地震组合	标准组合	频遇组合	准永久组合
设计状况　持久设计状况	√	×	×	√	√	√
短暂设计情况	√	×	×	⊙	⊙	×
偶然设计状况	×	√	×	×	×	×
地震设计状况	×	×	√	⊙	⊙	×

注：√—应进行的作用组合；
　　×—不需进行的作用组合；
　　⊙—按需进行的作用组合。

11.1.3　目标可靠指标 $[\beta]$

在正常设计、正常施工和正常使用的情况下，若相关变量的统计参数已知，就可按第 10 章中的方法来计算其可靠指标 β。这个可靠指标必须达到可以接受的可靠指标下限——目标可靠指标。

目标可靠指标是为了使结构设计既安全又经济合理，同时也能被公众所接受而确定的工程结构的可靠指标，它代表了设计要求预期达到的结构可靠度，是预先给定的作为结构设计依据的可靠指标，故又称设计可靠指标或允许可靠指标。目标可靠指标用 $[\beta]$ 表示，故有

$$\beta \geqslant [\beta] \tag{11-1}$$

目标可靠指标 $[\beta]$ 所对应的失效概率称为目标失效概率 $[\beta_f]$，由于可靠指标 β 与失效概率 p_f 具有一一对应的关系，故有

$$p_f \leqslant [p_f] \tag{11-2}$$

1. 确定目标可靠指标的原则

目标可靠指标 $[\beta]$ 与工程造价、使用维护费用以及投资风险、工程破坏后果等有关。如目标可靠指标定得较高，则相应的工程造价增加，而维修费用降低，风险损失减小；反之，目标可靠指标定得较低，工程造价降低，但维修费用及风险损失就会增加。因此，结构设计的目标可靠指标应综合考虑社会公众对工程事故的接受程度、可能的投资水平、结构重要性、结构破坏性质及结构失效后果的严重程度等因素，以优化方法确定。

目标可靠指标 $[\beta]$ 的确定应遵循下面几个原则。

（1）建立在对原规范进行类比或校准的基础上，运用近似概率法对原有各类结构设计规范所设计的各种构件进行分析，反算出原规范在各种情况下相应的可靠指标 β。然后在统计分析的基础上，针对不同情况做适当调整，确定合理且统一的目标可靠指标 $[\beta]$。

（2）目标可靠指标 $[\beta]$ 与结构安全等级有关。安全等级越高，$[\beta]$ 就应该越大。

（3）目标可靠指标 $[\beta]$ 与结构破坏性质有关。延性破坏结构的 $[\beta]$ 可稍低于脆性破坏结构的 $[\beta]$。因为构件的延性破坏有明显的预兆，如构件的裂缝过宽、变形较大等，破坏过

程较缓慢;而构件的脆性破坏无明显的预兆,具有突然性,一旦破坏,其承载力急剧降低甚至断裂。例如,对钢筋混凝土构件,大偏心受压破坏、受弯破坏属于延性破坏;轴心受压破坏、小偏心受压破坏、受剪及受剪扭破坏则属于脆性破坏。

(4)目标可靠指标 $[\beta]$ 与极限状态有关。承载能力极限状态下的 $[\beta]$ 应高于正常使用极限状态下的 $[\beta]$,因为承载能力极限状态是关系到结构构件是否安全的根本问题,而正常使用极限状态的验算是在满足承载能力极限状态的前提下进行的,仅影响结构构件的正常适用性。

2. 确定目标可靠指标的方法——校准法

确定目标可靠指标是编制各类工程结构可靠度设计标准的核心问题,理论上可以从工程结构失效引起的损失及社会影响来估计,但用这种方法很难确定一个公认的合理数值。目前,采用近似概率法的设计规范大多采用校准法来确定目标可靠指标。加拿大、美国及欧洲的一些国家都采用该方法。我国《工程结构可靠性设计统一标准》(GB 50153—2008)规定,结构构件设计的目标可靠指标可在对现行结构规范中的各种结构构件进行可靠指标校准的基础上,根据结构安全和经济的最佳平衡确定。

校准法的原理是,采用一次二阶矩方法(即验算点法)计算原有规范的可靠指标,找出隐含于现有结构中相应的可靠指标,经综合分析和调整,确定现行规范的可靠指标。

结构可靠度校准可按下列步骤进行。

(1)确定校准范围,如选取结构物类型(建筑结构、桥梁结构、港工结构等)或结构材料形式(混凝土结构、钢结构等),根据目标可靠指标的适用范围选取具有代表性的结构或结构构件(包括构件的破坏形式)。

(2)确定设计中基本变量的取值范围,如可变作用标准值与永久作用标准值比值的范围。

(3)根据每组有代表性的结构或结构构件在工程中的应用数量、造价大小,并结合工程经验,确定其权重系数 ω_i,同一组结构或结构构件的权重系数之和应等于 1,即

$$\sum_{i=1}^{n} \omega_i = 1 \tag{11-3}$$

(4)分析传统设计方法的表达式,如受弯表达式、受剪表达式等。

(5)以现行设计规范的安全系数或允许应力为约束条件,以材料用量最少为目标,进行优化设计,并计算不同结构或结构构件的可靠指标 β_i。

(6)按下式确定所校准的同一组结构或结构构件可靠指标的加权平均值:

$$\beta_{\text{ave}} = \sum_{i=1}^{n} \omega_i \beta_i \tag{11-4}$$

(7)根据可靠度校准的 β_{ave},综合考虑安全与经济的最佳平衡,经分析判断后确定结构或结构构件的目标可靠指标 $[\beta]$。

目前由于统计资料不够完备以及在结构可靠度分析中引入了近似假定,所得的 β 尚非实际值。这些值是与结构构件的实际失效概率有一定联系的运算值,主要用于对各类结构构件的可靠度做相对的度量。

下面以《建筑结构可靠性设计统一标准》（GB 50068—2018）为例，说明如何用校准法确定可靠指标。

在校核目标可靠指标 $[\beta]$ 时，需要考虑不同的荷载效应组合情况。在房屋建筑结构中，最常遇的荷载效应组合工况是 S_G+S_Q（恒荷载与楼面活荷载）、S_G+S_W（恒荷载与风荷载），所以在确定目标可靠指标 $[\beta]$ 时，主要考虑这两种基本的组合情况。在校核 β 时，还需要考虑活荷载效应 S_{Qk} 与恒荷载效应 S_{Gk} 具有不同比值 ρ（$\rho = S_{Qk}/S_{Gk}$）的情况。因为活荷载和恒荷载的变异性不同，当 ρ 改变时，β 也将变化。在确定了荷载效应组合情况及常遇的 ρ 值后，《建筑结构可靠性设计统一标准》（GB 50068—2018）对钢、薄钢、钢筋混凝土、砖石和木结构设计规范中的 14 种有代表性的结构构件进行了分析，其结果列于表 11-4 中。从表中可以看到，在 3 种简单荷载效应组合下，对 14 种结构构件，原设计规范可靠指标的总平均值 $\bar{\beta}$ = 3.30，相应的失效概率 p_f = 4.8 × 10^{-4}。其中，延性破坏构件的平均值 $\bar{\beta}$ = 3.22。

表 11-4　各种结构构件承载能力的可靠指标校准

序号	结构构件		常用荷载效应比值 $\rho = S_{Qk}/S_{Gk}$	74 规范中的 K 值	不同 ρ 值下的 β 平均值		
	材料	受力状态			（办）S_G+S_Q	（住）S_G+S_Q	（风）S_G+S_W
1	钢	轴心受压	0.25, 0.50 1.00, 2.00	1.41	3.16	2.89	2.66
2		偏心受压		1.41	3.26	3.04	2.83
3	薄钢	轴心受压	0.50, 1.00 2.00, 3.00	1.50	3.42	3.16	2.94
4		偏心受压		1.52	3.49	3.23	3.01
5	砖石	轴心受压	0.10, 0.25 0.50, 0.75	2.30	3.98	3.84	3.73
6		偏心受压		2.30	3.45	3.32	3.22
7		受剪		2.50	3.34	3.21	3.09
8	木	轴心受压	0.25, 0.50, 1.50	1.83	3.42	3.23	3.07
9		受弯		1.89	3.54	3.37	3.22
10	钢筋混凝土	轴心受拉	0.10 0.25 0.50 1.00 2.00	1.40	3.34	3.10	2.91
11		轴心受压		1.55	3.84	3.65	3.50
12		大偏心受压		1.55	3.84	3.63	3.47
13		受弯		1.40	3.51	3.28	3.09
14		受剪		1.55	3.24	3.04	2.88
平均值					3.49	3.29	3.12
总平均值						3.30	

注：74 规范即《钢筋混凝土结构设计规范》（TJ 10—1974）。

3. 承载能力极限状态设计时的目标可靠指标

根据以上校核结果，《建筑结构设计统一标准》（GBJ 68—1984）确定了我国房屋结构设计规范的目标可靠指标 $[\beta]$：对安全等级为二级、属延性破坏的结构构件取 $[\beta]$ = 3.2，属脆性破坏的结构构件取 $[\beta]$ = 3.7；对其他安全等级的结构构件，$[\beta]$ 取值在此基础上分别增减

0.5,相应的失效概率约相差一个数量级。

上述目标可靠指标就是 89 系列结构设计规范的可靠度水准。考虑到新旧结构设计规范应有一定的继承性,两者的可靠度水准不能相差太大;同时考虑到原结构设计规范(74 规范)已在工程实践中使用了十多年甚至几十年而且出现事故的概率极小这一事实,可认为采用经验校准法确定的目标可靠度水准总体是合理的、可接受的。因此,《建筑结构可靠性设计统一标准》(GB 50068—2018)仍维持了上述目标可靠指标,见表 11-5。

表 11-5　承载能力极限状态的目标可靠指标 $[\beta]$ 值

破坏类型		安全等级		
		一级	二级	三级
房屋建筑结构(GB 50068—2018)	延性破坏	3.7	3.2	2.7
	脆性破坏	4.2	3.7	3.2
公路桥梁结构(JTG 2120—2020)	延性破坏	4.7	4.2	3.7
	脆性破坏	5.2	4.7	4.2
水利水电结构(GB 50199—2013)	一类破坏	3.7	3.2	2.7
	二类破坏	4.2	3.7	3.2
一般港口工程结构(GB 50158—2010)		4.0	3.5	3.0

注:表中目标可靠指标 $[\beta]$ 相对应的失效概率详见表 10-1。

其他工程结构确定目标可靠指标的方法与此类似。目前,各类工程结构统一标准根据结构的安全等级和破坏类型,在经验校准法的基础上规定了承载能力极限状态设计时的目标可靠指标 $[\beta]$ 值,见表 11-5。该 $[\beta]$ 值是各类材料、结构设计规范在一般情况下应采用的目标可靠指标下限值。

4. 正常使用极限状态设计时的目标可靠指标

目前,对于正常使用极限状态下目标可靠指标 $[\beta]$ 的取值问题,各类工程结构统一标准尚未给出具体规定。《建筑结构可靠性设计统一标准》(GB 50068—2018)仍根据国际标准《结构可靠性一般原则》(ISO 2394: 2015)的建议,结合国内近年来的分析研究成果,对结构构件正常使用极限状态下的可靠指标规定如下:若为可逆极限状态,则取 $[\beta] = 0$;若为不可逆极限状态,则取 $[\beta] = 1.5$;当可逆程度介于可逆与不可逆二者之间时,按照作用效应的可逆程度取 $[\beta] = 0 \sim 1.5$,可逆程度较高的结构构件取较低值,可逆程度较低的结构构件取较高值。

11.2　直接概率设计法

所谓直接概率设计法就是根据预先给定的目标可靠指标 $[\beta]$ 及各基本变量的统计特征,通过可靠度计算公式反求结构构件抗力,然后进行构件截面设计的一种方法。简单来讲,就是要使所设计结构的可靠度满足某个规定的概率值,即要使失效概率 p_f 在规定的时间段内不超过规定值 $[p_f]$。直接概率设计法的设计表达式可以用式(11-1)和式(11-2)来表示。

目前,直接概率设计法主要应用于以下方面。

(1)在特定情况下,直接设计某些重要的工程(例如,核电站的安全壳、海上采油平台、大坝等)。

(2)根据规定的可靠度,核准分项系数模式中的分项系数。

(3)对不同设计条件下的结构可靠度进行一致性对比(校核)。

11.2.1　直接概率设计法的应用

1. 结构构件的可靠度校核

已知结构构件抗力和荷载效应的概率分布类型及相应的统计参数,检验其是否满足预定的目标可靠指标 $[\beta]$,即为可靠度校核。其基本思路如下。

(1)建立结构在某一功能下不同荷载组合时的各极限状态方程。

(2)确定各极限状态方程中基本变量的概率分布类型及相应的统计参数(平均值、标准差等)。

(3)针对不同的荷载组合,按各自的极限状态方程计算其可靠指标 β,取其中的最小值验算是否满足 $\beta \leqslant [\beta]$。

2. 结构构件的截面设计

若结构构件抗力 R 和荷载效应 S 都服从正态分布,且已知统计参数 μ_R、μ_S、σ_R(或 δ_R)和 σ_S(或 δ_S),同时极限状态方程是线性方程,则根据可靠指标计算公式(式(10-11))可以直接求出结构可靠度 β,即

$$\beta = \frac{\mu_R - \mu_S}{\sqrt{\sigma_R^2 + \sigma_S^2}} \tag{11-5}$$

从式(11-5)可以看出,对于所设计的结构,μ_R 和 μ_S 之差值越大或者 σ_R 和 σ_S 值越小,可靠指标 β 值就越大,也就意味着失效概率越小,结构越可靠。但从概率统计的角度而言,σ_R 和 σ_S 值不可能为零,故可靠指标 β 值不可能无限大。

当选定结构的目标可靠指标 $[\beta]$,已知统计参数 μ_S、δ_S 和 κ_R、δ_R 时,把式(11-5)代入式(11-1),整理后可得

$$\mu_R \geqslant \mu_S + [\beta]\sqrt{(\mu_R\delta_R)^2 + (\mu_S\delta_S)^2} \tag{11-6}$$

若同时已知抗力的统计参数 κ_R(抗力平均值与标准值之比),则由 $\kappa_R = \mu_R/R_k$ 即可求得抗力标准值 R_k,而后根据 R_k 进行构件的截面设计。

上述方法仅仅是用直接概率设计法来进行构件设计的简单概念。在一般情况下,构件抗力服从对数正态分布,荷载也并非都是正态变量,因而极限状态方程是非线性的,需用验算点法求解抗力的平均值 μ_R,然后求出抗力标准值 R_k,再进行构件的截面设计。其基本思路如下。

(1)建立结构在某一功能下不同荷载组合时的各极限状态方程。

(2)确定各极限状态方程中基本变量的概率分布类型,荷载效应平均值 μ_S、标准差 σ_S、构件抗力的变异系数 δ_R 及抗力平均值与标准值之比,$\kappa_R = \mu_R/R_k$。

（3）针对不同的荷载组合，按各自的极限状态方程和目标可靠指标$[\beta]$逐个确定构件抗力平均值$\mu_{R'}$，然后由式（10-49a）反算出μ_R，即

$$\mu_R = \sqrt{1+\delta_R^2}\,\exp\left(\frac{\mu_{R'}}{R^*}-1+\ln R^*\right) \tag{11-7}$$

式中　$\mu_{R'}$——迭代计算求得的正态化抗力的平均值；

　　　　R^*——迭代计算求得的抗力验算点值；

　　　　δ_R——抗力的变异系数。

（4）根据构件抗力平均值μ_R确定抗力标准值R_k，即

$$R_k = \mu_R / \kappa_R \tag{11-8}$$

（5）按R_k进行截面设计。

对钢筋混凝土构件而言，抗力R_k是材料性能标准值f_k、几何参数标准值a_k、钢筋截面面积A_s的函数，选定f_k和a_k，即可求得钢筋截面面积A_s。

在一般情况下，上述求解μ_R的计算过程需进行非线性与非正态的双重迭代，迭代过程如图 11-1 所示。

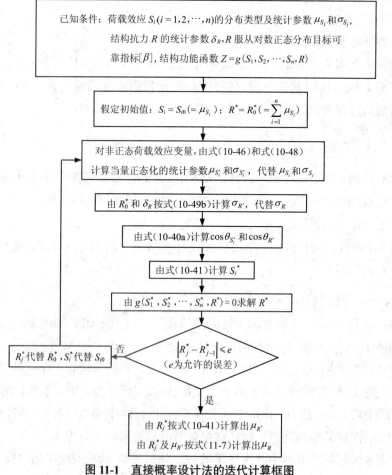

图 11-1　直接概率设计法的迭代计算框图

（图中R_j^*的下标j表示迭代次数）

11.2.2　直接概率设计法目前存在的问题

（1）目前，对某些作用、作用效应组合、结构构件抗力等基本变量尚缺乏足够的统计资料，难以获得其确切的统计参数和概率分布类型，因此，在这方面还需要做大量的资料补充和完善的统计分析工作。

（2）在两种极限状态设计中，对承载能力极限状态已给出度量结构构件可靠性的目标可靠指标，但对于正常使用极限状态，仍沿用过去的设计限值来控制，尚未给出相应的目标可靠指标。

（3）按照《工程结构可靠性设计统一标准》（GB 50153—2008）给出的定义，结构可靠性是结构安全性、实用性和耐久性的概称，并以可靠指标作为度量结构可靠性的一种定量描述。根据概率论对失效事件的规定，可靠性的失效概率必须包括上述三者的失效概率，但目前所规定的可靠指标仅仅考虑了安全性这一单项指标，因此现在所说的可靠指标实质上是"安全指标"。

（4）由于可靠指标和构成极限状态方程的随机变量的物理意义是密切相关的，因而从目前的极限状态方程中的两个基本变量 R 和 S 来看，前者为结构构件的截面抗力，后者为结构构件截面上的作用效应，则其对应的可靠指标显然为结构构件截面的可靠指标，尚不是构件的可靠指标，更不是结构的可靠指标。

（5）有些基本假定与实际尚有出入，例如某些变量不是随机变量，而是与实践密切相关的随机过程；某些作用效应是相互依存的，而并非是随机独立的。此外，整个结构体系的可靠性，结构在动态作用、重复荷载作用下的可靠性等均需要进一步研究和发展。

11.2.3　例题

【例 11-1】已知某拉杆，采用 Q235B 钢材，承受的轴向拉力和截面承载力服从正态分布，$\mu_N = 219$ kN，$\delta_N = 0.08$，$\kappa_R = 1.16$，$\delta_R = 0.09$，钢材屈服强度标准值 $f_{yk} = 235$ N/mm²，目标可靠指标 $[\beta] = 3.2$。假定不计截面尺寸变异和计算公式精确度的影响，试求该拉杆所需的截面面积。

【解】由式（11-6），得

$$\mu_R = \mu_S + [\beta]\sqrt{(\mu_R\delta_R)^2 + (\mu_S\delta_S)^2} = 219 + 3.2 \times \sqrt{(0.09\mu_R)^2 + (219\times0.08)^2}$$

解得

$$\mu_R = 329.13 \text{ kN}$$

则抗力标准值为

$$R_k = \mu_R/\kappa_R = 329.13/1.16 = 283.73 \text{ kN}$$

由 $R_k = f_{yk}A_s$，得

$$A_s = R_k/f_{yk} = 283.73 \times 10^3/235 = 1\ 207.36 \text{ mm}^2$$

所以，拉杆所需的截面面积 $A_s = 1\ 207.36$ mm²。

11.3 以分项系数形式表达的概率极限状态设计法

用目标可靠指标$[\beta]$值来直接进行结构设计或可靠度校核,能比较全面地反映荷载效应和结构抗力的变异性对结构可靠度的影响,但计算过程烦琐、工作量大。考虑到工程结构设计人员长期以来习惯于采用基本变量的标准值和各种系数进行结构设计,我国现行规范中大都采用以可靠度理论为基础、以分项系数形式表达的概率极限状态设计方法。

该方法的基本思路是,在确定目标可靠指标后,将目标可靠度转化为单一安全系数或各种基本变量的分项系数,采用与传统设计习惯一致的设计表达式进行结构设计,且设计表达式具有与目标可靠指标相一致或接近的可靠度。

11.3.1 分项系数的分离

由可靠指标β的基本表达式(式(11-6))可得

$$\mu_R - \mu_S = \beta\sqrt{\sigma_R^2 + \sigma_S^2} \tag{11-9}$$

式中 μ_R、μ_S —— 结构抗力、荷载效应的平均值;

σ_R、σ_S —— 结构抗力、荷载效应的标准差。

取

$$\sigma_Z = \sqrt{\sigma_R^2 + \sigma_S^2} \tag{11-10}$$

则式(11-9)变换为

$$\mu_R - \mu_S = \beta\sigma_Z\frac{\sigma_R^2 + \sigma_S^2}{\sigma_Z^2} \tag{11-11}$$

即

$$\mu_R - \beta\frac{\sigma_R^2}{\sigma_Z} = \mu_S + \beta\frac{\sigma_S^2}{\sigma_Z} \tag{11-12}$$

引入结构抗力、荷载效应的变异系数δ_R、δ_S,

$$\delta_R = \frac{\sigma_R}{\mu_R} \tag{11-13a}$$

$$\delta_S = \frac{\sigma_S}{\mu_S} \tag{11-13b}$$

则由式(11-13)和式(11-12)得

$$\mu_R\left(1 - \beta\frac{\delta_R\sigma_R}{\sigma_Z}\right) = \mu_S\left(1 + \beta\frac{\delta_S\sigma_S}{\sigma_Z}\right) \tag{11-14}$$

假定荷载与荷载效应呈线性关系,则由第 8 章和第 9 章可知,荷载效应标准值S_k和结构抗力标准值R_k可分别表示为

$$S_k = \mu_S(1 + \alpha_S\delta_S) \tag{11-15a}$$

$$R_k = \mu_R(1 - \alpha_R\delta_R) \tag{11-15b}$$

式中 α_S、α_R —— 与荷载效应和结构抗力的保证率有关的系数。

将式（11-15）代入式（11-14），得

$$\frac{R_k}{1-\alpha_R\delta_R}\left(1-\beta\frac{\delta_R\sigma_R}{\sigma_Z}\right)=\frac{S_k}{1+\alpha_S\delta_S}\left(1+\beta\frac{\delta_S\sigma_S}{\sigma_Z}\right) \tag{11-16}$$

式（11-16）可改写为下列形式

$$\gamma_{SF}S_k=\frac{R_k}{\gamma_R} \tag{11-17}$$

式中 γ_R、γ_{SF} —— 结构抗力分项系数、荷载效应分项系数。

$$\gamma_R=\frac{1-\alpha_R\delta_R}{1-\beta\dfrac{\delta_R\sigma_R}{\sigma_Z}} \tag{11-18a}$$

$$\gamma_{SF}=\frac{1+\beta\dfrac{\delta_S\sigma_S}{\sigma_Z}}{1+\alpha_S\delta_S} \tag{11-18b}$$

从上述推导过程可以看出，式（11-17）是结构极限状态方程的另一种表达，采用不等式形式，将式（11-17）变换为

$$KS_k\leqslant R_k \tag{11-19}$$

式（11-19）即为采用单一系数的设计表达式，也是符合传统设计习惯的设计表达式。其中，K 在传统设计习惯中称为安全系数。

$$K=\gamma_R\gamma_{SF}=\frac{1-\alpha_R\delta_R}{1+\alpha_S\delta_S}\frac{1+\beta\dfrac{\delta_S\sigma_S}{\sigma_Z}}{1-\beta\dfrac{\delta_R\sigma_R}{\sigma_Z}} \tag{11-20}$$

可以看出，K 与结构抗力的统计参数、荷载效应的统计参数以及设计要求的目标可靠指标有关。

我国 74 规范即采用了式（11-19）作为设计表达式，并按材料、构件受力状态分类采用不同的安全系数 K，从表 11-4 中可以看出，在多向荷载作用下，其可靠指标仍差异很大。

由于结构构件的设计条件是变化的，荷载效应和结构抗力的变异系数也是变化的，因此，为使设计表达式的可靠度水准与规定的目标可靠指标相一致，安全系数 K 不应是定值。

对于结构上仅作用有永久荷载和一种可变荷载的简单线性情况，将式（11-17）左端的项 $\gamma_{SF}S_k$ 分离为永久荷载效应 S_G 和可变荷载效应 S_Q 之和，并采用不等式形式，将式（11-17）变换为

$$\gamma_G S_{Gk}+\gamma_Q S_{Qk}\leqslant\frac{R_k}{\gamma_R} \tag{11-21}$$

式中 S_{Gk}、S_{Qk} —— 永久荷载效应和可变荷载效应的标准值；

γ_G、γ_Q —— 永久荷载分项系数、可变荷载分项系数。

直接根据可靠指标值进行结构设计，假定设计验算点为 $P^*(S_G^*,S_Q^*,R_k^*)$，则在设计验算点处极限状态方程可表示为

$$S_G^* + S_Q^* = R^* \qquad (11-22)$$

为使分项系数设计法与直接根据可靠指标值进行设计的方法等效,即式(11-22)与式(11-21)等效,必须满足

$$\gamma_G = S_G^*/S_{Gk} \qquad (11-23a)$$

$$\gamma_Q = S_Q^*/S_{Qk} \qquad (11-23b)$$

$$\gamma_R = R_k/R^* \qquad (11-23c)$$

由此可知,系数 γ_G、γ_Q、γ_R 不仅与给定的可靠指标 β 有关,而且与结构极限状态方程中所包含的全部基本变量的统计参数,如平均值、标准差等有关。

若要保证用分项系数设计表达式设计的各类构件所具有的可靠指标与目标可靠指标相一致,则当可变荷载效应与永久荷载效应的比值 ρ 改变时(ρ 的改变将导致综合荷载效应 S 的统计参数 μ_S、σ_S 发生变化),各项系数的取值也必须随之改变。显然,分项系数取变量不符合实用要求;从方便实用出发,我国规范将 γ_G、γ_Q 取定值, γ_R 随结构构件种类的不同而取不同的定值,这样按分项系数设计表达式式(11-21)设计的构件具有的可靠指标就不可能与预先规定的目标可靠指标 $[\beta]$ 值(表11-5)完全一致。最佳分项系数取值是使两者差值在各种情况下总体上为最小。

因此,分项系数设计表达式就是在设计验算点 P^* 处将结构极限状态方程转化为以基本变量标准值和分项系数形式表达的极限状态设计表达式。

对于由不同材料组成的构件,如钢筋混凝土构件,可进一步将结构抗力分项系数 γ_R 分离为钢筋和混凝土的材料分项系数 γ_s 和 γ_c,也就是说,式(11-21)实际上是用材料分项系数和荷载效应分项系数来表达极限状态的。这样,给定的目标可靠指标可得到满足,而不必进行繁杂的概率运算,同时又与传统的设计习惯取得了一致。

11.3.2　分项系数的确定

结构或结构构件设计表达式中分项系数的确定应符合下列原则。

(1)结构上的同种作用采用相同的分项系数,不同的作用采用各自的分项系数。

(2)不同种类的构件采用不同的抗力分项系数,同一种构件在任何可变作用下,抗力分项系数不变。

(3)各种构件在不同的作用效应比下,按所选定的作用分项系数和抗力分项系数进行设计,使所得的可靠指标与目标可靠指标具有最佳的一致性。

结构或结构构件设计表达式中分项系数的确定可采用下列步骤。

(1)选定由具有代表性的结构或结构构件(或破坏方式)、一个永久作用和一个可变作用组成的简单组合(如对建筑结构,永久作用 + 楼面可变作用,永久作用 + 风作用)和常用的作用效应比(可变作用效应标准值与永久作用效应标准值之比)。

(2)对安全等级为二级的结构或结构构件,重要性系数 γ_0 取 1.0。

(3)对选定的结构或结构构件,确定分项系数 γ_G 和 γ_Q 下简单组合的抗力设计值。

（4）对选定的结构或结构构件,确定抗力分项系数 γ_R 下简单组合的抗力标准值。

（5）计算选定的结构或结构构件在简单组合下的可靠指标 β。

（6）对选定的所有具有代表性的结构或结构构件、所有 γ_G 和 γ_Q 的范围（以 0.1 或 0.05 的级差）,优化确定 γ_R,选定一组使按分项系数设计表达式设计的结构或结构构件的可靠指标 β 与目标可靠指标 $[\beta]$ 最接近的分项系数 γ_G、γ_Q 和 γ_R。

（7）根据以往的工程经验,对优化确定的分项系数 γ_G、γ_Q 和 γ_R 进行判断,必要时进行调整。

（8）当永久作用起有利作用时,分项系数设计表达式中的永久作用取负号,根据已经选定的分项系数 γ_R 和 γ_Q,通过优化确定分项系数 γ_G（以 0.1 或 0.05 的级差）。

（9）对安全等级为一、三级的结构或结构构件,以安全等级为二级,并以确定的结构或结构构件的分项系数为基础,同样以按分项系数设计表达式设计的结构或结构构件的可靠指标 β 与目标可靠指标 $[\beta]$ 最接近为条件,优化确定结构重要性系数 γ_0。

为了满足可靠度的要求,在实际结构设计中要采取以下几条措施。

（1）计算荷载效应时,取足够大的荷载值;多种荷载作用时,考虑荷载的合理组合。

（2）在计算结构的抗力时,取足够低的强度指标。

（3）对安全等级不同的工程结构,采用一个重要性系数 γ_0 来进行调整,见表 11-6。

表 11-6　结构重要性系数 γ_0

结构类型和设计状况		一级	二级	三级
房屋建筑结构	持久设计状况和短暂设计状况	1.1	1.0	0.9
	偶然设计状况和地震设计状况	1.0	1.0	1.0
公路桥涵结构		1.1	1.0	0.9
港口工程结构		1.1	1.0	0.9

因而,在分项系数设计表达式中,目标可靠指标 $[\beta]$ 可通过三类分项系数表达,即结构重要性系数 γ_0、材料分项系数 γ_R（或 γ_s 和 γ_c）、荷载效应分项系数 γ_G 和 γ_Q。各类材料的分项系数 γ_R（或 γ_s 和 γ_c）详见第 9.3 节。

11.3.3　以分项系数形式表达的概率极限状态设计表达式

考虑到传统设计表达式中并不出现抗力（或材料）分项系数,而且作用效应是以综合作用效应 S 出现的,因此,分项系数设计表达式式（11-21）可改写为

$$\gamma_0 S \leqslant R \tag{11-24}$$

式中　γ_0 —— 结构重要性系数,见表 11-6;

　　　S —— 作用组合效应的设计值;

　　　R —— 结构或结构构件的抗力设计值。

抗力设计值 R 可表示为

$$R = R(\gamma_R, f_k, a_k, \cdots) \qquad (11\text{-}25)$$

式中　$R(\cdot)$—— 结构构件的抗力函数,其具体形式体现在相关结构设计规范中的各项承载力计算中;

　　　γ_R—— 结构构件抗力分项系数,其值应符合各类材料的结构设计规范的规定,即对不同的材料有不同的取值;

　　　f_k—— 材料性能的标准值;

　　　a_k—— 几何尺寸的标准值。

在不同的极限状态下,式(11-24)的具体表达式详述如下。

1. 承载能力极限状态

结构或结构构件按承载能力极限状态设计时,应考虑下列状态。

1)结构或结构构件(包括基础等)的破坏或过度变形

此时,结构的材料强度起控制作用,承载能力极限状态设计表达式为

$$\gamma_0 S_d \leqslant R_d \qquad (11\text{-}26a)$$

式中　S_d—— 作用组合效应(如轴力、弯矩或表示几个轴力、弯矩的向量)的设计值;

　　　R_d—— 结构或结构构件的抗力设计值,应按相关结构设计规范的规定确定。

2)整个结构或其一部分作为刚体失去静力平衡

此时,结构材料或地基的强度不起控制作用,承载能力极限状态设计表达式为

$$\gamma_0 S_{d,dst} \leqslant S_{d,stb} \qquad (11\text{-}26b)$$

式中　$S_{d,dst}$—— 不平衡作用效应的设计值;

　　　$S_{d,stb}$—— 平衡作用效应的设计值。

3)地基的破坏或过度变形

根据具体工程结构对地基的不同要求,该承载能力极限状态设计可采用分项系数法进行,也可采用容许应力法进行。

4)结构或结构构件的疲劳破坏

此时,结构的材料疲劳强度起控制作用,该承载能力极限状态的验算应以验算部位的计算名义应力不超过结构相应部位的疲劳强度设计值为准则。具体验算方法有等效等幅重复应力法、极限损伤度法、断裂力学方法等,根据需要确定。

2. 正常使用极限状态

考虑结构或结构构件的正常使用极限状态进行设计时,变形、抗裂度和裂缝宽度等作用效应的设计值 S_d 不超过相应的规定限值 C,其表达式为

$$S_d \leqslant C \qquad (11\text{-}27)$$

式中　S_d—— 作用组合效应(如变形、抗裂度、裂缝宽度等)的设计值;

　　　C—— 设计规定的相应限值,应按有关结构设计规范的规定采用。

11.3.4　作用组合效应的设计值 S_d

当结构上同时作用有多种可变荷载时,应考虑到荷载效应的组合。即将所有可能同时出现的荷载加以组合,以求得组合后在结构或构件内产生的总效应。把其中对结构或构件

产生的总效应最不利的一个组合称为最不利组合,并取最不利组合进行设计。

承载能力极限状态设计表达式中的作用组合应符合下列规定。

(1)作用组合应为可能同时出现的作用的组合。

(2)每个作用组合中均应包括一个主导可变作用或一个偶然作用或一个地震作用。

(3)每个作用组合中均应包括永久作用,当结构中永久作用位置的变异对静力平衡或类似的极限状态结果很敏感时,该永久作用的有利部分和不利部分应分别作为单个作用。

(4)当一种作用产生的几种效应非全相关时,对产生有利效应的作用,分项系数的取值应予降低。

(5)对不同的设计状况应采用不同的作用组合。

进行承载能力极限状态计算时的作用组合包括基本组合、偶然组合和地震组合,所对应的设计状况见表 11-3。

对于正常使用极限状态,结构构件应根据不同的设计要求,分别采用荷载效应的标准组合、频遇组合和准永久组合或考虑荷载长期作用影响进行验算,所对应的设计状况见表 11-3。

1. 基本组合

作用基本组合效应的设计值按下式确定:

$$S_d = S\left(\sum_{i \geqslant 1} \gamma_{G_i} G_{ik} + \gamma_P P + \gamma_{Q_1} \gamma_{L_1} Q_{1k} + \sum_{j \geqslant 2} \gamma_{Q_j} \psi_{cj} \gamma_{L_j} Q_{jk} \right) \tag{11-28a}$$

式中　$S(\cdot)$——作用组合效应的函数,其中符号"$\sum$"和"$+$"均表示组合,即同时考虑所有作用对结构的共同影响,而不表示代数相加,以下均同;

　　　G_{ik}——第 i 个永久作用的标准值;

　　　P——预应力作用的有关代表值;

　　　Q_{1k}、Q_{jk}——第 1 个可变作用(即主导可变作用)、第 j 个可变作用的标准值;

　　　γ_{G_i}——第 i 个永久作用的分项系数,当永久作用效应对结构构件承载力起有利作用时,其值不应大于 1.0;

　　　γ_P——预应力作用的分项系数,当预应力作用效应对结构构件承载力起有利作用时,其值不应大于 1.0;

　　　γ_{Q_1}、γ_{Q_j}——第 1 个、第 j 个可变作用的分项系数;

　　　γ_{L_1}、γ_{L_j}——第 1 个、第 j 个可变作用考虑结构设计使用年限的调整系数,对结构设计使用年限与设计基准期相同的结构,应取 $\gamma_{L_1} = 1.0$、$\gamma_{L_j} = 1.0$;

　　　ψ_{cj}——第 j 个可变作用的组合值系数,其值不应大于 1.0。

当作用与作用效应按线性关系考虑时,基本组合效应的设计值按下式计算:

$$S_d = \sum_{i \geqslant 1} \gamma_{G_i} S_{G_{ik}} + \gamma_P S_P + \gamma_{Q_1} \gamma_{L_1} S_{Q_{1k}} + \sum_{j \geqslant 2} \gamma_{Q_j} \psi_{cj} \gamma_{L_j} S_{Q_{jk}} \tag{11-28b}$$

式中　$S_{G_{ik}}$——第 i 个永久作用标准值的效应;

　　　S_P——预应力作用有关代表值的效应;

　　　$S_{Q_{1k}}$——第 1 个可变作用(即主导可变作用)标准值的效应;

$S_{Q_{jk}}$——第 j 个可变作用标准值的效应。

式（11-28a）、式（11-28b）适用于持久设计状况和短暂设计状况，也可根据需要分别给出这两种设计状况下的作用组合效应的设计值。

2. 偶然组合

偶然组合效应的设计值按下式确定：

$$S_d = S\left[\sum_{i \geqslant 1} G_{ik} + P + A_d + (\psi_{f1}或\psi_{q1})Q_{1k} + \sum_{j \geqslant 2} \psi_{qj}Q_{jk}\right] \tag{11-29a}$$

式中　A_d——偶然作用的设计值；

　　ψ_{f1}——第 1 个可变作用的频遇值系数，应按有关规范的规定采用；

　　ψ_{q1}、ψ_{qj}——第 1 个和第 j 个可变作用的准永久值系数，应按有关规范的规定采用。

当作用与作用效应按线性关系考虑时，偶然组合效应的设计值按下式计算：

$$S_d = \sum_{i \geqslant 1} S_{G_{ik}} + S_P + S_{A_d} + (\psi_{fj}或\psi_{qj})S_{Q_{1k}} + \sum_{j \geqslant 2} \psi_{qj}S_{Q_{jk}} \tag{11-29b}$$

式中　S_{A_d}——偶然作用设计值的效应。

3. 正常使用极限状态的各种组合

正常使用极限状态验算时，标准组合、频遇组合、准永久组合效应的设计值按下式确定。

标准组合：

$$S_d = S\left(\sum_{i \geqslant 1} G_{ik} + P + Q_{1k} + \sum_{j \geqslant 2} \psi_{cj}Q_{jk}\right) \tag{11-30a}$$

频遇组合：

$$S_d = S\left(\sum_{i \geqslant 1} G_{ik} + P + \psi_{f1}Q_{1k} + \sum_{j \geqslant 2} \psi_{qj}Q_{jk}\right) \tag{11-30b}$$

准永久组合：

$$S_d = S\left(\sum_{i \geqslant 1} G_{ik} + P + \sum_{j \geqslant 1} \psi_{qj}Q_{jk}\right) \tag{11-30c}$$

当作用与作用效应按线性关系考虑时，标准组合、频遇组合、准永久组合效应的设计值按下式计算。

标准组合：

$$S_d = \sum_{i \geqslant 1} S_{G_{ik}} + S_P + S_{Q_{1k}} + \sum_{j \geqslant 2} \psi_{cj}S_{Q_{jk}} \tag{11-31a}$$

频遇组合：

$$S_d = \sum_{i \geqslant 1} S_{G_{ik}} + S_P + \psi_{f1}S_{Q_{1k}} + \sum_{j \geqslant 2} \psi_{qj}S_{Q_{jk}} \tag{11-31b}$$

准永久组合：

$$S_d = \sum_{i \geqslant 1} S_{G_{ik}} + S_P + \sum_{j \geqslant 1} \psi_{qj}S_{Q_{jk}} \tag{11-31c}$$

式中 ψ_{f1} —— 在频遇组合中起控制作用的一个可变作用的频遇值系数；

$\quad\quad \psi_{qj}$ —— 第 j 个可变作用的准永久值系数。

11.4 各类工程的分项系数设计表达式

下面主要介绍建筑结构、公路桥涵结构、港口工程结构和水利水电工程结构中所采用的分项系数设计表达式和相应荷载分项系数取值的规定。

11.4.1 建筑结构

下列设计表达式仅适用于荷载与荷载效应为线性关系的情况。

1. 基本组合

荷载基本组合的效应设计值 S_d 应从下列荷载组合值中取最不利的效应设计值确定。

由可变荷载控制的效应设计值

$$S_d = \sum_{i \geqslant 1}^{m} \gamma_{G_i} S_{G_{ik}} + \gamma_P S_P + \gamma_{Q_1} \gamma_{L_1} S_{Q_{1k}} + \sum_{j>1}^{n} \gamma_{Q_j} \psi_{cj} \gamma_{L_j} S_{Q_{jk}} \tag{11-32}$$

式中 γ_{G_i} —— 第 i 个永久荷载的分项系数，当其效应对结构不利时，应取 1.3，当其效应对结构有利时，不应大于 1.0；

$\quad\quad \gamma_{Q_j}$ —— 第 j 个可变荷载的分项系数，其中 γ_{Q_1} 为第 1 个可变荷载（主导荷载）Q_1 的分项系数，当可变荷载效应对结构构件不利时，取 1.5，当可变荷载效应对结构构件有利时，应取 0；

$\quad\quad \gamma_P$ —— 预应力作用的分项系数；

$\quad\quad \gamma_{L_1}$、γ_{L_j} —— 第 1 个和第 j 个考虑结构设计使用年限的荷载调整系数；

$\quad\quad S_{G_{ik}}$ —— 按第 i 个永久荷载标准值计算的荷载效应值；

$\quad\quad S_{Q_{jk}}$ —— 按第 j 个可变荷载标准值计算的荷载效应值，其中 $S_{Q_{1k}}$ 为诸可变荷载效应中起控制作用者；

$\quad\quad S_P$ —— 预应力作用有关代表值的效应；

$\quad\quad \psi_{cj}$ —— 可变荷载的组合值系数，其值不应大于 1.0，按《建筑结构荷载规范》（GB 50009—2012）的有关规定取用；

$\quad\quad n$ —— 参与组合的可变荷载数。

在实际工程中，对由可变荷载控制的效应设计值，很难直观选择诸可变荷载中的主导荷载，因此，应轮次以各可变荷载效应为 S_{Q1k}，按式（11-32）计算，并选其中最不利的荷载效应设计值。

2. 偶然组合

荷载偶然组合的效应设计值 S_d 可按下列规定确定。

用于承载能力极限状态计算的效应设计值

$$S_{\mathrm{d}} = \sum_{j=1}^{m} S_{\mathrm{G}_{jk}} + S_{A_{\mathrm{d}}} + S_P + (\psi_{\mathrm{f}_1} \text{或} \psi_{\mathrm{q}_1}) S_{\mathrm{Q}_{1k}} + \sum_{i-2}^{n} \psi_{\mathrm{q}_i} S_{\mathrm{Q}_{jk}} \qquad (11\text{-}33)$$

式中　$S_{A_{\mathrm{d}}}$ —— 按偶然荷载设计值 A_{d} 计算的荷载效应值;

　　　S_P —— 预应力作用有关代表值的效应;

　　　ψ_{f_1} —— 第 1 个可变荷载的频遇值系数;

　　　ψ_{q_i} —— 第 i 个可变荷载的准永久值系数。

3. 正常使用极限状态的各种组合

正常使用极限状态验算时,应根据不同的验算要求进行不同的效应组合。各作用分项系数均取 1.0。

荷载标准组合的效应设计值 S_{d} 应按下式采用:

$$S_{\mathrm{d}} = \sum_{i \geqslant 1}^{m} S_{\mathrm{G}_{jk}} + S_{\mathrm{Q}_{1k}} + S_P + \sum_{j>1}^{n} \psi_{\mathrm{c}_j} S_{\mathrm{Q}_{jk}} \qquad (11\text{-}34)$$

荷载频遇组合的效应设计值 S_{d} 应按下式采用:

$$S_{\mathrm{d}} = \sum_{i \geqslant 1}^{m} S_{\mathrm{G}_{jk}} + \psi_{\mathrm{f}_1} S_{\mathrm{Q}_{1k}} + S_P + \sum_{j>1}^{n} \psi_{\mathrm{q}_j} S_{\mathrm{Q}_{jk}} \qquad (11\text{-}35)$$

荷载准永久组合(长期效应组合)的效应设计值 S_{d} 应按下式采用:

$$S_{\mathrm{d}} = \sum_{i \geqslant 1}^{m} S_{\mathrm{G}_{jk}} + S_P + \sum_{j>1}^{n} \psi_{\mathrm{q}_j} S_{\mathrm{Q}_{jk}} \qquad (11\text{-}36)$$

11.4.2　公路桥涵结构

1. 承载能力极限状态

公路桥涵结构按承载能力极限状态设计时,应采用以下两种作用效应组合。

1)基本组合

永久作用的设计值效应与可变作用的设计值效应进行组合,其效应组合表达式为

$$S_{\mathrm{ud}} = \sum_{i=1}^{m} \gamma_{\mathrm{G}_i} S_{\mathrm{G}_{ik}} + \gamma_{\mathrm{Q}_1} \gamma_{\mathrm{L}_1} S_{\mathrm{Q}_{1k}} + \psi_{\mathrm{c}} \sum_{j=2}^{n} \gamma_{\mathrm{Q}_j} \gamma_{\mathrm{L}_j} S_{\mathrm{Q}_{jk}} \qquad (11\text{-}37\mathrm{a})$$

或

$$S_{\mathrm{ud}} = \sum_{i=1}^{m} S_{\mathrm{G}_{id}} + S_{\mathrm{Q}_{1d}} + \psi_{\mathrm{c}} \sum_{j=2}^{n} S_{\mathrm{Q}_{jd}} \qquad (11\text{-}37\mathrm{b})$$

式中　S_{ud} —— 承载能力极限状态下作用基本组合的效应设计值;

　　　γ_{G_i} —— 第 i 个永久作用效应的分项系数,按表 11-7 采用;

　　　$S_{\mathrm{G}_{ik}}$、$S_{\mathrm{G}_{id}}$ —— 第 i 个永久作用效应的标准值和设计值;

　　　γ_{Q_1} —— 汽车荷载效应(含汽车冲击力、离心力)的分项系数,取 $\gamma_{\mathrm{Q}_1} = 1.4$(当某个可变作用在效应组合中的值超过汽车荷载效应时,则该作用取代汽车荷载效应,分项系数应采用汽车荷载效应的分项系数,对专为承受某作用而设置的结构或装置,设计时该作用的分项系数与汽车荷载效应取同值,计算人行道

板和人行道栏杆时,其分项系数也与汽车荷载效应取同值);

$S_{Q_{1k}}$、$S_{Q_{1d}}$——汽车荷载效应(含汽车冲击力、离心力)的标准值和设计值;

γ_{Q_j}——在作用效应组合中,除汽车荷载效应(含汽车冲击力、离心力)、风荷载效应外的第 j 个可变作用效应的分项系数,取 $\gamma_{Q_j} = 1.4$,但风荷载效应的分项系数取 $\gamma_{Q_j} = 1.1$;

$S_{Q_{jk}}$、$S_{Q_{jd}}$——在作用效应组合中,除汽车荷载效应(含汽车冲击力、离心力)外的第 j 个可变作用效应的标准值和设计值;

γ_{L_1}、γ_{L_j}——结构设计使用年限荷载调整系数,公路桥涵结构的设计使用年限按现行《公路工程技术标准》(JTG B01—2014)取值时,可变作用的设计使用年限荷载调整系数取 $\gamma_{L_j} = 1.0$,否则 γ_{L_j} 的取值应按专题研究确定;

ψ_c——在作用效应组合中,除汽车荷载效应(含汽车冲击力、离心力)外的其他可变作用效应的组合值系数,当永久作用与汽车荷载和人群荷载(或其他一种可变作用)组合时,取 $\psi_c = 0.80$,当除汽车荷载效应(含汽车冲击力、离心力)外尚有两种可变作用参与组合时,组合值系数取 $\psi_c = 0.70$,尚有三种可变作用参与组合时,组合值系数取 $\psi_c = 0.60$,尚有四种或多于四种可变作用参与组合时,组合系数取 $\psi_c = 0.50$。

表 11-7　永久荷载的分项系数

编号	作用类别		永久荷载的分项系数	
			对结构的承载力不利时	对结构的承载力有利时
1	混凝土和坯工结构重力(包括结构附加重力)		1.2	1.0
	钢结构重力(包括结构附加重力)		1.1 或 1.2	
2	预加力		1.2	1.0
3	土的重力		1.2	1.0
4	混凝土的收缩及徐变作用		1.0	1.0
5	土的侧压力		1.4	1.0
6	水的浮力		1.0	1.0
7	基础变位	混凝土和坯工结构	0.5	0.5
		钢结构	1.0	1.0

注:表中第 1 项,当采用钢桥面板时,分项系数取 1.1;当采用混凝土桥面板时,取 1.2。

设计弯桥时,当离心力与制动力同时参与组合时,制动力标准值或设计值按 70% 取用。

2)偶然组合

偶然组合是指永久作用标准值效应与可变作用某种代表值效应、一种偶然作用标准值效应组合。偶然荷载的效应分项系数取 1.0;与偶然荷载同时出现的其他可变荷载,可根据观测资料和工程经验采用适当的代表值;地震作用标准值及其表达式按现行《公路工程抗震规范》(JTG B02—2013)的规定采用。

2. 正常使用极限状态

公路桥涵结构按正常使用极限状态设计时,应根据不同的要求采用以下两种效应组合。

1)作用频遇组合

永久作用标准值效应与汽车荷载频遇值、其他可变作用准永久值相组合,其效应组合表达式为

$$S_{f_d} = \sum_{i=1}^{m} S_{G_{ik}} + \psi_{f_1} Q_{1k} + \sum_{j=1}^{n} \psi_{q_j} S_{Q_{jk}} \qquad (11\text{-}38)$$

式中　S_{f_d} —— 作用频遇设计值;

　　　ψ_{f_1} —— 汽车荷载效应(不计汽车冲击力)频遇值系数,取 0.7;

　　　ψ_{q_j} —— 第 j 个可变作用效应的准永久值系数,汽车荷载效应(不计汽车冲击力)
　　　　　　$\psi_{q_j} = 0.4$,人群荷载 $\psi_{q_j} = 0.4$,风荷载 $\psi_{q_j} = 0.75$,温度梯度作用 $\psi_{q_j} = 0.8$,
　　　　　　其他作用 $\psi_{q_j} = 1.0$。

2)作用准永久组合

永久作用标准值效应与可变作用准永久值效应相组合,其效应组合表达式为

$$S_{q_d} = \sum_{i=1}^{m} S_{G_{ik}} + \psi_{f_1} Q_{1k} + \sum_{j=1}^{n} \psi_{q_j} S_{Q_{jk}} \qquad (11\text{-}39)$$

式中　S_{q_d} —— 作用频遇设计值;

　　　ψ_{q_j} —— 汽车荷载效应(不计汽车冲击力)准永久值系数,取 0.4。

11.4.3　港口工程结构

1. 承载能力极限状态

承载能力极限状态应按照《港口工程结构可靠性设计统一标准》(GB 50158—2010)的要求采用作用的持久组合、短暂组合、地震组合和偶然组合进行设计。

1)持久组合

当作用与作用效应为线性关系或假设为线性关系时,持久组合的效应设计值可按下式确定:

$$S_d = \sum_{i \geqslant 1} \gamma_{G_i} S_{G_{ik}} + \gamma_P S_P + \gamma_{Q_1} S_{Q_{1k}} + \sum_{j > 1} \gamma_{Q_j} \psi_{cj} S_{Q_{jk}} \qquad (11\text{-}40)$$

式中　S_d —— 作用组合的效应设计值;

　　　$S_{G_{ik}}$ —— 第 i 个永久作用标准值的效应;

　　　$S_{Q_{1k}}$、$S_{Q_{jk}}$ —— 主导可变作用和第 j 个可变作用标准值的效应;

　　　S_P —— 预应力作用有关代表值的效应。

　　　γ_{G_i} —— 第 i 个永久荷载的分项系数,可按《港口工程结构可靠性设计统一标准》
　　　　　　(GB 50158—2010)的相关规定取值;

　　　γ_{Q_1}、γ_{Q_j} —— 主导可变作用和第 j 个可变作用的分项系数,可按《港口工程结构可靠

性设计统一标准》(GB 50158—2010)的相关规定取值;

γ_P —— 预应力作用的分项系数;

ψ_{cj} —— 可变作用的组合值系数,可取 0.7,对经常以界值出现的有界作用可取 1.0。

2)短暂组合

当作用与作用效应为线性关系或假设为线性关系时,短暂组合的效应设计值可通过下式确定:

$$S_d = \sum_{i \geqslant 1} \gamma_{G_i} S_{G_{ik}} + \gamma_P S_P + \sum_{j>1} \gamma_{Q_j} \psi_{cj} S_{Q_{jk}}$$ （11-41）

3)偶然组合

在偶然组合中,偶然作用的代表值分项系数为 1.0;与偶然作用同时出现的可变作用取标准值。

2. 正常使用极限状态

（1）根据不同的设计要求,持久状况下的正常使用极限状态设计可分别采用作用的标准组合、频遇组合和准永久组合。

标准组合的效应设计值 S_d 应按下式计算:

$$S_d = \sum_{i \geqslant 1} S_{G_{ik}} + S_{Q_{1k}} + S_P + \sum_{j>1}^{n} \psi_{cj} S_{Q_{jk}}$$ （11-42）

频遇组合的效应设计值 S_d 应按下式计算:

$$S_d = \sum_{i \geqslant 1} S_{G_{ik}} + \psi_f S_{Q_{1k}} + S_P + \sum_{j>1}^{n} \psi_{qj} S_{Q_{jk}}$$ （11-43）

准永久组合的效应设计值 S_d 应按下式计算:

$$S_d = \sum_{i \geqslant 1} S_{G_{ik}} + \sum_{j>1}^{n} \psi_{qj} S_{Q_{jk}} + S_P$$ （11-44）

式中 ψ_f、ψ_{qj} —— 频遇值系数、准永久值系数。

（2）当作用与作用效应为非线性关系时,短暂状况下的正常使用极限状态作用组合的效应设计值可按下式计算:

$$S_d = \sum_{i \geqslant 1} S_{G_{ik}} + \sum_{j>1}^{n} S_{Q_{jk}} + S_P$$ （11-45）

11.4.4 水利水电工程结构

1. 承载能力极限状态

基本组合的效应设计值可按下式计算:

$$S_d(\cdot) = \sum_{i \geqslant 1} \gamma_{G_i} S(G_{ik}, a_k) + \gamma_P S(P, a_k) + \sum_{j>1}^{n} \gamma_{Q_j} S(Q_{jk}, a_k)$$ （11-46）

式中 $S(G_{ik}, a_k)$ —— 第 i 个永久作用标准值的效应;

$S(P, a_k)$ —— 预应力作用标准值的效应;

$S(Q_{jk}, a_k)$ —— 第 j 个可变作用标准值的效应。

偶然组合的效应设计值可按下式计算:

$$S_{\mathrm{d}}(\cdot) = \sum_{i \geqslant 1} \gamma_{\mathrm{G}_i} S(G_{ik}, a_{\mathrm{k}}) + \gamma_P S(P, a_{\mathrm{k}}) + \sum_{j \geqslant 1} \gamma_{\mathrm{Q}_j} S(Q_{jk}, a_{\mathrm{k}}) + S(A_{\mathrm{k}}, a_{\mathrm{k}}) \qquad (11\text{-}47)$$

式中 $S(A_{\mathrm{k}}, a_{\mathrm{k}})$——偶然作用标准值的效应代表值。

在承载能力极限状态偶然组合的设计表达式中,与偶然作用同时出现的某些可变作用的标准值可根据观测资料和工程经验适当折减。

2. 正常使用极限状态

结构或构件正常使用极限状态设计,应按作用的标准组合或考虑长期作用影响的标准组合,当作用与作用效应按线性关系考虑时,标准组合的设计值可按下式确定:

$$S(\cdot) = \sum_{i \geqslant 1} S(G_{ik}, f_{\mathrm{k}}, a_{\mathrm{k}}) + S(P, f_{\mathrm{k}}, a_{\mathrm{k}}) + \sum_{j \geqslant 1} S(Q_{jk}, f_{\mathrm{k}}, a_{\mathrm{k}}) \qquad (11\text{-}48)$$

式中 $S(\cdot)$——标准组合的效应设计值函数。

公式中的分项系数通过《水利水电工程结构可靠性统一标准》(GB 50199—2013)确定。

从以上内容可以看出,现行规范采用的分项系数设计表达式对于不同结构的可靠度要求有很强的适应性。当永久荷载和可变荷载对结构的效应相反时,通过调整作用分项系数,使可靠度达到较好的一致性;当考虑多个可变荷载组合对结构的效应时,采用可变荷载的组合值系数,使结构设计的可靠度保持一致;对于安全等级不同的结构,通过结构重要性系数的调整使可靠度水准不同,来反映两者的重要性不同;对不同材料、不同工作性质的构件,通过调整抗力(材料)分项系数,以适应不同材料结构要求的不同。

11.4.5 例题

【例 11-2】已知某屋面板在各种荷载作用下的弯矩标准值分别为:永久荷载 $M_{G_{\mathrm{k}}} = 6.40\ \mathrm{kN \cdot m}$,屋面均布活荷载 $M_{Q_{\mathrm{k}}} = 0.60\ \mathrm{kN \cdot m}$,积灰荷载 $M_{\mathrm{ak}} = 0.85\ \mathrm{kN \cdot m}$,雪荷载 $M_{\mathrm{sk}} = 0.45\ \mathrm{kN \cdot m}$。各可变荷载的组合值系数、频遇值系数、准永久值系数分别为:屋面活荷载 $\psi_{\mathrm{c1}} = 0.7$,$\psi_{\mathrm{f1}} = 0.5$,$\psi_{\mathrm{q1}} = 0.4$,积灰荷载 $\psi_{\mathrm{c2}} = 0.9$,$\psi_{\mathrm{f2}} = 0.9$,$\psi_{\mathrm{q2}} = 0.8$,雪荷载 $\psi_{\mathrm{c3}} = 0.7$,$\psi_{\mathrm{f3}} = 0.6$,$\psi_{\mathrm{q3}} = 0.2$。安全等级为二级。

试求:

(1)按承载能力极限状态设计时,板的弯矩设计值 M。

(2)在正常使用极限状态下,板的弯矩标准值 M_{k}、弯矩频遇值 M_{f} 和弯矩准永久值 M_{q}。

【解】

(1)按承载能力极限状态计算弯矩设计值 M。

按屋面活荷载的取值原则,屋面活荷载应取屋面均布活荷载和雪荷载二者中的较大值与积灰荷载同时考虑。

因积灰荷载较大,故积灰荷载为第一可变荷载。

由可变荷载效应控制的组合:

$$M = \gamma_0 \left(\gamma_{\mathrm{G}} M_{G_{\mathrm{k}}} + \gamma_{\mathrm{Q}} M_{\mathrm{ak}} + \gamma_{\mathrm{Q}} \psi_{\mathrm{c_1}} M_{Q_{\mathrm{k}}} \right)$$

$$= 1.0 \times (1.3 \times 6.40 + 1.5 \times 0.85 + 1.5 \times 0.7 \times 0.60) = 10.225\ \mathrm{kN \cdot m}$$

（2）按正常使用极限状态计算荷载效应值 M_k、M_f、M_q。

弯矩标准值：

$$M_k = M_{G_k} + M_{ak} + \psi_{c1} M_{Q_k} = 6.40 + 0.85 + 0.7 \times 0.60 = 7.67 \ \text{kN·m}$$

弯矩频遇值：

$$M_f = M_{G_k} + \psi_{f_2} M_{ak} + \psi_{q_1} M_{Q_k} = 6.40 + 0.9 \times 0.85 + 0.5 \times 0.60 = 7.47 \ \text{kN·m}$$

弯矩准永久值：

$$M_q = M_{G_k} + \psi_{q_2} M_{ak} + \psi_{q_1} M_{Q_k} = 6.40 + 0.8 \times 0.85 + 0.4 \times 0.60 = 7.32 \ \text{kN·m}$$

【思考题】

1. 什么是结构的设计状况？包括哪几种？各需进行何种极限状态设计？

2. 什么是结构的设计使用年限？与结构的设计基准期有何不同？

3. 怎样确定结构构件设计的目标可靠指标？

4. 直接概率设计法的基本思路是什么？

5. 在概率极限状态的实用设计表达式中，如何体现结构的安全等级和目标可靠指标？

6. 简述结构承载力抗震验算的设计表达式。

【习题】

1. 已知某钢拉杆，其抗力和荷载的统计参数为：$\mu_N = 237 \ \text{kN}$，$\sigma_N = 19.8 \ \text{kN}$，$\delta_R = 0.07$，$\kappa_R = 1.12$，且轴向拉力 N 和截面承载力 R 都服从正态分布。当给定目标可靠指标为 $[\beta] = 3.7$ 时，若不考虑截面尺寸变异的影响，试求其抗力的标准值。

2. 某上人屋面的简支预制板，板跨度 $l_0 = 4.2 \ \text{m}$，板宽 1.2 m。荷载的标准值为：永久荷载（包括板自重）$g_k = 6.2 \ \text{kN/m}^2$；楼板活荷载 $q_k = 2.0 \ \text{kN/m}^2$。结构安全等级为二级，试求简支板跨中截面弯矩设计值 M。

3. 当习题 2 中活荷载的准永久值系数为 0.5 时，求按正常使用极限状态计算时，板跨中截面荷载效应的标准组合和准永久组合弯矩值。

参 考 文 献

[1] 中华人民共和国住房和城乡建设部. 工程结构可靠性设计统一标准: GB 50153—2008[S]. 北京:中国建筑工业出版社,2009.

[2] 中华人民共和国住房和城乡建设部. 建筑结构可靠性设计统一标准: GB 50068—2018[S]. 北京:中国建筑工业出版社,2018.

[3] 中华人民共和国交通运输部. 港口工程结构可靠性设计统一标准: GB 50158—2010[S]. 北京:中国计划出版社,2010.

[4] 中国电力企业联合会. 水利水电工程结构可靠性设计统一标准: GB 50199—2013[S]. 北京:中国计划出版社,2014.

[5] 中交公路规划设计院有限公司. 公路工程结构可靠性设计统一标准: JTG 2120—2020[S]. 北京:人民交通出版社,2020.

[6] 国家铁路局. 铁路工程结构可靠性设计统一标准: GB 50216—2019[S]. 北京:中国计划出版社,2020.

[7] 中华人民共和国住房和城乡建设部. 建筑结构荷载规范: GB 50009—2012[S]. 北京:中国建筑工业出版社,2012.

[8] 国家能源局. 核电厂厂房设计荷载规范: NB/T 20105—2019[S]. 北京:中国原子能出版社,2020.

[9] 中华人民共和国住房和城乡建设部. 混凝土结构设计规范(2015 年版): GB 50010—2010[S]. 北京:中国建筑工业出版社,2015.

[10] 中华人民共和国住房和城乡建设部. 砌体结构设计规范: GB 50003—2011[S]. 北京:中国建筑工业出版社,2012.

[11] 中华人民共和国住房和城乡建设部. 混凝土结构耐久性设计标准: GB/T 50476—2019[S]. 北京:中国建筑工业出版社,2019.

[12] 中国工程建设标准化协会化学分会. 工业建筑防腐蚀设计标准: GB/T 50046—2018[S]. 北京:中国计划出版社,2019.

[13] 中华人民共和国住房和城乡建设部. 钢结构设计标准: GB 50017—2017[S]. 北京:中国建筑工业出版社,2018.

[14] 中交公路规划设计院有限公司. 公路桥涵设计通用规范: JTG D60—2015[S]. 北京:人民交通出版社,2015.

[15] 中华人民共和国住房和城乡建设部. 城市桥梁设计规范(2019 年版): CJJ 11—2011[S]. 北京:中国建筑工业出版社,2019.

[16] 交通运输部公路科学研究院. 公路交通安全设施设计规范: JTG D81—2017[S]. 北京:人民交通出版社,2017.

[17] 中国铁路设计集团有限公司.铁路桥涵设计规范:TB 10002—2017[S].北京:中国铁道出版社,2017.

[18] 国家人民防空办公室.人民防空地下室设计规范:GB 50038—2005[S].北京:中国计划出版社,2005.

[19] 中华人民共和国住房和城乡建设部.高耸结构设计标准:GB 50135—2019[S].北京:中国计划出版社,2019.

[20] 电力规划设计总院.架空输电线路荷载规范:DL/T 5551—2018[S].北京:中国计划出版社,2018.

[21] 中国冶金建设协会.烟囱设计规范:GB 50051—2013[S].北京:中国计划出版社,2013.

[22] 同济大学.公路桥梁抗风设计规范:JTG/T 3360-01—2018[S].北京:人民交通出版社,2019.

[23] 中交第一航务工程勘察设计院有限公司,中交第二航务工程勘察设计院有限公司.港口工程荷载规范:JTS 144-1—2010[S].北京:人民交通出版社,2010.

[24] 中水东北勘测设计研究有限责任公司.水工建筑物荷载设计规范:SL 744—2016[S].北京:中国水利水电出版社,2017.

[25] 中交第一航务工程勘察设计院有限公司.港口与航道水文规范:JTS 145—2015[S].北京:人民交通出版社,2015.

[26] 水利部长江水利委员会长江勘测规划设计研究院.水工混凝土结构设计规范:SL 191—2008[S].北京:中国水利水电出版社,2009.

[27] 中华人民共和国住房和城乡建设部.预应力混凝土结构设计规范:JGJ 369—2016[S].北京:中国建筑工业出版社,2016.

[28] 中华人民共和国住房和城乡建设部.预应力混凝土路面工程技术规范:GB 50422—2017[S].北京:中国计划出版社,2017.

[29] 中华人民共和国国家质量监督检验检疫总局,中国国家标准化管理委员会.起重机设计规范:GB/T 3811—2008[S].北京:中国标准出版社,2008.

[30] 中华人民共和国住房和城乡建设部.建筑振动荷载标准:GB/T 51228—2017[S].北京:中国建筑工业出版社,2018.

[31] 广东省建筑科学研究院集团股份有限公司,广东坚朗五金制品股份有限公司.建筑防护栏杆技术标准:JGJ/T 470—2019[S].北京:中国建筑工业出版社,2019.

[32] 中国气象局.热带气旋等级:GB/T 19201—2006[S].北京:中国标准出版社,2006.

[33] 曹振熙,曹普.建筑工程结构荷载学[M].北京:中国水利水电出版社,知识产权出版社,2006.

[34] 柳炳康.荷载与结构设计方法[M].2版.武汉:武汉理工大学出版社,2012.

[35] 许成祥,何培玲.荷载与结构设计方法[M].北京:北京大学出版社,2006.

[36] 季静,罗旗帜,张学文.工程荷载与结构设计方法[M].北京:中国建筑工业出版社,2013.

[37] 白国良.荷载与结构设计方法[M].北京:高等教育出版社,2003.

[38] 李桂青. 结构可靠度 [M]. 武汉:武汉工业大学出版社,1989.

[39] 赵阳,方有珍,孙静怡. 荷载与结构设计方法 [M]. 重庆:重庆大学出版社,2001.

[40] 李国强,黄宏伟,吴迅,等. 工程结构荷载与可靠度设计原理 [M]. 3 版. 北京:中国建筑工业出版社,2005.

[41] 薛志成,杨璐. 土木工程荷载与结构设计方法 [M]. 北京:科学出版社,2011.

[42] 李爱群,程文瀼,颜德姮. 混凝土结构中混凝土结构与砌体结构设计 [M]. 6 版. 北京:中国建筑工业出版社,2016.

[43] 胡卫兵,何建. 高层建筑与高耸结构抗风计算及风振控制 [M]. 北京:中国建材工业出版社,2003.

[44] 张建仁,刘扬,许福友,等. 结构可靠度理论及其在桥梁工程中的应用 [M]. 北京:人民交通出版社, 2003.

[45] 余建星,郭振邦,徐慧,等. 船舶与海洋结构物可靠性原理 [M]. 天津:天津大学出版社, 2001.

[46] 张学文,罗旗帜. 土木工程荷载与设计方法 [M]. 广州:华南理工大学出版社,2003.

[47] 杨伟军,赵传智. 土木工程结构可靠度理论与设计 [M]. 北京:人民交通出版社,1999.

[48] 贡金鑫. 工程结构可靠度计算方法 [M]. 大连:大连理工大学出版社,2003.

[49] 武清玺. 结构可靠性分析及随机有限元法理论、方法、工程应用及程序设计 [M]. 北京:机械工业出版社,2005.

[50] 张新培. 建筑结构可靠度分析与设计 [M]. 北京:科学出版社,2001.

[51] 陈基发,沙志国. 建筑结构荷载设计手册 [M]. 2 版. 北京:中国建筑工业出版社,2004.

[52] 赵国藩,金伟良,贡金鑫. 结构可靠度理论 [M]. 北京:中国建筑工业出版社,2000.

[53] 盛骤,谢式千,潘承毅. 概率论与数理统计 简明本 [M]. 4 版. 北京:高等教育出版社, 2009.

[54] 刘刚. 中国与英国规范风荷载计算分析比较 [J]. 钢结构,2008,23(2):57-60.

[55] 夏超,胡庆. 中国与印度规范风荷载计算分析比较 [J]. 余热锅炉,2008(4):7-14.

[56] 吴元元,任光勇,颜潇潇. 欧洲与中国规范风荷载计算方法比较 [J]. 低温建筑技术, 2010, 32(6):63-65.

[57] 金新阳. 亚太地区各国风荷载规范的现状和发展趋势 [C]// 中国建筑科学研究院结构所. 第十一届全国结构风工程学术会议论文集. 三亚:第十一届全国结构风工程学术会议,2003: 123-127.

[58] 张建荣,刘照球,华毅杰. 混凝土结构设计中考虑温度作用组合的研究 [J]. 工业建筑, 2007,37(1):42-46.

[59] 刘学华,王立静,吴洪宝. 中国近 40 年日平均气温的概率分布特征及年代际差异 [J]. 气候与环境研究,2007,12(6):779-787.

[60] 李明顺. 工程结构可靠度设计统一标准及概率极限状态设计方法概述 [J]. 建筑科学, 1992(2):3-7.

[61] 樊小卿. 温度作用与结构设计 [J]. 建筑结构学报,1999,20(2):43-50.

[62] ASCE. Minimum design loads for buildings and other structures: ASCE 7-16[S]. Reston: American Society of Civil Engineers, 2016.

[63] ISO. General principles on reliability for structures: ISO 2394-2015[S]. Geneva: International Organization of Standards, 2015.